复杂数据的变量选择与预测方法

——R 和 Python 软件示例

车金星　著

科 学 出 版 社

北　京

内 容 简 介

有效地挖掘高维复杂数据的内在关联，并用其预测未来发展是一个重要的研究课题。本书利用统计学和机器学习等相关知识对复杂数据进行分析，从变量选择、模型建立和代码实现等方面进行系统的介绍。全书共 7 章，第 1 章介绍基于复杂数据预测的研究现状及内容概述；第 2～4 章介绍数据建模的基础知识和代码实现，包括数据预处理过程、变量选择方法和常用的机器学习方法；第 5 章和第 6 章详细介绍复杂数据的变量选择方法；第 7 章介绍一种改进的支持向量回归模型及具体实现过程。

本书可供对复杂数据分析感兴趣的研究人员和工程技术人员，以及高等院校计算机、自动化、数据科学、大数据技术等相关专业的本科生或研究生参考。

图书在版编目(CIP)数据

复杂数据的变量选择与预测方法: R 和 Python 软件示例/车金星著. —北京：科学出版社，2024.9

ISBN 978-7-03-076960-2

Ⅰ. ①复… Ⅱ. ①车… Ⅲ. ①数据处理 Ⅳ. ①TP274

中国国家版本馆 CIP 数据核字（2023）第 219554 号

责任编辑：童安齐／责任校对：王万红

责任印制：吕春珉／封面设计：东方人华平面设计部

科学出版社 出版

北京东黄城根北街 16 号

邮政编码: 100717

http://www.sciencep.com

北京中科印刷有限公司印刷

科学出版社发行　各地新华书店经销

*

2024 年 9 月第 一 版　开本：B5（720 × 1000）

2024 年 9 月第一次印刷　印张：14

字数：270 000

定价：150.00 元

（如有印装质量问题，我社负责调换）

销售部电话 010-62136230　编辑部电话 010-62139281

前　言

大数据量、复杂数据结构、高维数据属性及复杂时变特征是大数据时代数据集的主要特点，面对这些复杂数据集，如何有效选择信息变量、挖掘出关键的数据，并用其推断事物的未来发展，成为一个至关重要的研究课题。本书围绕复杂数据的变量选择和预测等问题，从模型建立、算法设计和理论分析等方面进行了系统性的研究，并将相关算法应用到模拟数据集和工程领域的一些真实公开数据集中。本书的具体研究成果和创新点如下。

(1) 本书系统介绍了数据预处理，数据建模回归分析方法，数据建模变量选择分析方法，以及 R 和 Python 软件的编码示例。

(2) 针对高度相关性等复杂数据特征，本书首先研究了在该复杂数据特征下线性回归模型的变量选择问题，利用集成学习和信息理论，提出了一种有效的随机相关系数算法；其次，构建了一种变量选择集成方法，并给出了相关性度量分析、收敛性分析和三类变量选择的性能分析定理；最后，数值模拟试验表明提出的算法可以更有效地选择相关变量、排除无关变量、控制冗余变量，并进行了样本量影响分析和实际案例试验。

(3) 针对高度相关、非线性等复杂数据特征，本书研究了在该复杂数据特征下非线性回归模型的变量选择问题。因为非线性回归模型的函数形式不易获取，本书着重讨论不依赖回归方程的变量选择准则，利用熵、互信息理论，提出了一种新颖的最大相关-最小共同冗余准则。基于该准则，本书进一步提出了一种有效的变量选择算法。该算法能有效地处理无模型假设的变量选择问题，同时也给出了相关性度量分析、算法性能分析定理。在数值模拟试验中，这一算法被应用到含冗余特征的非线性问题、含高相关特征的非线性问题中，均可有效识别三类变量；另外，这一算法也被应用到 Boston Housing 等实际案例。通过模型对比试验，验证了该模型的优越性和有效性。

(4) 针对非线性、大样本、不平衡等复杂数据特征，本书研究了在该复杂数据特征下支持向量回归预测方法的问题。在支持向量回归 (SVR) 的建模过程中，“支持向量”候选数据选择和模型参数选择是紧密关联的，两者会直接决定 SVR 模型的运行效率。本书在 SVR 理论的基础上，对大样本下的 SVR 学习问题进行建模，并利用统计学习理论、信息理论和启发式优化算法，提出一种改进的支持向量回归预测模型。该算法能有效地结合训练数据选择和模型选择，并给出收敛性分析定理。在此基础上，针对 SVR 的模型选择问题，利用序贯分析方法，提出一种基于序贯网格方法的 SVR 模型。本算法在数值模拟试验中取得了很好的效果，在实际电网案例应用中也取得了良好的效果。通过模型对比试验，验证了该模型能嵌套地获取最优训练数据子集和模型参数。

本书从复杂数据的内在关联结构出发，利用抽样技术、集成学习等统计机器学习方法，从线性和非线性模型两个方面分别建立基于数据驱动的变量选择与预测方法，并将其应用于工业领域的一些公开数据集和电网管理等实际案例中。其研究成果适用于无先验模型结构的学习问题，并为复杂数据的运营分析提供理论基础。

本书的内容主要源于作者及其课题组成员的研究积累和学术见解，其中涉及的研究问题来源于课题组承担的关于复杂数据挖掘方面的国家自然科学基金面上项目 (项目编号：71971105)、江西省双千计划 (项目编号：jxsq2019201064)、国家自然科学基金青年项目 (项目编号：71301067) 等。参加本书部分工作的课题组成员包括袁芳、叶雨、何明俊、蒋哲勇、刘娜、胡焜、夏文鑫、许益帆、李玥璐、王正煜。

由于作者水平所限，书中存在不足之处在所难免，恳请广大读者批评指正。

车金星
南昌工程学院理学院
2022 年 10 月

目　　录

第 1 章 绪　　论

本章首先结合当今大数据时代下数据采集技术的飞快发展，阐述本书的研究背景和意义，指出复杂数据的变量选择与数据预测方法的重要性；其次，总结变量选择与数据预测问题的主要研究进展；最后，介绍本书需要解决的关键问题及主要研究内容。

1.1 研究背景与研究意义

随着数据采集、存储等设备的日益普及和不断更新，所面对的数据集从以前的简单特征数据集向具有数据存储量巨大、数据结构多样、数据属性维数高、数据相关性强、数据特征时变等特点的大规模复杂数据集发展。现在，每秒从各种来源生成的大量数据以前所未有的速度流入，而要实时或近乎实时的处理来获得及时的决策和行动[1]。在大数据背景下，这些大规模复杂数据正在工业、生活和安全等领域中扮演着越来越重要的角色，同时，也为统计机器学习领域提供了必需的数据资源保障。2009 年，美国两院院士谢苗诺夫斯基 (Sejnowski) 的科学研究团队就在《科学》(*Science*) 上发表论文，将人类的认知学习过程与计算机的人工智能过程进行对照分析，指出基于大规模复杂数据集的统计机器学习正在成为发展新学习科学的重要基础之一[2]。

面对潮水般源源不断的大规模复杂数据集，需要有效利用的往往也只是很少的一小部分。正如 2016 年第三十三届机器学习国际会议 (The 33rd International Conference Machine Learning，ICML) 专题研讨会所论述的，具体预测问题的本质特征要么是个小数据问题，要么是多个小数据问题构成大数据问题。可以说，现实数据运营系统已经从一个设定假设、建立假定的模型模拟、真实数据稀缺的时代，过渡到一个“让数据说话”、采集数据量冗余的“复杂数据”时代[3]。如何从中挖掘出关键信息，如何有效地利用选择的关键数据来推断事物的未来发展趋势，已经成为一个至关重要的研究课题。目前急需补充和完善现有的变量选择与预测理论，探索新的预测方法，为大规模复杂数据分析提供基础。

复杂数据研究既带来了巨大机遇，也带来了巨大挑战。例如，面对具体的复杂数据处理问题时，该数据集常常会包含大量的无关变量、高度相关变量、冗余变量，导致数据预测速度跟不上等问题。这些都需要从数据特征分析、算法设计、模型建立和理论分析等方面进行进一步的研究。

值得一提的是，目前的变量选择和数据预测算法大都假设数据符合某个先验模型[2]。而先验模型可能会与真实数据模型不完全一致，这将导致其在复杂数据处理中的局限性也越来越凸显。而且，基于数据自身结构的学习算法还不多见。因此，如何建立一套不限于先验模型知识的变量选择与数据预测方法、理论及应用模型，已经成为一个普遍性的难题。目前急待补充和完善现有的变量选择与数据预测理论，探索新的变量选择与数据预测方法，为复杂数据分析技术提供基础。

1.2 国内外研究现状

近年来，随着数据采集设备的快速发展，数据运营系统的数据变得越来越巨大、越来越复杂[4]。面对迅猛增长的数据量，人们需要花费越来越多的时间来整理和管理这些运营数据，以期望从中挖掘出有价值的信息来指导决策，但“数据丰富，知识贫乏”的尴尬境地在数据运营中频繁发生[5]。在这种迫切需求下，数据挖掘与其智能化从 20 世纪 90 年代开始迅速发展，而针对具体研究的目标变量，变量选择 (或称为特征提取) 以及数据预测方法则是其中的两个重要主题。总体来看，变量选择为数据预测提供前期的定性分析和认知技术，而数据预测结果则为未来决策分析提供参考依据。目前，复杂数据的变量选择与预测方法已经成为热点。

数据预测问题的基本思想是以预测变量 (或称为因变量、目标变量等) 为研究目标，利用变量选择算法从样本中提取出最优的变量子集，再利用预测理论与方法来构建预测模型，从而利用所得的回归方程进行数据预测。一般而言，数据预测包含如下三个主要步骤，即数据清洗、整理与预处理，变量选择，以及学习机的训练。显然，变量选择算法提取最优变量子集 (样本特征) 的准确与否，将严重影响到数据预测效果。通常情况下，最优变量子集中包含了足够多的目标变量信息，预测器才能实现对目标变量比较准确的预测。然而，所选择的变量子集中是否包含了足够多的目标变量信息却很难确定。为了包含所有能搜集的变量数据，如果人们直接采用数量巨大的原始变量，那就会使预测器的原始特征空间或变量空间可能达到几千，甚至上万维。若直接在高维的原始变量空间上进行预测器的训练，那可能存在较大的相关性和冗余，同时也会使预测模型变得更加复杂，从而影响最后的数据预测的精度，导致预测器的推广能力或泛化能力下降，呈现所谓的“过学习”或“过训练”的现象[6]。近年来，复杂数据的变量选择与预测方法研究越来越受到相关学者的关注，从而推动了这个领域的相关问题研究迅速向前发展，每年都有大量的相关研究成果文献发表。下面分别对与本书研究相关的几个研究工作进行简单的回顾 (具体研究文献分析见各章的引言部分)。

1.2.1 变量选择的研究

在回归问题中，目标变量的表示由许多候选变量或属性组成，其中一个关键问题是如何选择一个变量子集来刻画目标变量。上述问题被称为变量选择 (或特征选择，以及许多其他名称)。对于 m 个候选变量而言，其变量选择问题也可视为一个离散优化问题，它的解空间是由候选变量集合构成的幂集。由于该幂集包含 2^m 个集合，这就是所谓的维数灾难。

变量选择的已有文献，大体上可以分为三个方面：一是基于模型假设的变量选择方法，见文献 [7]、[8]；二是基于系数收缩的变量选择方法，如最小绝对收缩选择算子 (least absolute shrinkage and selection operator，LASSO) 法、最小角回归 (least angle regression，LARS) 法等[9-12]；三是基于信息度量的数据驱动变量选择方法，见文献 [13]、[14]。虽然这些方法在许多变量选择问题中都取得了具有吸引力的结果，并进行了广泛的模拟验证，但对于复杂数据的高度相关、非线性等特征，它们也存在一些局限性。比如，若模型中包含了一些具有高相关性的信息变量，LASSO 只会选择其中一个或几个信息变量，而不选择其余的信息变量[12]。此外，对于复杂数据的非线性特征，在建模之前对于模型结构难以做出合理的假设，而基于信息论来进行变量选择分析则是一个较好的替代方案。

总之，无论是在一些经典的数据预测研究领域，还是在应用预测理论与方法方面来分析处理数据的新兴应用领域内，变量选择都是一个不得不面对的问题，都必须采取变量选择算法来减少样本变量的维数，以便后续的数据预测工作能够顺利、有效地进行。

1.2.2 预测方法的研究

在预测模型方面，基于经典统计假设的预测模型研究迄今为止已经比较完善[15]。本质上，这类模型对数据系统进行了线性或广义线性的简化假设，这给理论研究带来了方便，其理论研究成果都比较完备。然而，真实的数据系统往往包含非线性等复杂数据特征，经典统计模型并不能完全真实地刻画这些数据的动态变化。为此，相关学者对数据系统的预测进行了大量的研究，比较典型的有基于人工神经网络的预测模型 (考虑模拟人脑的信息处理功能、建立自适应的数据特征识别模型，适用于复杂系统建模的黑盒实现，不局限于系统线性假设的条件，见文献 [16]~[18])；基于灰色理论的预测模型 (考虑时间序列的随机性和波动性，通常利用累积方式生成更稳定的时间序列，再利用微分方程建立预测模型，见文献 [19]、[20])；基于模糊理论的预测模型 (考虑提取数据集的知识性信息，建立数据集的模糊决策规则，见文献 [21]~[23])；集成预测模型 (也称为组合预测模型、分层混合模型、深度动态模型等，尝试对不同的单项模型来集成信息、驱散误差，

见文献 [24]~[26])。虽然许多学者在预测模型研究上取得了丰硕的成果，但上述研究成果存在以下不足之处：第一，非线性模型没有形成与经典线性模型媲美的理论完备性；第二，这些模型基本建立在经验风险最小 (即训练样本误差最小) 准则下，这往往会产生模型的泛化能力下降、过学习、局部极小点等问题；第三，预测模型通常不是基于高效数据 (data-efficient) 的学习模式，即将预测模型应用到大规模复杂数据场景时，预测模型需要大量的训练时间，变得难以操作。因此，迫切需要探索理论基础完备、泛化能力强、基于数据驱动的新模型，研究这类模型的性质，进而建立高效预测模型。

支持向量回归 (support vector regression, SVR) 作为一种主流的数据预测方法，最初是由 Vapnik 领导的 AT 和 TBell 团队在 1995 年提出并发展起来的，它利用核方法将原始空间的非线性问题映射为高维特征空间的线性问题，从而推广理论完备的线性回归模型[27]，已成为处理“小样本、非线性、高维”等问题的一种重要研究方法[28-29]。LASSO 回归、岭回归只有当预测值与实际值完全相同时，训练损失才为零，而 SVR 假设可容忍预测值与实际值之间有一定的偏差，引入松弛因子“软边界”，以求获得更强的泛化能力[30-31]。然而，它也存在几个公开问题有待进一步解决[32]。最近 10 来年，这几个公开研究问题虽然引起了相关学者的广泛兴趣，但是大规模复杂数据场景下的数据预测问题还有待进行探索性研究。

1.3 本书需要解决的关键问题

目前，复杂数据的变量选择与预测方法研究已经引起了相关学者们的浓厚兴趣，形成的部分成果已成功地应用于多个领域。虽然如此，许多的挑战性难题依然值得进一步深入探索和研究。本书主要关注的是以下几个关键性问题。

(1) 重点研究数据预处理，数据建模回归分析方法，数据建模变量选择分析方法，以及 R 和 Python 软件的编码示例。

(2) 针对复杂数据的高度相关性、非线性等特征，如何更加有效地对数据样本进行变量降维。虽然近年来出现了许多变量选择算法，但是很多算法都假设数据符合某种分布模型。然而，现实的大数据往往难以判断数据的分布模型，因此需要研究一种基于数据驱动的变量选择的新方法。本书分为线性模型和非线性模型对复杂数据变量选择展开研究工作。

(3) 针对复杂数据的大样本、不平衡等特征，如何提高基于支持向量回归的运算性能和预测精度，以及在大规模复杂数据场景时，如何实现高效地找到其中的关键数据及其模型参数并进行快速预测，这方面的研究目前有效的方法较少，而且急需补充相关理论。

1.4 本书主要研究内容

本书通过介绍复杂数据的变量选择与预测方法研究背景和研究意义，简要概述其国内外研究现状 (具体研究文献分析见各章的引言部分)，分析了当前复杂数据的变量选择与预测方法中需要解决的问题，并在界定的复杂数据特征的基础上，分别对基于线性模型的复杂数据变量选择、基于非线性模型的复杂数据变量选择、基于支持向量回归的复杂数据预测方法等方面展开了研究工作。具体的篇章结构与内容组织如图 1.1 所示。

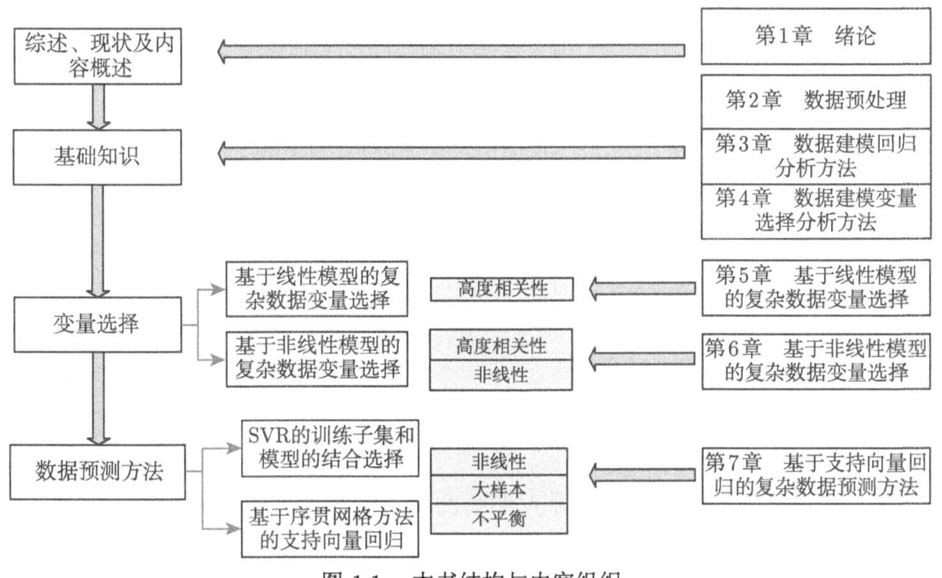

图 1.1 本书结构与内容组织

本书的主要内容如下。

(1) 系统介绍数据预处理，数据建模回归分析方法，数据建模变量选择分析方法，以及 R 和 Python 软件的编码示例。

(2) 基于线性模型的复杂数据变量选择。

面对复杂数据变量选择问题，线性模型下的变量选择仍然是一项最基本的研究工作。这项研究工作的成果将有利于我们初步认识复杂数据的结构，进而推广至非线性数据分析。本书工作主要围绕复杂数据的高度相关性等特征，提出了简单、有效的基于线性模型的变量选择方法，具体从以下三个方面展开研究工作。

① 针对线性模型的变量选择问题，分析当前已有算法的优缺点及其性质。

② 确定数据预处理方法，得到标准化后的训练数据集。

③ 建立线性模型的变量选择集成方法，并进行大样本实验及其性质研究。

(3) 基于非线性模型的复杂数据变量选择。

大数据环境下的数据含有异构信息、高度相关性、各维数据不规则、高度非线性等复杂特征，无模型假设的变量选择是建立高效数据预测模型的基础。在该部分研究中，利用熵、互信息理论来分析数据特征，研究数据内在结构及非线性模型的变量选择。具体从以下三个方面展开研究工作。

① 针对非线性模型的变量选择问题，着重分析无模型假设下已有算法的优缺点及其性质。

② 构建不依赖回归方程的变量选择准则，探索无模型假设、非参数的数据内在关联性度量。

③ 建立非线性模型的变量选择方法，并进行大样本实验及其性质研究。

(4) 基于支持向量回归的复杂数据预测方法。

支持向量回归 (SVR) 最初是由美国 AT&T Bell 实验室 (American Telephone and Bell Labs) 弗拉基米尔·瓦普尼克 (Vladimir Vapnik) 领导的研究小组在 1995 年提出的一种基于统计学习理论的新方法，它依据 VC 维理论和结构风险最小化原理 (即同时考虑建模复杂度和训练误差，以获得较强的泛化能力)，利用核函数方法将原始空间的非线性复杂建模问题映射到高维特征空间的线性建模问题，进而推广了理论完备的经典线性模型，并被学者们广泛地认证了其在小样本、非线性和高维学习问题中具有优越的实验效果，使之成为统计学习的最热门的前沿研究领域之一。

在复杂数据问题中，SVR 的学习面临两个难题：一是复杂数据存在冗余信息、数据不平衡等特征，这些特征可能导致 SVR 过学习，从而影响 SVR 模型的学习精度；二是 SVR 模型的时间复杂度是 $O(N^3)$ (其中 N 是样本数)，空间复杂度不低于 $O(N^2)$，这使得大规模样本时 SVR 模型的训练时间过长，预测结果的领先时间也大大变短，导致决策者没有充足时间做出正确决策，模型的学习结果失去实际意义。据查找文献所知，相关成果所见较少，着手研究该问题时仅出现少量分解算法和稀疏算法。同时，大规模样本的 SVR 模型学习是该领域的一个著名公开问题。

针对上述问题，本书以工程技术预测为研究背景，利用统计学习理论、信息理论、优化理论、预测理论与方法等知识，提出基于支持向量回归 (SVR) 的复杂数据预测方法。该方法考虑到 SVR 的建模过程中“支持向量”候选数据选择和模型参数选择不同，会直接决定 SVR 模型的运行效率。基于这些理论，建立了代表数据选取算法和代表数据抽样方法，并进行了大数据预测效能研究，具体从以下四个方面展开研究。

(1) 以 SVR 为载体，研究大数据中代表数据选取、代表数据抽样方法分析及其数学描述。

(2) 构建快速代表数据与模型参数的选择方法。

(3) 建立复杂数据环境下基于集成的 SVR 模型，并进行仿真研究。

(4) 建立序贯分析技术下的数据预测模型。

第 2 章　数据预处理

数据预处理是数据分析与数据建模的非常重要的前置步骤。据统计，数据预处理占到数据案例分析工作的 70%以上，其质量是后期数据分析与数据建模的成功前提。本章首先结合原始数据与建模数据的联系，阐述数据转换的研究价值和意义，介绍数据标准化、相空间重构及移动平均方法；然后，总结数据预处理的主要方法；最后，介绍多变量影响分析方法。

2.1　引　　言

“大数据”目前已经广泛存在于军事、金融、互联网等领域。身处大数据时代，每天都需要面对大量的数据。数据一般是通过多种渠道获得的，往往会具有不同的数据系统库的定义标准以及不同的数据结构，因此不能直接对获取的原始数据进行存储、共享以及研究。数据挖掘、机器学习、深度学习等研究领域对于数据的要求十分严格，这就要求具备基本的数据预处理的能力。

数据预处理是在建模前实施的一项非常重要的工作。合理有效的数据预处理能够为后续建模提供完整、准确、条理清晰的数据，使建模效益最大化[33]。数据预处理的根本目的是通过对已获得的数据进行审核、筛选、清洗、转换、规约等操作发现数据中的内在规律，实现原始数据到建模数据的转变[34]。

通过对以往知识的归纳和总结，给出了数据预处理的基本步骤：首先，对于获取的原始数据，先从原始数据的适用性、时效性、准确性和一致性等方面进行审核，审核通过后按照要求进行数据分类筛选，其能够有效地对数据进行分类，便于后续查找与处理。在数据筛选后再进行数据排序，合理的数据排序能够更加直观地了解数据，并发现数据规律，从而排除错误数据。其次，应进行数据清洗，其能够有效处理缺失值、噪声数据及奇异点数据，在一定程度上能够减少无关数据的干扰。再次，在数据清洗后，将同一研究对象的多个数据源集成存储就得到建模所需的初步数据。最后，针对建模数据前的数据维度、量纲等问题提出数据变换和数据归约方法。

本章在前面几节简单介绍了数据处理的一些基本形式，然后针对数据转换进行了详细的介绍，如介绍了数据转换中三种常用的转换方法，即数据标准化、相空间重构及移动平均方法。在数据标准化方面，详细介绍了常用的四种标准化方法，即 min-max 标准化方法、正则化方法、归一化方法及曲线型标准化方法。最后，考虑到目前多变量预处理方法介绍较少，又详细介绍了相关系数、复相关系数、多重共线性、贡献度量等多变量预处理方法。此外，还介绍了四种常用的时间序列分析的几种重要检验方法，如平稳性检验、协整性检验，以及格兰杰因果关系检验。

2.2 原始数据与建模数据

现实世界中，数据库是按照事物对象的数字特征描述建立起来并相互关联的，而在实际数据挖掘时，面对一个具体的数据挖掘任务，原始数据可能存在冗余的、不一致的数据。该原始数据在具体数据挖掘中常被视为脏数据，无法直接进行数据建模，或数据建模结果效果难以达到要求。为了提升数据挖掘的质量，通过采用数据审核、数据筛选、数据排序、数据清理、数据集成、数据转换技术等多种数据预处理方法，得到具体数据挖掘任务的建模数据。这些数据处理技术在数据挖掘之前使用，大幅提高了数据挖掘模式的质量，降低实际挖掘所需要的时间[35]。

2.3 常规前期处理工作

面对具体的数据挖掘任务时，需要对原始数据进行处理，根据实际背景构建一些新的数据变量。

2.3.1 数据审核

面对取到的原始数据，首先需要从数据的完整性和准确性两个角度来审核。依据实际的取数渠道，审核的内容和方法会相应做出调整。一方面，要检查研究对象的数据完整性，确保研究对象不要遗漏；另一方面，要检查研究对象的数据准确性，确保数据资料可反映研究对象的实际情况，并且数据符合逻辑，不存在相互矛盾的情况。

为了更加全面地获取研究对象的数字化描述，通常会从多个渠道取得二手数据资料。此时，需要从数据的适用性和时效性两个角度来审核。原始数据可能取自数据库，也可能是通过专门调查为特定目的而获得的，还可能是已经按照特定目的需要做了前期加工处理的。对于数据建模工作者来说，要先弄清楚数据有关背景资料、数据的来源以及数据的口径，以便确定这些数据资料是否符合自己分析研究的需要，是否需要添加新的数据标签或进行重新加工整理等前期工作，不能直接拿到原始数据来进行数据建模。总体而言，数据审核主要包括以下几个方面。

1. *准确性审核*

这一部分审核工作重点是核查原始数据生成过程中的误差，误差达标是数据建模有效性的前提条件。准确性审核主要从数据的真实性与数据的精确性角度来核查数据资料。

2. 适用性审核

这一部分审核工作重点是核查原始数据是否满足数据挖掘任务要求、是否匹配目标总体的取样要求、是否可提供数据项目的解释性依据等。适用性审核主要依据数据用途，根据调研目标定义合适的数据标签，核查数据解释说明问题的程度。

3. 及时性审核

这一部分审核工作重点是核查原始数据是否按照规定时间报送。及时性审核主要是对数据的时效性进行审核，对于有些时效性要求较强的数据分析问题，如果获取的数据达不到时效性要求，就会失去数据分析的价值。一般而言，应尽可能获取最新数据，以适用于实际分析需求。

4. 一致性审核

这一部分审核工作重点是核查原始数据是否在不同地区或国家、在不同的时间段是否具有可比性。一致性审核主要是对数据的可比性进行审核，尤其对于评价性数据分析问题，如果获取的数据不具有可比性，就不能展开横向或纵向比较和评价。

2.3.2　数据筛选

面对原始数据，依据实际背景，对数据进行分类筛选，对发现的错误应尽可能予以纠正或删除。按照分类设定数据筛选条件，对不符合条件的数据或有错误的数据予以剔除。数据筛选主要从数据背景角度来分类核查数据的有效性，其在市场调查、经济分析、管理决策、数据分析案例中具有十分重要的作用。

2.3.3　数据排序

数据排序是指通过指定排序顺序，将原始数据按序排序，以便进行数据分析，找到待解决问题的数字特征和数字趋势。在 R 软件中，可用 sort 来对一组数据进行排序，用 summary 来统计数据概要，用 plot 来绘制数据的大概变化趋势。通过数据排序或概要统计后，更容易发现数据错误和数据规律，为数据分组和数据统计等提供前期认知基础。在统计结果可视化方面，结果通常要求按序输出，这就需要借助计算机软件来完成。

对于不同的数据结构，数据排序方式也有所不同。数值型数据可以按递增或递减顺序进行排序，排序后的数据可通过分位数、叶茎图等来进行可视化呈现，这些数据排序样本在统计上称为顺序统计量。分类数据可以按给定的排序顺序进行排序，如字母型数据升序排序与字母的自然排列相同，汉字型数据的首位拼音字母排序与字母型数据的排序完全一样，汉字型数据的笔画多少排序则完全不一样。在原始数据的前期处理中，合适的数据排序对数据核查和认识是十分有用的。

2.3.4 数据清理

数据清理一般包括数据缺失值、噪声数据、奇异点数据，而正确地识别这类数据本身是一个重要的科学研究问题。对于差异明显的数据，利用统计软件可视化方式或定义差异规则来分离。值得一提的是，奇异点数据不能直接清理。奇异点数据可分为以下两种情况：第一种是由于错误导致奇异点远离正常点，这时需要予以删除；第二种是由于出现特殊情况导致奇异点远离正常点，这时需要予以预警，提醒发生异常事件。

2.3.5 数据集成

数据集成是将同一研究对象的多个数据源连接起来并统一存储，建立具体数据挖掘任务所需要的数据。在这个过程中，特别需要注意各个表格之间的关联规则。一般来说，需要确定一个变量作为关键字来连接数据表格，此时，需要特别注意识别关键字和关联规则。

2.3.6 数据转换

面对具体的数据挖掘任务，对原始数据采取平滑聚集、统计量变量构建等方式进行数据转换，使得原始数据更适用于数据挖掘。数据转换既需要结合背景知识来指导数据变换目标，也需要采用合适的转换方法来实现数据变换目标。

2.3.7 数据归约

数据挖掘时原始数据往往数据量非常大，这对于具体数据挖掘任务是存在很大冗余性的，数据归约可以在数量条数维度和数据变量维度进行大幅缩减。在大量原始数据上进行数据分析需要很长时间，数据归约方法适用于获得原始数据的归约表示，归约数据小得多，但仍然近似于保持原始数据的信息量，而且其数据分析结果与原始数据近似。

2.4 数据转换方法

数据转换方法主要涉及平滑聚集、数据概化、规范化等方面。数据转换方法可使原始数据转换为适用于数据挖掘的形式，本节介绍三种重要的数据转换方法：数据标准化方法可使多个相关指标具有可比性，相空间重构方法可通过时间序列内部信息结构来进行因果推理分析，移动平均方法可以通过研究对象的全局趋势来预测推理其局部发展规律。

2.4.1 数据标准化方法

预测与评价是数据决策分析的一项经常性工作，也是科学决策的一个重要参考依据。随着数字化平台建设和管理理论的不断完善，所面临的决策对象数字化描述日趋全面，应用单个指标来评估决策对象已经不能满足人们对其认知的要求，必须全方位地从相关指标来整体分析问题，多指标决策分析变得尤为重要。在多指标决策分析方法中，首先面对的就是把这些相关指标进行横向或纵向比较分析，并建立一个综合评价模型，由此得到对决策对象的一个整体评价。

从数据维度上来看，多指标决策分析通常会面临不同的量纲和数量级数据特征。尤其是当指标之间的数值水平相差较大时，综合评估模型受到高数值指标的影响显著增强，而低数值指标的影响将大大削弱，这将使各指标不具有可比性。基于此，需要对原始数据进行标准化处理，以保障综合评估模型结果的可靠性。

数据标准化方法是将不同大小的数值映射到一个指定的区间范围，其映射通常需要满足单调不减的性质。按映射类型来分，数据标准化方法可分为 min-max 标准化方法、正则化方法、归一化方法、曲线型标准化方法等。不同的标准化方法，会产生一个对应的标准化效果。在实际数据案例中，可以依据具体的数据背景知识，对比不同标准化法的优缺点，选择合适的数据标准化方法，以下介绍一些常用的数据标准化方法。

1. min-max 标准化方法

假设原始数据序列为 $X_1, X_2, \cdots, X_n$，线性变换函数如下：

$$f(x) = ax + b \tag{2-1}$$

式中：a、b 为变换函数参数。min-max 标准化方法是将数据变换到区间 $[0, 1]$ 上，$\min\{x_i\}$ 映射到 0，$\max\{x_i\}$ 映射到 1。将上述两点代入线性变换函数。

$$a \times \min\{x_i\} + b = 0 \tag{2-2}$$

$$a \times \max\{x_i\} + b = 1 \tag{2-3}$$

可以求解出

$$a = \frac{1}{\max\{x_i\} - \min\{x_i\}} \tag{2-4}$$

$$b = \frac{-\min\{x_i\}}{\max\{x_i\} - \min\{x_i\}} \tag{2-5}$$

因此，min-max 标准化方法可以表示如下：

$$y_i = \frac{x_i - \min\{x_i\}}{\max\{x_i\} - \min\{x_i\}} \tag{2-6}$$

变换后的序列 y_i 在 $[0,1]$ 区间上，但是当新数据加入，且新数据超出原始数据的最值时，该变换就需要重新定义，以下正则化方法则可以避免过度依赖数据序列的最值。

2. 正则化方法

假设随机变量 X 的均值为 μ，标准方差为 σ，其标准化公式如下：

$$X^* = \frac{X-\mu}{\sigma} \tag{2-7}$$

标准化后的随机变量均值为 0，方差为 1。将以上随机变量标准化方法引入数据序列中，假设原始数据序列 $x_1, x_2, \cdots, x_n$ 的样本均值为 $\bar{x}$，样本标准方差为 s，正则化方法的变换函数公式如下：

$$y_i = \frac{x_i - \bar{x}}{s} \tag{2-8}$$

其中

$$\bar{x} = \frac{1}{n}\sum_{i=1}^{n} x_i \tag{2-9}$$

$$s = \sqrt{\frac{1}{n-1}\sum_{i=1}^{n}(x_i - \bar{x})^2} \tag{2-10}$$

正则化方法标准化后的数据序列将在 0 上下波动，大于 0 的数据表示其高于平均水平，而小于 0 的数据表示其低于平均水平。在 SPSS 软件中，正则化方法默认用 z-score 标准化来实现; 而在 R 软件中，可以用以下简单的函数来快捷实现。

`scale(data,center=TRUE,scale=TRUE)` 或默认参数 `scale(data)`

该函数中的两个参数 center 和 scale 对应正则化方法的两个参数，其中 center 为真表示数据中心化参数，scale 为真表示数据标准化参数，center 和 scale 默认为真，即 center=TRUE，scale=TRUE。用 R 中自带的数据集进行演示，如 head (scale(USJudgeRatings))。

3. 归一化方法

当面对权重数据类型时，希望标准化后的数据之和为 1。假设非负序列为 $x_1, x_2, \cdots, x_n$，归一化方法进行如下转换：

$$y_i = \frac{x_i}{\sum_{i=1}^{n} x_i} \tag{2-11}$$

新序列 $y_1, y_2, \cdots, y_n \in [0,1]$，且满足 $\sum_{i=1}^{n} y_i = 1$。

4. 曲线型标准化方法

曲线型标准化法是将数据按比例缩放，使之落入一个小的特定区间。在某些比较和评价的指标处理中经常会用到，去除数据的单位限制，将其转化为无量纲的纯数值，便于不同单位或量级的指标能够进行比较和加权。

当所有的数据都大于等于 1 时，log 函数转换是一种常用的曲线型标准化方法，其转换函数如下：

$$y_i = \frac{\log_{10}(x)}{\log_{10}(\max(x))} \tag{2-12}$$

式中：max 为样本数据最大值。该 log 函数转换将数据统一映射到 $[0,1]$ 区间上。

当所有的数据没有数值限制时，atan 函数转换用反正切函数可实现数据的归一化，该方法将大于等于 0 的数值映射到区间 $[0,1]$，而小于 0 的数据则映射到 $[-1,0]$ 区间上。

另外，还有一些其他同向化处理情况。比如，有些自变量对目标变量有正向影响，而另一些自变量对目标变量有反向影响时，可对反向自变量作倒数变换等方式来做同向化处理。

2.4.2 相空间重构方法

从事物发展的外部和内部两个角度来看因果推理，可以把多变量因果关系分析视为从事物发展的外部信息来分析，而从事物发展的内部信息来看，事物自身也会蕴含事物变化规律的信息。相空间重构就是用于挖掘事物自身时间序列数据信息结构的方法。当处理的数据对象是一个时间序列时，相空间重构可将其视为考察一个混沌系统所得到的一组随着时间而变化的观察值。假设时间序列是 $x(i) : i = 1, \cdots, n$，那么吸引子的结构特性就包含在这个时间序列中。为了从时间序列中提取出因果推理结构信息，1980 年帕卡德 (Packard) 等提出了导数重构法和坐标延迟重构法，对时间序列进行相空间重构，获得吸引子的结构特性信息[36]。

2.4.3 移动平均方法

随着传感器数据采集技术的不断发展，可以采集数据的时间密集度越来越高，很多场景都可以达到秒级时间密度。当看到一个事物的超短期数据波动曲线时，很多局部细节信息都充分地展示出来了，这为精准认识事物提供了素材。另外，过多的局部微观信息也会为预测推理增添复杂性，常常使预测推理产生过学习问题。为了解决这一问题，可以利用事物的全局趋势来预测推理事物的局部发展规律，这就是移动平均方法的指导思想。

移动平均方法依据时间序列的数据资料，采用逐项推移方式，依次计算包含一定项数的时间序列平均值，以反映时间序列的长期趋势。因此，当时间序列数据由于受到局部随机波动和周期性变动等影响，起伏变化较大，不易显示出事物的发展趋势时，可以使用移动平均方法来消除这些因素的影响，只显示出事物的发展方向和趋势曲线，再利用趋势曲线来分析预测序列的长期变化规律。

2.5 多变量预处理方法

统计学中最基本的为单变量分析，延伸出来的多变量统计分析起源于医学和心理学，用于分析因变量的影响因素及其因果关系推断。多变量影响分析作为统计方法的一类重要方法，包含多元统计分析、主成分分析、因子分析、集群分析等许多的分析模型，也包含相关系数、多重共线性等许多的预处理方法。现代统计分析常常需要考虑数据集中有多个变量 (或称因素、指标) 的数据分析问题，这逐步成为统计学的一个重要分支，也是单变量统计的发展。

本节介绍几个最基本的多变量影响分析方法。

2.5.1 相关系数

变量之间的关系大体上可以分为两种情况：一种就是变量间存在明确的关系表达式，这类关系称为函数型关系；另一种就是变量间的关系表达式不完全明确，用数学表达式难以表达变量间的关系，但是变量间关系很密切，而在样本数值上又存在一定随机性，不能用一个或几个变量的数值来求出另一个变量的数值，这类关系称为相关关系。

相关关系是通过对大量变量数据信息进行统计分析，去除变量间的偶然性影响，量化现象间相关关系的密切程度。在相关关系中，一个变量变化会影响其他相关变量的变化，其变化具有随机性特性，但仍然有规律可循。面对变量间的数字化信息，通常可以利用散点图、相关系数、相关系数显著性检验等来分析相关关系。

1. 变量间相关关系的绘图判断

可以在 R 软件中用 plot(x, y) 命令来绘制两组变量数据间的散点图。由于此处考虑的是线性相关性，如果散点图数据点越接近某条直线附近，则其相关性越强。

2. 变量间相关系数的计算

假设两个变量 X、Y，从总体的数字特征来考虑，相关系数可由两者的协同变化与独自变化来权衡，其数学定义如下：

$$\rho = \frac{\mathrm{cov}(X,Y)}{\sqrt{\mathrm{var}(X)\mathrm{var}(Y)}} = \frac{\sigma(X,Y)}{\sqrt{\sigma_X^2 \sigma_Y^2}} \tag{2-13}$$

式中：$\sigma(X,Y)$ 为 X,Y 的总体协方差；σ_X^2,σ_Y^2 分别为 X,Y 的总体方差。相关系数的绝对值越接近 1，其相关性越强；其值越接近 0，则相关性越弱。

面对实际数据样本，将样本数字特征代替总体数字特征来求得其皮尔逊 (Pearson) 相关系数。

$$r=\frac{s(X,Y)}{\sqrt{s(X)s(Y)}}=\frac{\sum(x_i-\bar{x})(y_i-\bar{y})}{\sqrt{\sum(x_i-\bar{x})^2(y_i-\bar{y})^2}} \tag{2-14}$$

3. 相关系数的假设检验

统计量 r 与其他统计量一样，在实际计算时有抽样误差，即从同一总体抽取相同尺寸样本，各样本的相关系数具有波动性。因此，需要对总体相关系数 $\rho=0$ 的假设检验，即判断 $r\neq0$ 的 r 统计量是来自 $\rho=0$ 的总体还是来自 $\rho\neq0$ 的总体。由于 $\rho=0$ 的总体呈现对称分布，采用 t 检验统计量。其步骤如下。

步骤 1，建立假设检验，$H_0:\rho=0,H_1:\rho\neq0$。

步骤 2，计算检验统计量的样本值。

$$t_r=\frac{r-0}{\sqrt{\dfrac{1-r^2}{n-2}}} \tag{2-15}$$

式中：n 为样本量；$n-2$ 为 t 分布自由度。

步骤 3，计算 t 值及其显著性检验 ρ 值，得出结论。

2.5.2 复相关系数

复相关系数是测量一个变量与其他变量 (一组变量) 之间线性相关程度的指标。可采用以下方法来构建这一相关性度量。假设需要测量一个变量 y 与一组变量 $x_1,x_2,\cdots,x_m$ 之间的相关系数，构建一个 $x_1,x_2,\cdots,x_m$ 的线性组合作为综合代表，再利用这一综合代表与 y 的相关系数来作为复相关系数。其步骤如下。

步骤 1，建立线性组合作为综合代表，即用 y 对 $x_1,x_2,\cdots,x_m$ 做回归，并计算出其回归值 $\hat{y}$。

$$\hat{y}=\hat{\beta_0}+\hat{\beta_1}x_1+\hat{\beta_2}x_2+\cdots+\hat{\beta_m}x_m \tag{2-16}$$

步骤 2，计算 y 与 $\hat{y}$ 的相关系数，以此作为 y 与 $x_1,x_2,\cdots,x_m$ 之间的复相关系数，由相关系数计算公式可得

$$R=\frac{\sum(y-\bar{y})(\hat{y}-\bar{y})}{\sqrt{\sum(y-\bar{y})^2\sum(\hat{y}-\bar{y})^2}} \tag{2-17}$$

步骤 3，用样本决定系数来计算复相关系数。

$$R^2 = \frac{[\sum(y-\bar{y})(\hat{y}-\bar{y})]^2}{\sum(y-\bar{y})^2\sum(\hat{y}-\bar{y})^2} \tag{2-18}$$

在线性回归中，上面式子分子可写为

$$\left[\sum(\hat{y}-\bar{y}+\varepsilon)(\hat{y}-\bar{y})\right]^2 = \left[\sum(\hat{y}-\bar{y})^2\right]^2 \tag{2-19}$$

因而

$$R^2 = \frac{\sum(\hat{y}-\bar{y})^2}{\sum(y-\bar{y})^2} \tag{2-20}$$

简单相关系数取值范围为 $[-1,1]$，有正相关和负相关之分。而复相关系数取值范围为 $[0,1]$。这是因为，一组变量的偏回归系数有两个及两个以上，其系数取值有正也有负，不能按正负来区分，故复相关系数只能取正了。

2.5.3 多重共线性

多元线性回归的重要价值在于可以定量方式给出自变量对因变量的解释能力。在实际回归建模中，自变量 (解释变量) 间容易出现彼此相关的现象，这被称为多重共线性。适度的多重共线性在多元线性回归中影响不大，但是，当出现严重的多重共线性时，回归分析结果会出现不稳定的现象，导致回归系数的符号与实际情况完全相反的情况，从而产生错误的因果关系解释。本应该正相关的却呈现出负相关，本不显著的却呈现出显著性，本该显著的却呈现出不显著，这些情况都需要通过消除多重共线性来避免。

1. *产生多重共线性的原因*

多重共线性问题是指一个自变量的变化引起另一个自变量的变化，其主要有以下三个方面的原因：第一，当自变量间存在强线性关系时，就不能固定其他自变量，找到某个自变量与因变量的影响关系；第二，样本数据量不足，使变量间关系的随机性过大，变量间的相关关系难以稳定反映；第三，名义变量 (或称为虚拟变量、哑变量、虚设变量等) 使用错误，出现名义变量的设置数量过多。

2. *判别多重共线性的方法*

一般来说，常用的多重共线性判别方法有相关分析方法和回归分析方差膨胀因子 (varianice inflation factor，VIF) 值方法。相关分析方法主要是对自变量进行相关分析，通过相关系数数值和相关系数的显著性检验，推断存在多重共线性的可能性。在回归分析 VIF 值方法中，通过计算方差膨胀因子 VIF 值来检验回归模型是否存在多重共线性。VIF 值定义如下：

$$\mathrm{VIF} = \frac{1}{1 - R_i^2} \tag{2-21}$$

式中：$1 - R_i^2$ 被称为容忍度；R_i 为一个自变量对其余自变量作回归分析的复相关系数。复相关系数 R_i 定义如下：

$$R_i = \sqrt{R^2} = \sqrt{\frac{S_R}{S_T}} = \sqrt{1 - \frac{S_E}{S_T}} \tag{2-22}$$

其中

$$S_R = \sum (\hat{y} - \bar{y})^2 \tag{2-23}$$

$$S_T = \sum (y - \bar{y})^2 \tag{2-24}$$

$$S_E = \sum (y - \hat{y})^2 \tag{2-25}$$

在上述表达式中，样本决定系数 R^2 适用于检验回归方程对样本观测值的拟合程度，其范围在区间 $[0,1]$ 内，其值越接近 1 表示拟合效果越好，而复相关系数 R_i 表示一个自变量与其他自变量作为一个整体的综合相关性测量，其范围在区间 $[0,1]$ 内，其值越接近 1 表示拟合效果越好。

一般来讲，VIF 大于 10 (严格是 5) 时，则回归模型存在严重的多重共线性。也可以容忍度作为共线性诊断标准，容忍度 =1/VIF，所以容忍度大于 0.1，则说明没有共线性 (严格是大于 0.2)。VIF 和容忍度有逻辑对应关系，两个指标任选其一即可。

3. 处理多重共线性的方法

多重共线性在数据分析中是普遍存在的，一般有两种情况可以不需要采取消除措施：第一，轻微的多重共线性问题可不采取措施；第二，如果回归分析仅用于预测，不需要解释变量之间的影响关系，则只需要考虑拟合程度，而多重共线性问题在回归预测时通常不会影响预测结果，因此可不处理多重共线性问题。

采用回归分析 VIF 值判别方法时，如果 VIF 值大于 10，则说明共线性很严重，这种情况需要处理，如果 VIF 值在 5 以下不需要处理，如果 VIF 介于 5~10 视情况而定。对于需要消除多重共线性的情况，可选择以下方法。

1) 剔除共线性变量

通过采用多重共线性判别方法，分析出需要剔除的共线性变量，再在此基础上做回归分析。该方法是最简单的方法，如果对于选择出的需要剔除共线性变量，希望保留在模型中，可以考虑使用其他方法。

2) 逐步回归方法

逐步回归方法包括向前选择变量过程和向后剔除变量过程。向前法的基本思想是将变量逐个加入，并对其进行假设检验，将显著的变量引入模型中，以保证每次加入的新变量在回归方程中是显著性变量。向后法的基本思想则是每引入一个新变量后，对已入选回归模型的老变量逐个进行检验，将经检验认为不显著的变量剔除，以保证所得自变量子集中每一个变量都是显著的。这是一个反复的过程，直到既没有显著的解释变量选入回归方程，也没有不显著的解释变量从回归方程中剔除为止。此时，回归模型中所有变量对因变量都是显著的。

逐步回归过程包含两个基本步骤：一是从回归模型中剔出经检验不显著的变量；二是引入新变量到回归模型中，让模型自动进行自变量的选择、剔除，使得共线性的自变量自动剔除出去。该算法也会剔除掉本不想剔除的自变量，若有此类情况发生，可用岭回归进行消除。

3) 岭回归方法

实际工作中，上述两种方法比较常用，但当某些自变量很重要，并不想被剔除掉时，岭回归方法则较为合适。岭回归采用误差平方损失和回归系数 L2 正则化来构建目标函数，实现变量选择和回归模型的融合统一。因此，岭回归也是当前解决共线性问题的高效方法。

4) 增加样本容量

依据统计学样本理论，增加样本容量也是解决共线性问题的一种方法。但该方法在实际操作中不一定适用，其主要原因包括样本量的收集时间、收集成本等。

2.5.4 贡献度量

贡献通常是指提供的信息量大小。在样本统计量构建中，波动和方差的大小代表了原始数据的固有信息量。波动和方差相对较大的样本中聚集了差异性较大的数据，具有丰富多彩的个性，其信息量就大。而波动和方差较小的样本中，数据都较接近平均值，显得平淡无奇，其信息量就小。因此，波动性体现了样本数据的信息量。

由于波动会随着数据量的增大而变大，因而依据波动和数据总量计算出方差。在贡献度量中，方差这一统计量就变得尤为重要，被广泛用于衡量数据是否具有丰富的个性，也是表示数据分散程度的指标。如果数据相同，即数据方差为 0 时，统计学就失去了研究数据资料。换言之，统计学是依据波动和方差来推断数据特征的一门学科。

在回归问题中，针对指定的因变量，如何确定已有的自变量对因变量的贡献度量，这也是一个常见的统计问题。假设给定 n 个独立样本，每个样本的方差为

σ^2。根据抽样理论，很容易得到它们的平均值的方差为 $\frac{\sigma^2}{n}$。换句话说，求一组观测样本的平均值可以降低方差。受到这一思想的启发，随机森林算法应运而生[37]。随机森林算法基于如下加法模型思想：

$$\hat{y}=\sum_{i=1}^{m} f_i(x)+\varepsilon \tag{2-26}$$

式中：误差项 ε 的均值为 0。

基于此，随机森林算法通过设定模型中的随机项，得到不同的训练模型。然后，再将所得的各个模型进行加权平均。其模型表达式可以表述如下：

$$\hat{y}=\sum_{i=1}^{m} \lambda_i f_i(x) \tag{2-27}$$

式中：λ_i 为第 i 个模型的权重。

在随机森林算法中，所设随机因素包括训练样本抽样和训练变量抽样两个方面。在随机森林建模过程中，可以记录下任一给定预测变量引发的分裂而减少的误差总和，对每个减少的总量进行取平均。其结果越好，贡献也越大，则说明该变量越重要。

2.5.5 时间序列分析的几个重要检验方法

时间序列分析的重要检验方法主要有平稳性检验和协整性检验。

1. 平稳性检验

1) 平稳性

经济学中常假设涉及的变量间存在长期均衡关系，基于此，计量经济分析假设所涉及的变量的均值和方差不随时间变化，均为常数，这就是平稳时间序列。如果一个时间序列 X_t 的联合概率分布不随时间而变，则称该时间序列为严格平稳的。在实践中，可用其数字特征来表述，如果 X_t 满足如下条件。

(1) 均值 $E(X_t)=\mu, t=1,2,\cdots$。

(2) 方差 $\mathrm{var}(X_t)=E(X_t-\mu)^2=\sigma^2, t=1,2,\cdots$。

(3) 协方差 $\mathrm{cov}(X_t,X_{t+k})=E[(X_t-\mu)(X_{t+k}-\mu)]=r_k, t=1,2,\cdots; k\neq 0$，其中 X_t 为弱平稳的 (平稳性一般指的是弱平稳性)。

上述三个条件可表述为：若一个时间序列的均值与方差在任何时间保持不变，且两个时期间的协方差仅与两时期间隔有关，则该时间序列是平稳的。

2) 单整的时间序列

实际上，大多数经济时间序列具有某种趋势变化，因而是不平稳的。若其一阶差分序列 $\Delta X_t = X_t - X_{t-1}$ 是平稳序列，则称原非平稳序列 X_t 是一阶单整的，记为 $I(1)$。一般地，若一个非平稳序列须取 d 阶差分才变为平稳序列，则称原非平稳序列 X_t 是 d 阶单整的，记为 $I(d)$。

3) 平稳性检验分析

为防止“伪回归” (spurious regression) 问题，平稳性检验是进行多元线性回归实验的第一步，它分为自相关函数方法和单位根方法两类。DF 检验法 (dickey-fuller unit root test) 是现代方法中最常用的单位根方法，按以下两步进行。

第一步，用普通最小二乘法 (ordimary least squares，OLS) 估计

$$\Delta X_t = \delta X_{t-1} + \varepsilon_t \tag{2-28}$$

计算 τ 统计量 $t_\delta = \dfrac{\hat{\delta}}{S_{\hat{\delta}}}$，其中 $S_{\hat{\delta}}$ 参数估计值 $\hat{\delta}$ 的标准误差。

第二步，假设检验 $H_0 : \delta = 0; H_1 : \delta < 0$。将统计值 t_δ 与 τ 统计量临界值表对比，得出检验结论。

为了容许各种可能性，单位根检验 (augmented dickey-fuller，ADF) 在三种不同虚拟假设下进行估计。

X_t 是一个随机游走：

$$\delta X_t = \delta X_{t-1} + \varepsilon_t \tag{2-29}$$

X_t 是一个带漂移的随机游走：

$$\delta X_t = \beta_1 + \delta X_{t-1} + \varepsilon_t \tag{2-30}$$

X_t 是一个带漂移和确定性趋势的随机游走：

$$\delta X_t = \beta_1 + \beta_2 t + \delta X_{t-1} + \varepsilon_t \tag{2-31}$$

在 R 软件中，urca 包提供的 ur.df 函数可进行上述三种模型的 ADF 检验。

2. 协整性检验

在回归分析中，由于方程中两个时间序列是趋势时间序列或不平稳时间序列，虽然拟合结果看上去非常好，但其 OLS 估计量不是一致估计量，相应的常规推断程序不正确，被格兰杰 (Granger) 和纽博尔德 (Newbold) 称为伪回归。在实际的经济数据中，时间序列变量并不是平稳时间序列，伪回归便成为常见的事情。利

用时间序列的一阶差分通常可以使回归分析避免非平稳问题，然而，使用差分形式的关系式更适用于描述经济现象的短期或不均衡状态，而大多数经济理论则采用变量本身来描述经济现象的长期或均衡状态。

受到上述启发，自然联想到一个问题：使用不平稳时间序列一定会造成伪回归吗？这个问题的回答是，如果回归分析涉及的趋势时间序列一起漂移或同步趋势，则可能没有伪回归问题。协整性检验则是检验这种时间序列的同步性的。协整分析针对一组不平稳时间序列 (随时间的推移而上行或下行)，但它们一起漂移，这种变量的共同漂移也可使变量间存在长期均衡关系。

如果两个时间序列 X_t、Y_t 分别是 d 阶和 b 阶单整的：$X_t \sim I(d)$，$Y_t \sim I(b)$，并且这两个时间序列的线性组合 $a_1X_t+a_2Y_t$ 是 $d-b$ 阶单整的，即 $a_1X_t+a_2Y_t \sim I(d-b)(d \geqslant b \geqslant 0)$，则 Y_t 和 X_t 被称为是 $d-b$ 阶协整的 (cointegrated)，记为 $Y_t, X_t \sim CI(d,b)$。

关于平稳性检验和协整性检验，需要注意以下几点。

(1) 对于含时间变化的多元线性回归 (构成面板数据)，需要考虑平稳性检验和协整性检验。对于不含时间变化的截面多元线性回归，则不需要平稳性检验和协整性检验，也没有可检验的数据集。

(2) 在社会经济统计中，建立回归方程重点是需要考虑其经济思想，变量的取舍不是检验某个变量平稳性，全部变量一起通过协整性检验也是可行的。如果对数据进行了取对数、差分等变换，变量的经济含义也会相应变化，此时，需要考虑这些数学处理对经济学解释有什么影响。

(3) 对于多元线性回归而言，所有变量都平稳是几乎不可能达到的，此时，多个不平稳变量之间可以有协整关系，协整性检验的意义大于平稳性检验。实际上，可把所有变量放在一起，先做协整性检验，检验通过后再做多元线性回归。从这个角度来看，可以用协整性作为选择变量 (剔除/加入) 的判断标准，而不是单个变量的平稳性。

3. 格兰杰因果关系检验

含时间变化的多元线性回归构成了一个面板数据问题。虽然回归分析是研究一个变量对另一个变量的依赖关系，但这并不一定意味着存在相应的因果关系。然而，在涉及了时间维度的面板数据中，由于时间不可以倒退，如果事件 A 发生在事件 B 之前，则可能 A 是导致 B 的原因，但不可能 B 是导致 A 发生的原因。这就是格兰杰因果关系检验 (Granger test of causality)，在这之前一般需要进行平稳性和协整性检验。

将单个时间序列自回归模型拓展到多个时间序列，就构成了向量自回归模型 (vector auto regression，VAR)。格兰杰因果关系检验利用 VAR 中某变量的变化受其自身及其他变量过去行为的影响，建立如下格兰杰因果关系检验表述：

$$Y_t = \sum_{i=1}^{m} \alpha_i X_{t-i} + \sum_{i=1}^{m} \beta_i Y_{t-i} + \mu_{1t} \tag{2-32}$$

$$X_t = \sum_{i=1}^{m} \lambda_i Y_{t-i} + \sum_{i=1}^{m} \delta_i X_{t-i} + \mu_{2t} \tag{2-33}$$

其中，白噪声 μ_{1t} 和 μ_{2t} 假定为不相关的，有关 Y 和 X 每一变量的预测的信息假定全部包含在这些变量的时间序列中。

格兰杰因果关系检验表述第一个式子假定当前 Y 与 Y 自身以及 X 的过去值有关，而第二个式子对 X 也假定了类似的行为。基于此，对第一个式子而言，其零假设为 $H_0 : \alpha_1 = \alpha_2 = \cdots = \alpha_m = 0$；对第二个式子而言，其零假设为 $H_0 : \lambda_1 = \lambda_2 = \cdots = \lambda_m = 0$。可以得到以下四种情形。

(1) X 对 Y 有单向影响。α 统计上整体不为零，而 λ 统计上整体为零。

(2) Y 对 X 有单向影响。λ 统计上整体不为零，而 α 统计上整体为零。

(3) Y 与 X 存在双向影响。α 和 λ 统计上整体不为零。

(4) Y 与 X 不存在影响。α 和 λ 统计上整体为零。

上述两个式子的格兰杰检验是通过受约束的 F 检验完成的。格兰杰因果关系是统计意义上的，而不是经济意义上的。也就是说，经济行为上存在因果关系的时间序列，应该能够通过格兰杰因果关系检验；而在统计上通过格兰杰因果关系检验的时间序列，在经济行为上并不一定存在因果关系。从模拟实验上容易验证，经济行为上不存在因果关系的平稳时间序列之间也可能存在统计上的因果关系。

2.6 R 软件的编码示例

R 语言是一种为统计计算及可视化展示而设计的优秀工具，具有丰富的统计方法，是一个自由、免费、源代码开放的软件。R 的官方网站是 http://www.r-project.org，其他外在工具包可以通过 CRAN (http://cran.r-project.org) 下载。相关函数的使用方法及其示例可以通过 R 的 help 功能来检索查看。以下着重提供相关基本函数的使用功能。

2.6.1 R 软件的数据读取

在 R 中，常见的数据读取有两种，即 data.table 包下的 fread 方法和 read.csv 方法。fread 方法读取速度更快一些，为了比较两种方法，以下命令对读取时间进行统计。

1. data.table 包下的 fread 方法示例

```
setwd("D:/work")  #设置路径
getwd()   #查看路径
rm(list = ls(all = TRUE))
library(data.table)
start = Sys.time()
dtc = fread("降雨量.csv", header = TRUE)  #数据集提取
end = Sys.time()
print(end-start)
```

2. read.csv 方法示例

```
setwd("D:/work")  #设置路径
getwd()   #查看路径
rm(list = ls(all = TRUE))
start = Sys.time()
dtc = read.csv("降雨量.csv", header = TRUE)  #数据集提取
end = Sys.time()
print(end-start)
```

2.6.2 R 软件的常用数据结构编码

在进行统计分析前，首先要了解常用的数据结构及其 R 语言相关函数的应用。以下提供一些常用的数据管理函数命令。

1. 数据结构常用命令

numeric：数值型向量
logical：逻辑型向量
character；字符型向量
list：列表
data.frame：数据框
c：连接为向量或列表
length：求长度
subset：求子集
seq，from:to，sequence：等差序列
rep：重复
NA：缺失值
NULL：空对象
sort，order，unique，rev：排序

unlist：展平列表
attr，attributes：对象属性
mode，typeof：对象存储模式与类型
names：对象的名字属性

2. 字符串处理

character：字符型向量
nchar：字符数
substr：取子串
format，format C：把对象用格式转换为字符串
paste，strsplit：连接或拆分
charmatch，pmatch：字符串匹配
grep，grepl，regexpr，gregexpr，regexec，sub，gsub：模式匹配与替换

3. 因子

factor：因子
codes：因子的编码
levels：因子的各水平的名字
nlevels：因子的水平个数
cut：把数值型对象分区间转换为因子
table：交叉频数表
split：按因子分组
aggregate：计算各数据子集的概括统计量
tapply：对“不规则”数组应用函数

4. 数组

array：建立数组
matrix：生成矩阵
data.matrix：把数据框转换为数值型矩阵
lower.tri：矩阵的下三角部分
mat.or.vec：生成矩阵或向量
t：矩阵转置
cbind：把列合并为矩阵
rbind：把行合并为矩阵
diag：矩阵对角元素向量或生成对角矩阵
aperm：数组转置

nrow, ncol：计算数组的行数和列数
dim：对象的维向量
dimnames：对象的维名
row/colnames：行名或列名
%*%：矩阵乘法
crossprod：矩阵交叉乘积 (内积)
outer：数组外积
kronecker：数组的 Kronecker 积
apply：对数组的某些维应用函数
tapply：对“不规则”数组应用函数
sweep：计算数组的概括统计量
aggregate：计算数据子集的概括统计量
scale：矩阵标准化
matplot：对矩阵各列绘图
cor：相关阵或协差阵
contrast：对照矩阵
row：矩阵的行下标记
col：求列下标记

5. 数据框使用示例

数据框具有矩阵数据形式，而其各列可以是不同类型的数据。在 R 语言中，可以用函数 data.frame( ) 来生成数据框，其句法是：`data.frame(data1,data2,( ··· ))`。数据框的结构同矩阵的形式相同，都是由行、列组成的。但是在数据的组成上，矩阵要求其元素是同一类型，如数值型、字符型、逻辑型。数据框的元素可以是不同的类型，但同一列的数据必须是同一类型。数据框的列表对象主要有如下一些限制。

(1) 数据框的不同列的数据类型可以不同，但同一列的数据必须属于同一类型。

(2) 列名中不允许有空格出现，否则 read.table( ) 将读取失败。

(3) 数据框中以变量形式出现的向量长度必须一致。

例如，x1,x2 为两个变量，将其赋值给一个数据框，可以使用默认列名 `X=data.frame(x1,x2)`，也可以对列名重新命名 `X=data.frame('身高'=x1,'体重'=x2)`。以下是数据框的一些常见操作方法。

(1) 使用 attach 使变量可以在 R 会话中按名称访问，使用 names 获取变量名称列表，使用 head 查看数据的前几行，使用 tail 查看数据的最后几行。

(2) summary( ) 函数获取整个数据框每个特征值 (每列) 的最小值、第一个四分位数、中位数、平均值、第三个四分位数、最大值。

(3) 在 R 中，dataframe 是一个二维对象，由行和列组成。下标出现在方括号 [ ] 中，行由第一个下标引用，列由第二个下标引用。

(4) 随机抽样。可以使用 sample( ) 函数来随机选择行，可分两种情况来使用该函数。不放回抽样、无重复行可以该命令执行：样本名 [sample(抽样范围，抽样次数，replace=F)]。放回抽样、可能存在重复行可以该命令执行：样本名 [sample(抽样范围，抽样次数，replace=T)]。而排序可以该命令执行：数据名 [order(列名),]。

6. 时间数据使用示例

时间数据是一种常见的具有时间格式要求的数据结构。在 R 中，对时间数据格式进行统一规定后，也可以进行常规的加减和比较运算。例如 Date 类型可以通过如下 as.Date 函数命令，将字符型转为 Date 格式。

R 命令示例：

```
date1='2021-03-07' #字符串数据按日期的标准格式来赋值
date1=as.Date(date1, format = '%m%d%Y') #格式为月日年,年份用大
    写'Y'表示
#POSIXct类型的数据创建和计算是类似的。
TM=as.POSIXct(TM,format='%d%m%Y %H:%M:%S') #转化为POSIXct 类型
    的数据创建和计算是类似的
```

对时间数据进行格式创建后，Date 类数据可以进行常规的加减和比较。以下是一个定义时间数据向量形式的示例。

R 命令示例：

```
n=100 #数据行数最大存储数
time1=as.POSIXct('1/7/2020 00:00:00',format='%d%m%Y %H:%M:%S')
TMs=seq(time1,length=n,by='hour')
St=data.frame('序号'=1:n,'TM0'=TMs,'TM1'=TMs)
```

2.6.3 R 软件的常用数据统计函数编码

1. 运算

+，−，*，/，^，%/%，%%：四则运算
ceiling，floor，round，signif，trunc，zapsmall：舍入
max，min，pmax，pmin：最大最小值
range：最大值和最小值
sum，prod：向量元素和积
cumsum，cumprod，cummax，cummin：累加、累乘
sort：排序

approx 和 approx fun：插值
diff：差分
sign：符号函数

2. 数学函数

abs，sqrt：绝对值，平方根
log, exp, log10, log2：对数与指数函数
sin，cos，tan，asin，acos，atan，atan2：三角函数
sinh，cosh，tanh，asinh，acosh，atanh：双曲函数
beta, lbeta, gamma, lgamma, digamma, trigamma, tetragamma, pentagamma, choose，lchoose：与贝塔函数、伽马函数、组合数有关的特殊函数
fft，mvfft，convolve：傅里叶变换及卷积
polyroot：多项式求根
poly：正交多项式
spline，splinefun：样条插值
besselI，besselK，besselJ，besselY，gammaCody：贝塞尔函数
deriv：简单表达式的符号微分或算法微分

3. 线性代数

solve：解线性方程组或求逆
eigen：矩阵的特征值分解
svd：矩阵的奇异值分解
backsolve：解上三角或下三角方程组
chol：Choleski 分解
qr：矩阵的 QR 分解
chol2inv：由 Choleski 分解求逆

4. 逻辑运算

<，>，<=，>=，==，!=：比较运算符
!，&，&&，|，||，xor( )：逻辑运算符
logical：生成逻辑向量
all，any：逻辑向量都为真或存在真
ifelse( )：二者择一
match，%in%：查找
unique：找出互不相同的元素
which：找到真值下标集合

duplicated：找到重复元素

5. 统计分布

每一种分布有四个函数：d 为密度函数；p 为分布函数；q 为分位数函数；r 为随机数函数。例如，正态分布的这四个函数为 dnorm、pnorm、qnorm 和 rnorm，列出各分布后缀，前面加前缀 d、p、q 或 r 就构成函数名，以下是常见分布的 R 命令：

norm：正态
t：t 分布
f：F 分布
chisq：卡方 (包括非中心)
unif：均匀
exp：指数
weibull：威布尔
gamma：伽马
beta：贝塔
lnorm：对数正态
logis：逻辑
cauchy：柯西
binom：二项
geom：几何
hyper：超几何
nbinom：负二项
pois：泊松
signrank：符号秩
wilcox：秩和
tukey：学生化极差

6. 简单统计量

sum、mean、var、sd、min、max、range、median、IQR (四分位间距) 等为统计量。sort、order、rank 与排序有关，其他还有 ave、fivenum、mad、quantile、stem 等。summary 为描述性统计分析。在这里，var 是 variant (方差) 的意思，R 命令基本是与其英语意思相关联的。

7. 统计检验

在 R 中，已实现的统计检验有 chisq.test、prop.test 和 t.test。

8. 多元分析

cor，cov.wt，var：协方差阵及相关阵计算
biplot，biplot.princomp：多元数据 biplot 图
cancor：典则相关
princomp：主成分分析
hclust：谱系聚类
kmeans：K 均值聚类
cmdscale：经典多维标度
其他相关命令包括 dist、mahalanobis、cov.rob 等。

9. 时间序列

ts：时间序列对象
diff：计算差分
time：时间序列的采样时间
window：时间窗

10. 统计模型

常见的线性模型、广义线性模型、方差分析函数命令为 lm、glm、aov。其相关使用方法，可以通过 help 来查看示例。

2.6.4 R 软件的 apply( ) 函数族

在 R 中，apply( ) 家族包括 apply( ) 函数、lapply( ) 函数、sapply( ) 函数和 tapply( ) 函数，还包括多个衍生函数，如 vapply、mapply、rapply 等，但这些衍生函数其实并不很常用。apply( ) 函数族不仅仅代替了 for 循环和 while 循环的功能，而且是更为高效、简洁的循环类函数。

在 R 的 for 和 while 循环操作中，它们都是基于 R 语言本身来实现的，而向量操作方式则是基于底层的 C 语言函数实现的，因此，使用 apply( ) 家族进行向量运算是高性价比的。

1. apply( ) 函数

apply( ) 可以面向数据框、矩阵等，同时任何函数都可以传递给 apply( ) 函数，它可以很好地替代冗余的 for 和 while 循环。以下对 apply( ) 函数给出矩阵的行列求和、排序等方面的 R 命令示例。

R 命令示例：

```
# Compute row and column sums for a matrix:
x = cbind(x1 = 3, x2 = c(4:1, 2:5))
```

```
dimnames(x)[[1]] = letters[1:8]
apply(x, 2, mean, trim = .2)
col.sums = apply(x, 2, sum)
row.sums = apply(x, 1, sum)
rbind(cbind(x, Rtot = row.sums), Ctot = c(col.sums, sum(col.
    sums)))
stopifnot( apply(x, 2, is.vector))
# Sort the columns of a matrix
apply(x, 2, sort)
```

2. lapply( ) 函数

相比 apply( ) 函数，lapply( ) 函数中多出来的 l 代表的是 list，因此，lapply( ) 和 apply( ) 的主要区别是输出的格式，lapply( ) 的输出是一个列表 (list)，所以 lapply( ) 函数也不需要 MARGIN 参数。以下对 lapply( ) 函数的 vector、data frame、list 三种输入数据结构，分别给出 R 命令示例。

1) lapply( ) 函数操作 vector 数据结构输入数据的示例

以下 R 示例操作是把一个字符向量里面的字符转成小写。

R 命令示例：

```
movies = c("SPYDERMAN","BATMAN","VERTIGO","CHINATOWN")
class(movies)
movieslower =lapply(movies, tolower)
str(movieslower)
movieslower = unlist(lapply(movies,tolower)) #输出的内容是以列
    表形式给出的，为了方便，可以使用unlist()函数进行整合
str(movieslower)
```

2) lapply( ) 函数操作 data frame 数据结构输入数据的示例

以下 R 示例操作是求一个数据框的各变量平均值。

R 命令示例：

```
x=data.frame('身高'=c(170,156,180,177),'体重'=c(70,66,90,69))
lapply(x,mean)
```

3) lapply( ) 函数操作 list 数据结构输入数据的示例

以下 R 示例操作是求一个列表的各变量平均值和分位数。

R 命令示例：

```
require(stats); require(graphics)
x = list(a = 1:10, beta = exp(-3:3), logic = c(TRUE, FALSE,
    FALSE, TRUE))
```

```
# compute the list mean for each list element
lapply(x, mean)
# median and quartiles for each list element
lapply(x, quantile, probs = 1:3/4)
```

3. sapply( ) 函数

在函数功能和使用方法上，sapply( ) 和 lapply( ) 是一样的，它返回的是一个向量 (vector)，解读方面更加友好，不过多了两个参数：`simplify&use.NAMEs`，`simplify = T` 可以将输出结果数组化。上述三个函数的异同性总结如表 2.1 所示。

表 2.1　apply( ) 函数族的异同性总结

Function (函数)	Header (使用格式)	Objective (目标)	Input (输入)	Output (输出)
apply	apply(x, MARGIN, FUN)	Apply a function to the rows or columns or both	Data frame or matrix	vector, list, array
lapply	lapply(X, FUN)	Apply a function to all the elements of the input	List, vector or data frame	list
sapply	sappy(X FUN)	Apply a function to all the elements of the input	List, vector or data frame	vector or matrix

4. tapply( ) 函数

对于拓展的函数族，重点介绍 tapply( )，它可以对一个向量里面进行分组统计操作，这是数据分析的一部分工作。例如，根据一个特性来对一个群体进行分组计算平均值。拿鸢尾花数据 (iris) 举例，其有三个品种，即 Setosa、Versicolor 和 Virginica，以下代码可以计算三个品种平均宽度。

R 命令示例：

```
data(iris)
head(iris)
tapply(iris$Sepal.Width, iris$Species, median)
```

2.6.5　apply( ) 函数的用户自定义函数示例

对于 apply( ) 函数的参数 FUN，可以使用内置函数和用户自定义函数两种操作。内置函数包括 mean (平均值)、medium (中位数)、sum (求和)、min (最小值)、max (最大值) 等，而用户自定义函数还可以包括个性化的需求。拿一个班级数据来作为例子，class.csv 文件包含班级名称、班级编码、学员年级、校区名称等变量，可以先对其进行数据筛选，再根据学员年级来定义学段变量。

R 命令示例：

```
classdata = fread("class.csv",header=T)
classdata = data.frame(classdata)
classdata = select(classdata,班级名称,班级编码,学员年级,校区名
    称)
classdata = subset(classdata,(!grepl("虚拟",classdata$班级名称)
    )&(!grepl(" 特殊",classdata$班级名称)))
#定义学段
classdata$学段 = 0
classdata$学段 = apply(classdata[,c("班级编码""学员年级""班级名
    称""校区名称")],1, FUN=function(x)
if(grepl("一年级", x[2]))
"小学"
else if (grepl("初一", x[2]))
"初中"
else if (grepl("高一", x[2]))
"高中"
else
"其他")
```

2.6.6 R 软件的多元数据直观表示

随着计算机设备的升级，处理多元数据分析和图形展示的统计软件也不断更新或增加。通过计算机生成的数据可视化图片，可以看出一些多元数据的本质，这也可以帮助了解数据，并有效防止很多错误的出现，以及统计推理上的问题。本节主要介绍条形图、饼图、箱尾图、星相图、散点图矩阵等图形。在对数据框数据进行图形直观展示时，往往需要对数据框的行名或列名加以展示，以下是对数据框 X (4 行 3 列) 进行行名和列名命名的命令。

```
weight = c(150, 135, 210, 140)
height = c(65, 61, 70, 65)
waistline = c(50,70,90,65)
X = data.frame(weight,height,waistline)
#列名可以用下面的方式修改
names(X) = c("wei","hei","wai")
#行名可以用下面的方式修改
row.names(X)= c("Mary","Alice","Bob","Judy")
```

1. 条形图

一般来说，对多元数据直接做条形图意义不大，因此，更有意义的是对其统计量 (均值、中位数等) 做直观分析。假设 X 是一个含多个数值变量的数据框，以

下是一些常见的条形图命令。

(1) 对样本按行做均值条形图，如图 2.1 和图 2.2 所示。

```
#按行做均值条形图
barplot(apply(X,1,mean))
```

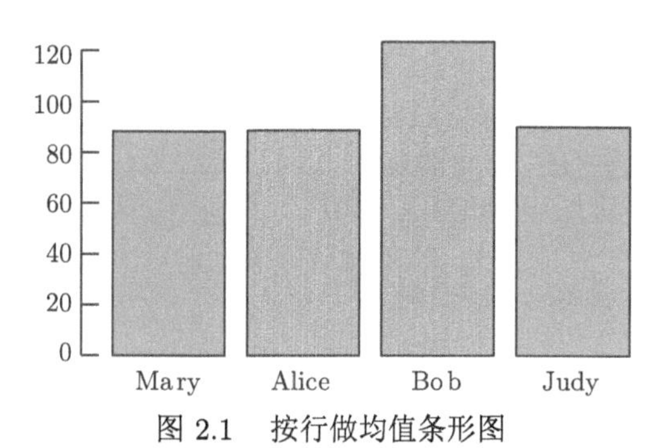

图 2.1　按行做均值条形图

```
#修改横坐标位置
barplot(apply(X,1,mean),las=3)
```

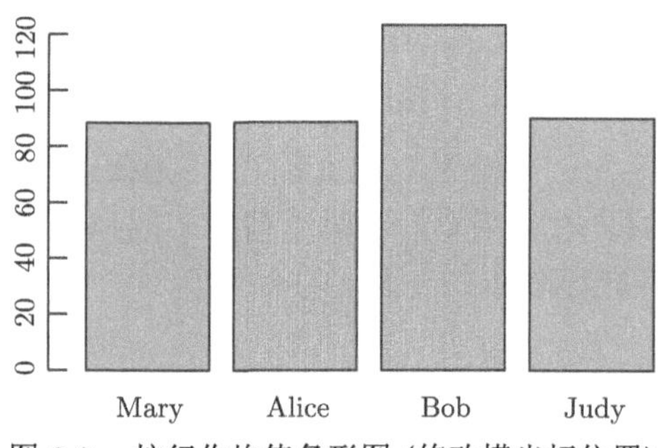

图 2.2　按行作均值条形图 (修改横坐标位置)

(2) 对样本按列做均值图条形图，如图 2.3~图 2.5 所示。

```
#按列做均值图条形图
barplot(apply(X,2,mean))
#按列做彩色均值图条形图
barplot(apply(X,2,mean),col=1:dim(X)[2])
#按列做中位数条形图
barplot(apply(X,2,median),col=1:dim(X)[2])
```

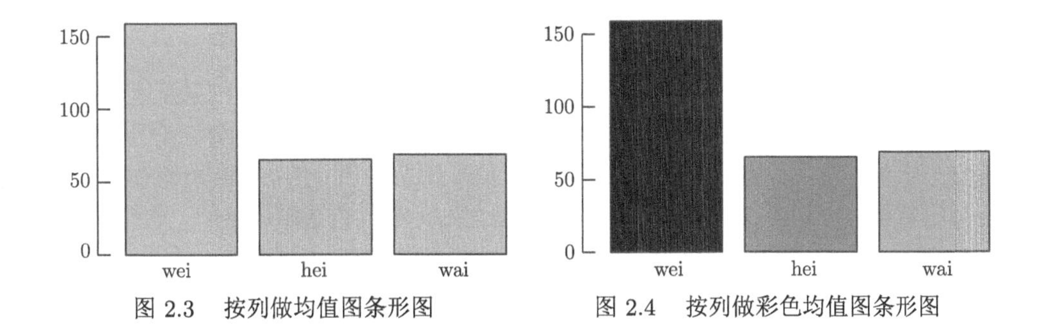

图 2.3 按列做均值图条形图　　图 2.4 按列做彩色均值图条形图

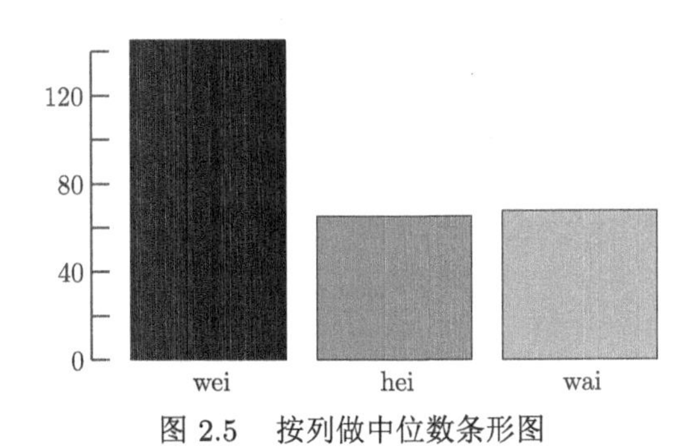

图 2.5 按列做中位数条形图

2. 饼图

假设 X 是一个含多个数值变量的数据框，按变量列做均值圆饼图的命令，如图 2.6 所示。

```
#按列做均值圆饼图
pie(apply(X,2,mean))
```

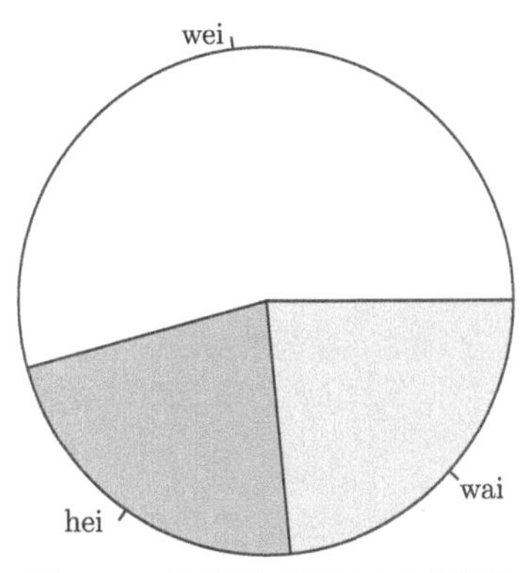

图 2.6 按变量列做均值圆饼图

3. 箱尾图

图基 (Tukey) 提出的箱尾图由箱子和其上引出的两个尾组成，主要用于反映原始数据分布的特征，还可以进行多组数据分布特征的比较。它由四部分组成：先找出一组数据的上边缘、下边缘、中位数和两个四分位数；然后，连接两个四分位数画出箱体；再将上边缘和下边缘与箱体相连接，中位数在箱体中间。假设 X 是一个含多个数值变量的数据框，按变量列做垂直箱尾图，如图 2.7 和图 2.8 所示。

```
#按列做垂直箱尾图
boxplot(X)
```

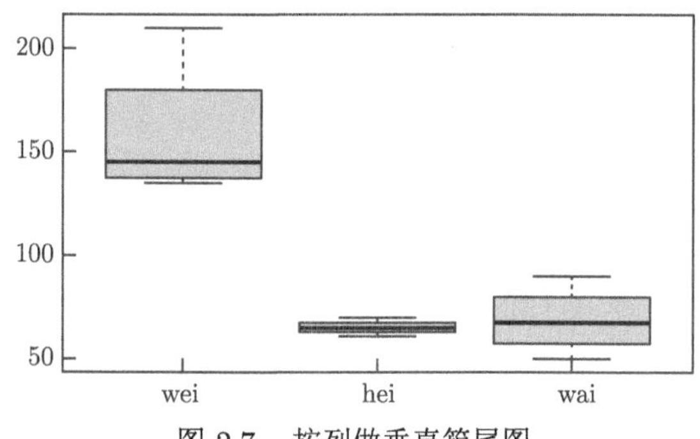

图 2.7　按列做垂直箱尾图

```
#按列做水平箱尾图
boxplot(X,horizontal=T)
```

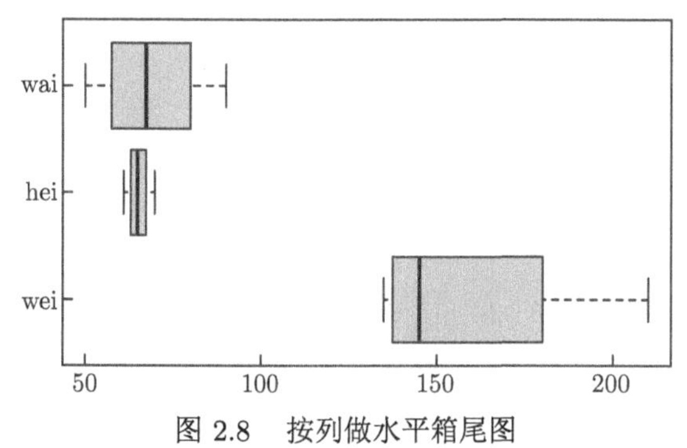

图 2.8　按列做水平箱尾图

4. 星相图

星相图是将每个变量的各个观察单位的数值表示为一个雷达图，n 个观察单位就有 n 个雷达图，每个雷达图的每个角表示一个变量。因此，星相图可以看作是雷达图的多元表示形式。假设 X 是一个含多个数值变量的数据框，按观察行单位做星相图，如图 2.9~图 2.11 所示。

```
#简单星相图
stars(X)
```

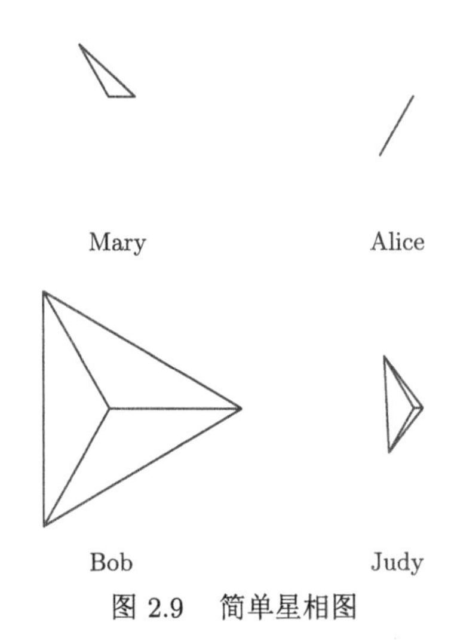

图 2.9 简单星相图

```
#带图例的星相图
stars(X,key.loc=c(6,3))
```

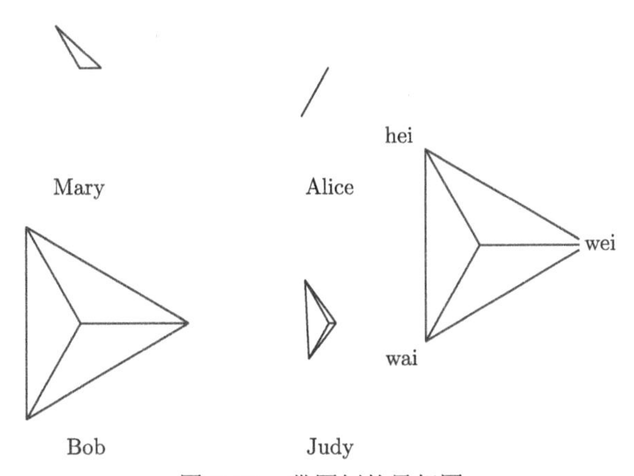

图 2.10 带图例的星相图

```
#带图例的彩色星相图
stars(X,key.loc=c(6,3), draw.segments=T)
```

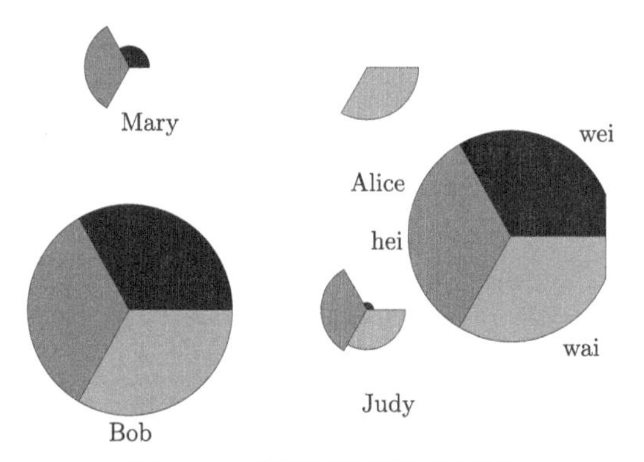

图 2.11　带图例的彩色星相图

5. 散点图矩阵

散点图矩阵允许同时看到多个单独变量的分布及其相互之间的关系，可用于寻找模式、关系或者异常来指导后续的分析，是探索性数据分析 (exploratory data analysis，EDA) 的重要可视化工具。通过定义数据框 dat，绘制散点图矩阵，如图 2.12 和图 2.13 所示。

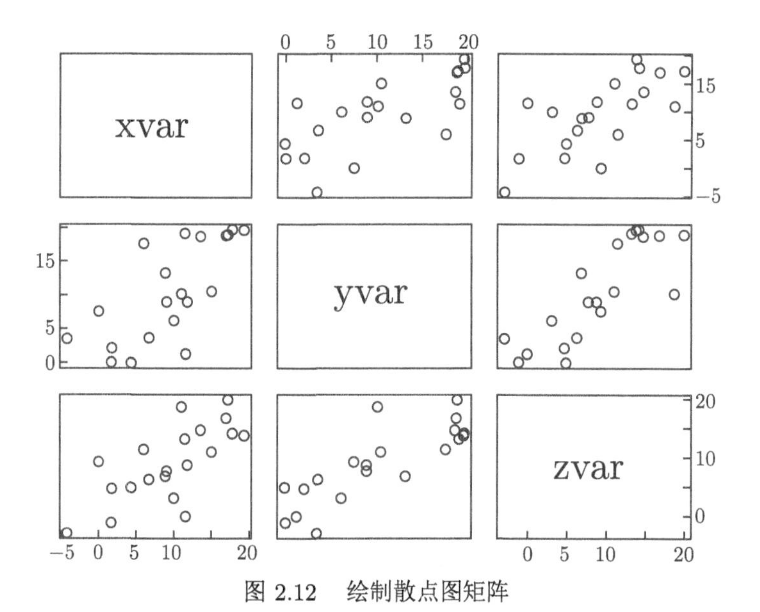

图 2.12　绘制散点图矩阵

```
set.seed(955)
#构建一些带噪声的递增数组
dat = data.frame(xvar = 1:20 + rnorm(20,sd=3), yvar = 1:20 +
    rnorm(20,sd=3), zvar = 1:20 + rnorm(20,sd=3))
```

```
#绘制散点图矩阵
plot(dat[,1:3])

#通过使用car工具包, 用另外一种方式来绘制带有回归线的散点图矩阵
library(car)
scatterplotMatrix(dat[,1:3], diagonal = "histogram", smooth =
    FALSE)
```

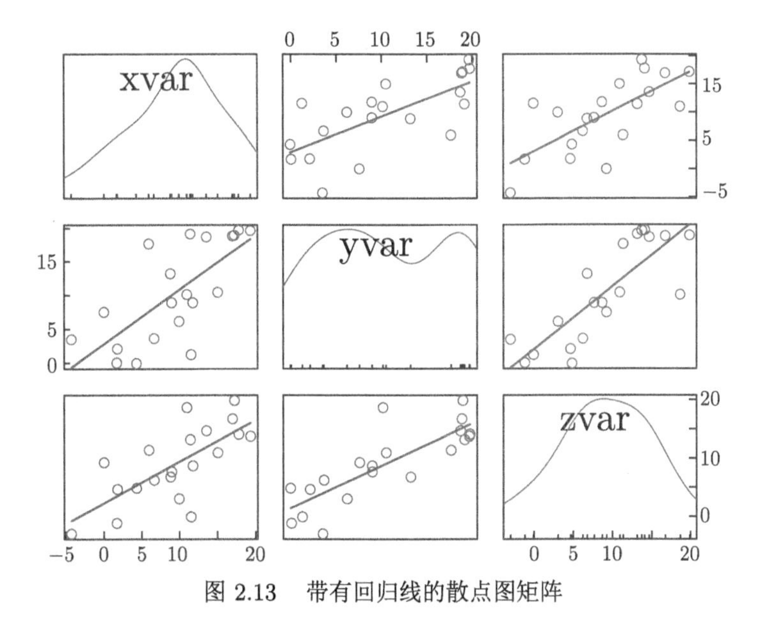

图 2.13 带有回归线的散点图矩阵

2.7 Python 的编码示例

Python 是一种出色的面向对象、解释型和交互式编程语言，不仅语法简洁，而且代码可读性强。Python 支持包括函数式、指令式、反射式、结构化和面向对象编程在内的多种编程范型，能够自动管理内存使用，并且具有一个巨大而广泛的标准库。

Python 3.10 是 Python 编程语言的最新主要版本，首次发布于 2021 年 10 月 4 日。Python 的官方网站是 https://www.python.org/，对于工具包一般通过 pip 命令、conda 命令进行部署与管理，也可以通过 PyPI (https://pypi.org/) 下载。在使用 Python 进行数据处理与分析时，常用的工具包有 Numpy、Pandas、Matplotlib、Scipy、Scikit-Learn。NumPy (https://numpy.org/) 是使用 Python 进行科学计算的基础软件包。Pandas (https://pandas.pydata.org/) 是一个在 Numpy 基础上的强大的分析结构化数据的工具集。Matplotlib (https://matplotlib.org/) 是一

个 Python 的绘图库。Scipy (https://scipy.org/) 是一个提供高级数学计算、科学计算及工程计算的工具包，有着众多计算模块，如插值、积分等。Scikit-Learn (https://scikit-learn.org/) 是一个在 Python 上实现统计分析和机器学习建模等功能的工具包。

相关函数的使用方法及其示例可以通过官方发布的在线文档及相关使用手册进行检索查看，对于具体函数或模块的用途的详细说明可以使用 help( ) 函数来查看，而对于具体函数或模块的具体操作方法则可以使用 dir( ) 函数来查看。以下着重提供相关基本函数的使用功能。

2.7.1 Python 的数据读取

在 Python 中，数据读取的方式百花齐放，其中最常见的数据读取有两种方式：使用 Pandas 库中的 read_csv( ) 和 read_excel( ) 函数等和使用 Python 内置函数 read( )、readline( )、readlines( )。其中使用 read( ) 等函数来读取数据时，会需要用到另一个 open( ) 函数提前将文件以可读的方式打开，这不仅增加了代码量，并且由于对 open( ) 函数还有额外的使用要求，使用内置函数的方式在这里并不推荐。对于初学者来说，Pandas 库作为数据处理最常用的分析库之一，由于其快速、灵巧的数据结构，能够简单直接地处理关系型、标记型数据，这里建议您使用 Pandas 库中的方法来读取数据。以下命令对 Pandas 库中的 read_csv( ) 函数方法进行示例 (其他类型文件方法类似，此处略)。

第一步：打开 cmd (快捷键 win+R)，输入想存放库的位置路径，例如 C:\Users \Study>。

第二步：在代码尾部输入 pip install pandas 后回车以安装 Pandas 库。

第三步：在集成开发环境中输入代码：

```
import pandas as pd# 导入 Pandas 库且将其改名为 pd 为后续代码带来便捷
Data=pd.read_csv('XXXX.csv')# 读取数据，且输出格式为 Dataframe 型，此处括号内也可填入所需数据文件路径
```

2.7.2 Python 的常用数据结构编码

在进行统计分析前，首先要了解常用的数据结构及其 Python 语言相关函数的应用。

1. 整数与浮点数

在 Python 中，整数与浮点数的写法在数学上一致。如：1，123，−987，3.1415，2.7182818，−1.05。整数与浮点数也可以用科学记数法表示，如 1116000 可表示为 1.116e6。

2. 字符串

用单引号 ' 或双引号 " 包含的文字，如 " Hello World! " 。

3. 布尔值

在 Python 中布尔值有两种，分别是 True 和 False，可以使用 and、or 和 not 进行运算。

4. 空值

None。

5. 列表

列表 list 是一个有序的集合，在 Python 中使用 [ ] 进行定义。列表的第一个元素的索引为 0，第二个元素的索引为 1，⋯ 列表中最后一个元素的索引还可以为 −1，列表可以通过索引直接访问列表中的元素。

```
>>>list1 = [123, -3.14, False, "abc"]
>>>list1[0]
123
>>>list1[1]
-3.14
>>>list1[2]
False
>>>list1[3]
'abc'
```

对于列表，可以使用“切片”获取某个范围的元素：

```
>>>list1[0:2]
[123, -3.14]
```

也可反向取，此时最后一个元素的索引为 −1，倒数第二个元素为 −2，⋯

```
>>>list1[-3:-1]
[-3.14, False]
```

6. 元组

元组 tuple 在 Python 中使用 ( ) 进行定义，使用上与 list 类似，不同之处在于 tuple 一经定义就不可更改。

```
>>>tuple1 = (123, -3.14, True, "abc", [0,1])
>>>tuple1[0]
123
```

```
>>>tuple1[-1]
[0, 1]
>>>tuple1[0:2]
(123, -3.14)
```

7. 字典

在 Python 中使用 { } 进行定义，字典 dict 中键 (key) 与值 (value) 相对应，故可以通过 “key” 获取对应的值。

```
>>>name_age={'张三': 12, '李四': 29, '王五': 34, ' 赵六': 23}
>>>name_age['张三']
12
>>>name_age['赵六']
23
```

8. 随机数

Python 中的随机数包含在 random 模块中。

```
>>>import random
>>>random1 = random.random()
>>>random2 = random.random()
>>>random1, random2
(0.42175452410761993, 0.05463304698314331)
>>>random3 = random.randint(0,100)
>>>random3
42
```

9. 时间

Python 通过 time 模块实现对时间的操作。

```
>>>import time
>>>time1 = time.time()
>>>time1
1664276624.588796
>>>time2 = time.asctime(time.localtime(time.time()))
>>>time2
'Tue Sep 27 19:04:54 2022'
```

10. 数组

数组 array 是 Numpy 包中的数据类型，通过 numpy.array( ) 进行创建。可使用索引和切片进行读取。

```
>>>import numpy
>>>array1 = numpy.array([[1,2,3],[4,5,6]])
>>>array1
array([[1, 2, 3],
       [4, 5, 6]])
>>>array1[0,0]
1
>>>array1[1,2]
6
```

11. 表格

表格 DateFrame 是 Pandas 包中的数据类型，包括行索引和列索引。

```
>>>import pandas
>>>df = pandas.DataFrame({'name':['张三','李四','王五','赵六
    '],'age':[12,29,34,23]})
>>>df
   name  age
0   张三   12
1   李四   29
2   王五   34
3   赵六   23
```

2.7.3 Python 的常用数据统计函数编码

1. 运算符

基本运算符：+、－、*、/、%、** (幂)、// (取商的整数部分，且向下取整)

比较运算符：>、<、>=、<=、==、!=

逻辑运算符：and (与)、or (或)、not (非)

位运算符：& (按位与)、|(按位或)、^ (按位异或)、~ (按位取反)、<< (左移)、>> (右移)

赋值运算符：=、+=、-=、*=、/=、%=、**=、//=

2. 数学函数

内置数学函数：max、min、abs、pow(x, y) (x 的 y 次幂)

Math 模块中的数学函数：pi、e、inf、nan、tau、sqrt、ceil (向上取整)、floor (向下取整)、factorial (阶乘)、degrees (弧度转角度)、radians (角度转弧度)、cos、sin、tan、acos、asin、atan、cosh、sinh、tanh、acosh、asinh、atanh、exp、expm1 (e 的 x 次幂减 1)、log、log10、log2、log1p (以 1+x 为底) 等。

3. 统计函数

Python 可以通过使用者自己定义函数的方式实现统计计算，也可以使用诸如 Numpy、Pandas、Scipy 等工具包中提供的统计函数。Numpy 和 Pandas 包中都提供了 mean、sum、median、count、var、std、cov (协方差)、corr (相关系数)、diff (差分) 等函数。Scipy 包中提供了更多模块和函数，如 fftpack (傅里叶变换)、interpolate (插值)、optimize (优化与拟合)、stats (统计) 等。

4. 统计模型

关于复杂数据的变量选择与预测的方法，在 Python 中可以非常便利地通过调用工具包中的模块和函数实现。其中最具代表性的工具包是 Scikit-Learn 和 Statsmodels。

在变量选择方面，Sklearn 中提供了诸多模块和函数，如 sklearn.decomposition. PCA (主成分分析)、sklearn.discriminant_analysis. LinearDiscriminantAnalysis (线性评价分析)、sklearn.feature_selection.VarianceThreshold (基于方差阈值的方法) 等。

在数据的预测方面，Statsmodels 提供假设检验、回归分析、时间序列分析等模块和函数，如 statsmodels.api.OLS (最小二乘拟合)、statsmodels.discrete.discrete_model.Logit (Logistics 回归) 等。Sklearn 也提供了众多相关模块与函数，如 tree.DecisionTreeRegressor (决策树)、linear_model.LinearRegression (线性回归)、KNeighborsRegressor (KNN 回归)、Ridge (岭回归)、RandomForestRegressor (随机森林)、AdaBoostClassifier (集成算法) 等。

2.7.4 Python 可视化

可视化飞速发展的今天，运用 2D 或 3D 图形来展示数据，可以令数据更加清晰易懂。数据可视化使数据分析技术与图形技术产生剧烈的化学反应，生动有效地将分析结果进行整理和展示。

所以在数据量极度爆炸和冗杂的今天，进行合理的数据可视化成为了必要。那么在 Python 中如何进行数据可视化就成为一个大家需要思考的问题。本书则介绍一种在数据分析领域用途十分广泛的可视化方法。

matplotlib 是一个基于 Python 语言的开源项目，旨在为 Python 提供一个强大的数据绘图包，它也是目前最流行的可视化绘图库，相当于 R 语言中的 ggplot2

库。下面对数据可视给出简单的示例，为统一展示，所取数据均使用 numpy 模块中的 random 函数随机生成 20 个。

代码部分及结果 (散点图、折线图、条形图、饼图及箱型图) 如图 2.14~图 2.18 所示。

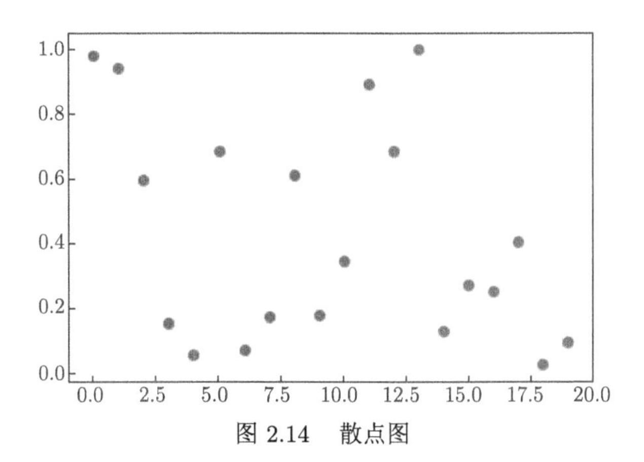

图 2.14 散点图

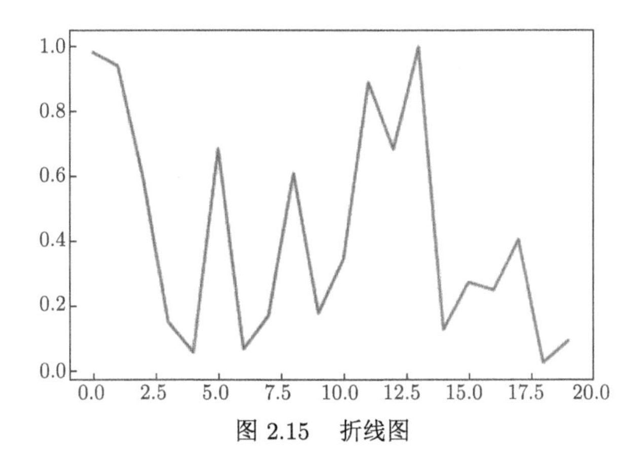

图 2.15 折线图

```
import matplotlib.pyplot as plt
import numpy as np
x = np.arange(0,20,1)#生成20个有序数列组成数组
y = np.random.random(20)#生成20个随机数组成数组
print(x)
[0 1 2 3 4 5 6 7 8 9 10 11 12 13 14 15 16 17 18 19]
print(y)
[0.97927842  0.93807214  0.59405605  0.14984528  0.05537119
   0.68342517
```

```
 0.06557080  0.16895467  0.60772296  0.17632873  0.34340229
     0.88818531
 0.68141148  0.99684855  0.12623073  0.27151899  0.24741570
     0.40396709
 0.02384639  0.09194524]
plt.scatter(x,y)#绘制散点图

plt.plot(x,y) #绘制折线图
plt.bar(x,y) #绘制条形图
```

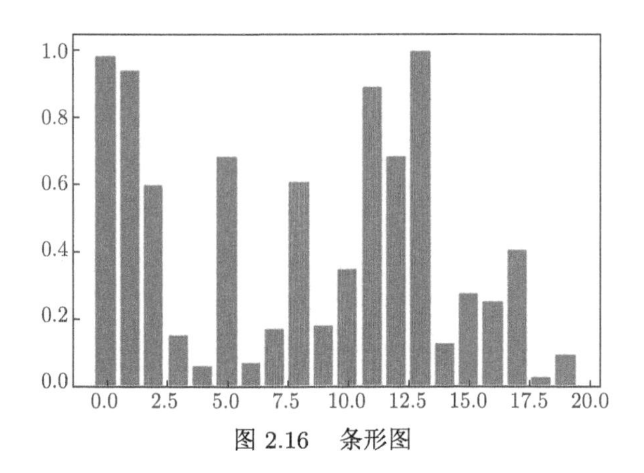

图 2.16　条形图

```
plt.pie(x) #绘制饼图
```

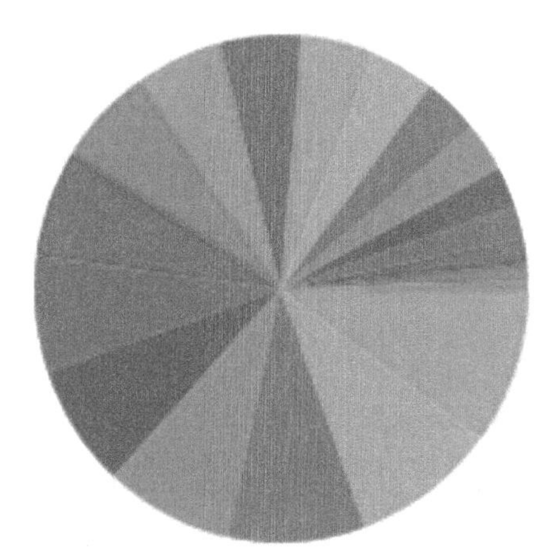

图 2.17　饼图

```
plt.boxplot(y) #绘制箱型图
```

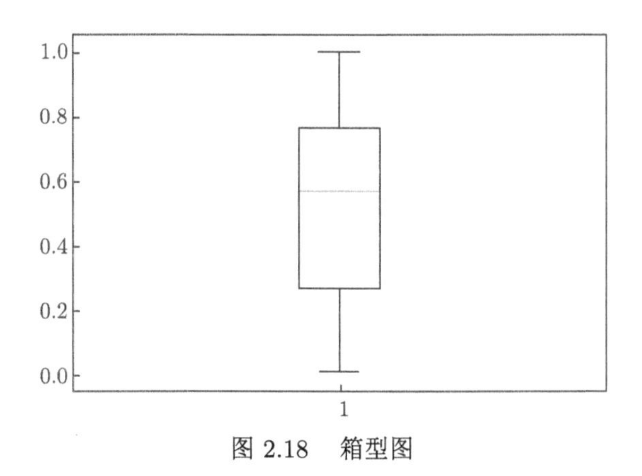

图 2.18　箱型图

2.8 本章小结

本章分别从数据的常规前期处理工作、数据转化方法和多变量数据预处理方法几个方面总结数据预处理常用的方法，给出 R 和 Python 软件的编码实例，并详细地给出数据预处理的过程及数据预处理的重要性。通过对原始数据的审核、筛选、排序、清理、集成、变换和归约处理，可以得到符合建模规范的数据结构；通过数据转化，可以得到符合实际应用要求的标准化数据；通过多变量数据的预处理方法，可以对变量进行选择，提高建模效率，更加具体的变量选择方法将在后面的章节中详细阐述。

第 3 章 数据建模回归分析方法

本章挑选了几种常见的回归分析方法及其 R 语言编程实现示例。面对复杂数据特征，不同的回归分析方法有各自不同的优劣点，本章将论述集成回归分析方法的优越性。

3.1 引 言

回归分析方法在预测问题研究中起着至关重要的作用。在多变量模型的准确建模中，常见回归分析方法的对比性研究可以作为预测过程前期准备性工作。针对预测模型的不确定性度量问题，本章利用预测结果的样本方差来度量其不确定性，并在此基础上，阐述集成回归方法可以结合多个单项回归方法对复杂特征进行有效数据建模，同时可以有效降低其不确定性。

假设 Y 是待研究对象，回归分析方法的基本思想可看作是对其期望的建模，即考虑如下基本模型：

$$Y = E(Y) + \varepsilon \tag{3-1}$$

式中：$E(Y)$ 为 Y 的数学期望；ε 为随机误差项。

一种情况是利用外在相关变量集 X 来研究，即

$$Y_t = E(Y_t) + \varepsilon = f(X_t) + \varepsilon \tag{3-2}$$

式中：Y_t、X_t 分别为 Y 和 X 的时序数据；f 为回归函数项。

另外一种情况是利用历史自身序列数据 $Y_{t-\tau}$ 来研究，即

$$Y_t = E(Y_t) + \varepsilon = f(Y_{t-\tau}) + \varepsilon \tag{3-3}$$

利用外在相关变量进行研究的回归分析基本方法包括多元线性回归、广义线性模型和广义相加模型。多元线性回归要求因变量是连续及正态分布的，它无法处理离散及非正态因变量的情况，是一种狭义线性模型。1972 年 J. 内尔德 (John Nelder) 和 R. 韦德伯恩 (Robert Wedderburn) 提出一种对于因变量没有特定的要求的广义线性模型，它是狭义线性模型的扩展，能够对满足正态分布、二项式分布以及泊松分布等随机因变量进行建模；1990 年特雷弗 • 哈斯蒂 (Trevol-Hastie) 和罗伯特 • 蒂布希拉尼 (Robert-Tibshirani) 又提出广义相加模型，它比广义线性模型更加灵活，并且可以探究自变量与响应变量之间的线性关系或非线性关系。

使用历史自身数据进行研究的回归分析方法包括 K 近邻算法 (K-nearest neighbors，KNN)、随机森林 (random forest，RF)、支持向量回归、向量自回归模型、灰色预测、神经网络等。

1967 年托马斯 • M. 科弗 (Thomas M Cover) 和彼得 • E. 哈特 (Deter E Hart) 提出 K 近邻算法，是一种非参数化方法，它通过选取与待估计值距离最近的 K 个样本的估计值的加权平均来实现回归预测，同时实现简单但可解释性差[38]。2001 年 Leo Breiman 提出一种具有强解释性的并行式决策树集成算法——随机森林。随机森林广泛应用于分类和回归预测，在回归预测中主要通过对决策树进行加权平均来得到预测目标的估计值[39]。随机森林既能够应用于线性问题的评估，也可以用于非线性问题的评估，对异常值和噪声不太敏感，在一定程度上能够容忍噪声和异常值。在随机森林提出之前也有很多学者针对回归问题提出了一些回归分析方法，如能够有效处理多个相关指标，无约束地估计联合内生变量的动态关系的向量自回归；能够根据少量的不完全的信息内在规律来动态预测的灰色预测方法[40]。

除了以上介绍的一些回归分析方法，本章还介绍了支持向量回归、深度学习方法。1943 年沃伦 • 麦卡洛克 (Warren McCulloch) 和沃尔特 • 皮茨 (Walter Pitts) 首次提出了神经网络的概念。后来经过不断地发展，神经网络发展为多个分支，深度学习就是其中之一。本章主要介绍两种常用的深度学习方法，即卷积神经网络 (convolutional neural network，CNN) 和长短期记忆神经网络 (long short-term memory，LSTM)[41-42]。1964 年 Vapnik 为了简化复杂的非线性问题提出了支持向量机 (support vector machine，SVM)，通过一个低维到高维的映射，实现非线性到线性的转换简化计算。后来针对回归问题衍生了适合小数据集的支持向量回归方法。自此，支持向量回归与神经网络受到广泛的关注。随着神经网络的不断发展，神经网络的一些缺陷也不断涌现。为了解决神经网络的发展瓶颈问题，1991 年奥古斯特 (Austrom) 巧妙地融合了学习、联想、识别与信息处理思想的思想，提出了一种集模糊理论、神经网络、遗传算法、随机推理、置信网络、混沌理论以及部分学习为一体的特殊神经网络——模糊神经网络[43]。

近年来，考虑到概率预测和集成策略的不断发展，在本章最后两节介绍概率预测和一些集成策略。

3.2 多元线性回归

多元线性回归是一种通过一组自变量来预测一个因变量的统计分析方法[44]。本节简要介绍模型假设及其推断、回归模型的表述方式，以及不同场景下的应用。

3.2.1 基本模型

假定没有时间上的相依性考虑，经典多元线性回归可假设因变量 $\boldsymbol{Y}$ 由一个

平均值 $E(\boldsymbol{Y})$ 和一个随机误差 ε 合成，其中 $E(\boldsymbol{Y})$ 为一组自变量的连续函数，$\boldsymbol{\varepsilon}$ 则是测量误差和一些未在模型中使用的变量的效应。具体来说，多元线性回归可表示如下：

$$\boldsymbol{Y} = E(\boldsymbol{Y}) + \boldsymbol{\varepsilon} = \boldsymbol{X\beta} + \varepsilon \tag{3-4}$$

式中：$\boldsymbol{\beta}$ 为回归系数。

上式假定的表述如下：

$$1.E(\boldsymbol{\varepsilon}) = 0 \tag{3-5}$$

$$2.\,\mathrm{cov}(\boldsymbol{\varepsilon}) = E(\boldsymbol{\varepsilon\varepsilon}^{\mathrm{T}}) = \sigma^2\boldsymbol{I} \tag{3-6}$$

式中：σ^2 为残差方差；$\boldsymbol{I}$ 为单位矩阵。

上述两个假设条件相对比较宽松，若添加一个正态性假定，便可以构建置信区间和假设检验。

3.2.2 最小二乘参数估计法

为了给出回归方差的参数估计值，我们需要给定一个评价标准，即目标函数。给定 n 组数据，并希望 n 组数据的回归拟合函数值在真实值附近波动。为了便于函数求极值，最小二乘参数估计法通过选择参数，使拟合误差平方和最小化：

$$S(\boldsymbol{\beta}) = \sum_{i=1}^{n}(y_i - \hat{y}_i)^2 = (\boldsymbol{Y} - \boldsymbol{X\beta})^{\mathrm{T}}(\boldsymbol{Y} - \boldsymbol{X\beta}) \tag{3-7}$$

上述优化问题的最小二乘参数估计为

$$\hat{\boldsymbol{\beta}} = (\boldsymbol{X}^{\mathrm{T}}\boldsymbol{X})^{-1}\boldsymbol{X}^{\mathrm{T}}\boldsymbol{Y} \tag{3-8}$$

3.2.3 多元线性回归的 R 实现

多元线性回归模型的 R 语言实现示例如下：

```
MLRperfor=function(testset,trainset,k)  #k为10-cv 交叉验证中的
    测试样本数
{
#描述性统计和相关性分析
pairs(trainset, panel = panel.smooth, main = "swiss data", col
    = 1)
#假设数据集中因变量为MAGT, 自变量为FDD、TDD、Snow、Prec、dem、
    PISR、BLD、SOC
lm2=lm(MAGT ~ . , data = trainset)
summary(lm2)
pred = predict(lm2, testset, se.fit = TRUE)
```

```
if(dim(testset)[1] == k){
     RMSE2 = rmse(testset$MAGT,pred$fit)
     Bias1 = bias(testset$MAGT,pred$fit)
     Cor1 = cor(testset$MAGT,pred$fit)
     Accuracy1= c(RMSE2,Bias1,Cor1)}
else Accuracy1 = 0
Predict=c(Accuracy1,as.vector(pred$fit))
return(Predict)
}
```

3.2.4 多元线性回归 Python 实现

多元线性回归模型的 Python 语言实现实例如下：

```
#使用公共数据集波士顿房价作为数据集from sklearn.linear_model
    import LinearRegression
def Linmodel(dataset):  #dataset包含划分好的测试集与训练集
     model = LinearRegression()
     model.fit(dataset[0], dataset[2])
     y_pre = model.predict(dataset[1])
     model_score = r2_score(dataset[3], y_pre)
     print(model_score)
     plt.plot(dataset[3], label='True')
     plt.plot(y_pre, label='Predict')
     plt.legend()
plt.show()
```

3.3 广义线性模型

广义线性模型 (generalized linear model，GLM) 是线性模型 (linear model，LM) 的一种拓展[45]。LM 的主要局限性是拟合目标 Y 的范围是 $(-\infty,+\infty)$ 内的一个实数。具体而言，LM 有两个问题：首先，Y 的取值范围与一些常见问题不匹配，如电力负荷需求始终为正。其次，Y 的方差是恒定的，然而在某些问题中，方差可能取决于 Y 的平均值，如目标值越大，方差越大 (预测越不准确)。GLM 可用于解决 LM 的这两个问题。

3.3.1 LM 和 GLM 的异同点

GLM 和 LM 都是通过链接函数建立响应变量的数学期望与自变量的线性组合之间的关系，假设线性预测值为

$$\boldsymbol{\eta}=\boldsymbol{\omega}^{\mathrm{T}}\boldsymbol{X} \tag{3-9}$$

通过比较 LM 和 GLM，它们有以下三个不同之处：① 对于响应变量，LM 假定 $Y \sim N(\eta, \sigma_e^2)$，其中 N 为正态分布，η 为正态分布而均值，而 GLM 假定 $Y \sim exponential family$；② 对于链接函数，LM 使用恒等函数 $\eta = g(\mu) = \mu$，GLM 使用函数 $\eta = g(\mu)$ [如伯努利 (Bernoulli) 方程使用 logit 函数]；③ 对于预测，LM 使用 $h(X) = E[Y|X,\boldsymbol{\omega}] = \mu = g^{-1}(\eta) = \eta$，GLM 使用 $h(X) = E[Y|X,\boldsymbol{\omega}] = \mu = g^{-1}(\eta)$ [如伯努利 (Bernoulli) 方程使用 Logistic 函数]。

3.3.2 GLM 的数学特点

GLM 特点是不改变数据的自然测量，数据可以具有非线性和非常数方差结构。GLM 是 LM 在响应值的非正态分布、非线性模型的简单线性变换方面研究的发展，即如下几个方面的假设拓展。

(1) Y 的条件概率属于指数分布族，即 $Y|X;\theta \sim ExponentialFamily(\eta)$。

(2) 给定 X 广义线性模型的目标是求解 $T(Y)|X$ ，不过由于很多情况下 $T(Y) = Y$，所以我们的目标变成了 $Y|X$, 也即希望拟合函数为 $h(X) = E[Y|X]$。

(3) 自然参数 η 与 X 是线性关系：$\eta = \boldsymbol{\beta}^{\mathrm{T}} X$。

3.3.3 LM 和 GLM 的数学表达

在 GLM 中，转化 Y，使得转化之后的 Y 和 X 呈线性关系。通过数学表达式表示，LM 为

$$E(Y) = \omega_0 + \omega_1 \times X_1 + \cdots + \omega_n \times X_n \tag{3-10}$$

而 GLM 为

$$f(E(Y)) = \omega_0 + \omega_1 \times X_1 + \cdots + \omega_n \times X_n \tag{3-11}$$

线性回归、逻辑回归、泊松回归、cox 回归等都可视为广义线性回归的特殊情况。

3.3.4 广义线性模型的 R 实现

GLM 的 R 语言实现示例如下：

```
library(Metrics)
GLMperfor=function(testset,trainset,k)  #k为10cv交叉验证中的测
    试样本数
{
# generalized linear modeling (GLM; McCullagh & Nelder, 1989)
#假设数据集中因变量为MAGT, 自变量为FDD、TDD、Snow、Prec、dem、
    PISR、BLD、SOC
b0 = gam(MAGT ~ FDD+TDD+Snow+Prec+dem+PISR+BLD+SOC,data=
    trainset)
pred = predict.gam(b0,data.frame(testset[,c( "FDD""TDD""Snow""
    Prec""dem""PISR""BLD""SOC")]))
```

```
if(dim(testset)[1]==k){
     RMSE2 = rmse(testset$MAGT,pred)
     Bias1 = bias(testset$MAGT,pred)
     Cor1 = cor(testset$MAGT,pred)
     Accuracy1= c(RMSE2,Bias1,Cor1)}
else Accuracy1 = 0
Predict=c(Accuracy1,as.vector(pred))
return(Predict)
}
```

3.3.5 广义线性模型的 Python 实现

广义线性模型的 Python 语言实现示例如下：

```
import statsmodels.api as sm
def GLMmodel(dataset):
    model = sm.GLM(dataset[2], dataset[0], families=sm.families
        .Binomial())
    res = model.fit()
    y_fit = res.fittedvalues
    print(res.summary())
    plt.plot(range(len(dataset[2])), dataset[2], label='True')
    plt.plot(range(len(y_fit)), y_fit, label='Fit')
    plt.legend()
    plt.show()
```

3.4 广义相加模型

广义相加模型 (generalized additive models，GAM) 可描述为多元回归的非参数化平滑回归形式[46]。在广义相加模型中，假定响应变量 Y 服从正态分布，自变量 X 和响应变量 Y 的条件均值之间的关系可简单表示为

$$E(Y|X) = \beta_0 + f_1(X_1) + f_2(X_2) + \cdots + f_n(X_n) \tag{3-12}$$

式中：$f_i(X_i)$ 是未指明的函数，需要非参数式地予以估计。与参数多元回归 (如多元线性回归) 相比，加性模型放宽了对响应关系加和形式的限制，允许任意函数之和来建模结果，自变量和响应变量之间的关系可以为任意线性或非线性。

3.4.1 GAM 与 LM、GLM 的关系

LM 和 GLM 都是通过链接函数建立因变量的数学期望与自变量的线性组合之间的关系，即假设自变量 X 与因变量 Y 数学期望的链接函数之间为线性关系。在 LM 和 GLM 中，也可以通过引入多项式的方法拟合 X 与 Y 之间的非线性关

系。但这要求通过散点图等方式确定其具体关系式 (比如二次项关系)，该方式很难确定，同时多项式系数的解释也变得非常困难，降低了其实用性。

GAM 拓展了 LM 和 GLM 的以上局限性，是一种很好的替代方法，它允许在预先不知晓因变量与自变量之间关系的情况下，使用非线性平滑项来拟合模型。比如，假定 X_1 与 $E(Y|X)$ 之间为线性关系，而 X_2 与 $E(Y|X)$ 之间为复杂的曲线关系。拟合的 GAM 为

$$E(Y|X) = \beta_0 + \beta_1 X_1 + f(X_2) \tag{3-13}$$

GAM 模型的左侧与 GLM 一样，可以是因变量本身，也可以是对因变量进行变换后的结果。GAM 模型的右侧有两个部分：参数项 $\beta_0 + \beta_1 X_1$ 和非参数平滑项 $f(X_2)$。参数项等同于 LM 和 GLM 中可以包含的所有参数项，比如线性项或多项式项。非参数平滑项是 GAM 的关键部分，LM 中的简单线性回归和多项式回归拟合都是全局性的，即用相同的回归函数来预测自变量的每一个值所对应的因变量。但是，当非线性关系不明确，即自变量与因变量之间的关系随着自变量数值不断变化时，各个局部区间用样条函数拟合，生成平稳、光滑的回归曲线。

上述算法可以容易地在 R 中实现，拟合 GAM 的包是 mgcv，函数是 gam( )。以下对 gam 函数进行简单示例如下：

```
#假设数据集mydata中因变量为MAGT, 自变量为FDD、TDD
#三次样条
model=gam(MAGT ~ FDD + s(TDD, bs=’cr’), family=quasipoisson,
    data=mydata)
#自然样条
model=gam(MAGT ~ FDD + ns(TDD, df=6), family=quasipoisson,
   data=mydata)
```

上述示例中，FDD 为参数部分；s( ) 为非参数平滑项 (其中 bs 代表样条函数类型，cr 为三次样条函数)。对于三次样条函数，自由度 (节点数) 一般由函数自动生成，无须手动设定；三次样条函数的自由度为节点数 +3。若使用自然样条函数，则将 s( ) 替换为 ns( )；df 代表自然样条函数的自由度，自然样条函数的自由度为节点数 +1；family 为因变量的分布类型；data 为训练数据。

可利用 summary(model) 语句来查看模型，该命令可查看自变量参数的点估计值、参数项和非参数项是否为有意义的预测因子、评价模型预测情况的 GCV 值 (越小越好)。可利用 plot(model) 语句来进行平滑项绘图。

3.4.2　广义相加模型的 R 实现

广义相加模型的 R 语言实现示例如下：

```
library(mgcv)
```

```
GAMperfor=function(testset,trainset,k)  #k为10-cv 交叉验证中的
    测试样本数
{
#generalized additive modeling (GAM; Hastie & Tibshirani, 1990)
#假设数据集中因变量为MAGT, 自变量为FDD、TDD、Snow、Prec、dem、
    PISR、BLD、SOC
b = gam(MAGT ~ s(FDD)+s(TDD)+s(Snow)+s(Prec)+s(dem)+s(PISR)+s(
    BLD)+s(SOC), data=trainset)
# change the smoothness selection method to REML
# b0 = gam(y ~ s(x0) + s(x1) + s(x2) + s(x3),data = dat,method
    ="REML")
# set the smoothing parameter for the first term, estimate rest
    ...
# bp = gam(y  ~ s(x0)+s(x1)+s(x2)+s(x3),sp=c(0.01,-1,-1,-1),
    data=dat)
# plot(bp,pages=1,scheme=1)
# alternatively...
# bp = gam(y ~ s(x0,sp=.01)+s(x1)+s(x2)+s(x3),data=dat)
pred = predict.gam(b,data.frame(testset[,c("FDD""TDD""Snow""
    Prec""dem""PISR""BLD""SOC")]))
if(dim(testset)[1] == k){
     RMSE2 = rmse(testset$MAGT,pred)
     Bias1 = bias(testset$MAGT,pred)
     Cor1 = cor(testset$MAGT,pred)
     Accuracy1= c(RMSE2,Bias1,Cor1)}
else Accuracy1 = 0
Predict=c(Accuracy1,as.vector(pred))
return(Predict) }
```

3.4.3 广义相加模型的 Python 实现

广义相加模型的 Python 语言实现示例如下：

```
from pygam import LinearGAM
def GAMmodel(dataset):
    model = LinearGAM()
    model.fit(dataset[0], dataset[2])
    y_pre = model.predict(dataset[1])
    plt.plot(dataset[3], label='True')
    plt.plot(y_pre, label='Predict')
    plt.legend()
    plt.show()
```

3.5 K 近邻算法

K 近邻算法 (K-nearest neighbors，KNN) 是一种有监督的机器学习算法，可以有效解决分类和回归问题。KNN 于 1951 年由 Fix 和 Hodges[47] 首次引入，1967 年由 Cover 和 Hart[48] 重新命名。在预测过程中，通过计算最短距离来确定新观测数据的 K 个近邻样本，再对 K 个近邻样本所属的类别或因变量进行加权平均，所计算出的加权平均值作为新观测数据的预测值。KNN 对于大数据样本问题很有用，其性能取决于所使用的距离度量，这需要结合实际问题背景来选取合适的距离度量。

3.5.1 KNN 的距离度量方法

KNN 的核心主要取决于测试样本与训练样本的距离或相似性度量，Alfeilat 等[49] 总结了大量的距离度量方法，并对相应的 KNN 算法进行实例验证。以下主要介绍五类距离或相似性度量方法，在实际应用中可结合实际数据背景来选择。

1. *L_1 类型度量方法*

本类型度量方法主要介绍六个距离计算公式。它们是曼哈顿度量 (Manhattan metric，ManM)、切比雪夫度量 (Chebyshev metric，ChebM)、堪培拉度量 (Canberra metric，CanM)、索伦森度量 (Sorensen metric，SM)、Kulezynski 度量 (Kulezynski metric，KM) 和平均字符度量 (mean character metric，MCM)。假设测试样本记为 $x=(x_1,x_2,\cdots,x_n)$，训练样本记为 $y=(y_1,y_2,\cdots,y_n)$，六个距离计算公式如下：

ManM 度量方法

$$d=\sum_{i=1}^{n}|x_i-y_i| \tag{3-14}$$

ChebM 度量方法

$$d=\max_{1\leqslant i\leqslant n}|x_i-y_i| \tag{3-15}$$

CanM 度量方法

$$d=\sum_{i=1}^{n}\frac{|x_i-y_i|}{|x_i|+|y_i|} \tag{3-16}$$

SM 度量方法

$$d=\frac{\sum\limits_{i=1}^{n}|x_i-y_i|}{\sum\limits_{i=1}^{n}(x_i+y_i)} \tag{3-17}$$

KM 度量方法

$$d=\frac{\sum\limits_{i=1}^{n}|x_i-y_i|}{\sum\limits_{i=1}^{n}\min(x_i,y_i)} \tag{3-18}$$

MCM 度量方法

$$d=\frac{\sum\limits_{i=1}^{n}|x_i-y_i|}{n} \tag{3-19}$$

2. L_2 类型度量方法

本类型度量方法主要介绍六个距离计算公式。它们是欧几里得度量 (Euclidean metric，EM)，克拉克度量 (Clark metric，ClaM)，奈曼 χ^2 度量 (Neyman χ^2 metric，NCSM)、平方 χ^2 度量 (Squared χ^2 metric，SquM)、双收敛度量 (Divergence metric，DivM) 和平方卡方度量 (Squared Chi-squared metric，SCSM)。假设测试样本记为 $x=(x_1,x_2,\cdots,x_n)$，训练样本记为 $y=(y_1,y_2,\cdots,y_n)$，六个距离计算公式如下：

EM 度量方法

$$d=\sqrt{\left(\sum_{i=1}^{n}|x_i-y_i|^2\right)} \tag{3-20}$$

ClaM 度量方法

$$d=\sqrt{\sum_{i=1}^{n}\left(\frac{x_i-y_i}{|x_i|+|y_i|}\right)^2} \tag{3-21}$$

NCSM 度量方法

$$d=\sum_{i=1}^{n}\frac{(x_i-y_i)^2}{x_i} \tag{3-22}$$

SquM 度量方法

$$d=\sum_{i=1}^{n}\frac{(x_i-y_i)^2}{x_i+y_i} \tag{3-23}$$

DivM 度量方法

$$d=2\sum_{i=1}^{n}\frac{(x_i-y_i)^2}{(x_i+y_i)^2} \tag{3-24}$$

SCSM 度量方法

$$d=\sum_{i=1}^{n}\frac{(x_i-y_i)^2}{|x_i+y_i|} \tag{3-25}$$

3. 变迁型度量方法

本类型度量方法主要介绍三个距离计算公式。它们是维希对称 1 度量 (Vicis symmetric 1 metric，VSDFM1)、维希对称 2 度量 (Vicis symmetric 2 metric，VSDFM2) 和维希对称 3 度量 (Vicis symmetric 3 metric，VSDFM3)。假设测试样本记为 $x=(x_1,x_2,\cdots,x_n)$，训练样本记为 $y=(y_1,y_2,\cdots,y_n)$，上述距离计算公式如下：

VSDFM1 度量方法

$$d=\sum_{i=1}^{n}\frac{(x_i-y_i)^2}{\min(x_i,y_i)^2} \tag{3-26}$$

VSDFM2 度量方法

$$d=\sum_{i=1}^{n}\frac{(x_i-y_i)^2}{\min(x_i,y_i)} \tag{3-27}$$

VSDFM3 度量方法

$$d=\sum_{i=1}^{n}\frac{(x_i-y_i)^2}{\max(x_i,y_i)} \tag{3-28}$$

4. 内积型度量方法

本类型度量方法主要介绍两个距离计算公式。它们是骰子度量 (dice metric，DicM) 和和弦度量 (chord metric，ChoM)。假设测试样本记为 $x=(x_1,x_2,\cdots,x_n)$，训练样本记为 $y=(y_1,y_2,\cdots,y_n)$，上述距离计算公式如下：

DicM 度量方法

$$d=1-\frac{2\sum\limits_{i=1}^{n}x_iy_i}{\sum\limits_{i=1}^{n}x_i^2+\sum\limits_{i=1}^{n}y_i^2} \tag{3-29}$$

ChoM 度量方法

$$d=\sqrt{2-2\frac{\sum\limits_{i=1}^{n}x_iy_i}{\sum\limits_{i=1}^{n}x_i^2\sum\limits_{i=1}^{n}y_i^2}} \tag{3-30}$$

5. 其他度量方法

本类型度量方法主要介绍两个距离计算公式。它们是 Motyka 度量 (MotM) 和 Hassanat 度量 (HasM)。假设测试样本记为 $x=(x_1,x_2,\cdots,x_n)$，训练样本记为 $y=(y_1,y_2,\cdots,y_n)$，上述距离计算公式如下：

MotM 度量方法

$$d=\frac{\sum\limits_{i=1}^{n}\max(x_i,y_i)}{\sum\limits_{i=1}^{n}(x_i+y_i)} \tag{3-31}$$

HasM 度量方法

$$d=\sum_{i=1}^{n}D(x_i,y_i) \tag{3-32}$$

其中

$$D(x_i,y_i)=\begin{cases}1-\dfrac{1+\min(x_i,y_i)}{1+\max(x_i,y_i)}, & \min(x_i,y_i)\geqslant 0\\[2ex] 1-\dfrac{1+\min(x_i,y_i)+|\min(x_i,y_i)|}{1+\max(x_i,y_i)+|\min(x_i,y_i)|}, & \min(x_i,y_i)<0\end{cases} \tag{3-33}$$

3.5.2 KNN 的 R 实现

KNN 是一种非参数分类器，被称为最简单、最懒惰的算法之一，它不需要创建学习模型。尽管 KNN 具有惰性结构，但它是分析数据库中信息过程中最有效的 10 种方法之一[50]。KNN 的 R 语言实现示例如下：

```
KNNperfor=function(trainX, trainy, testX, testy,k)
{#build KNN classification model
# example of euclidean distances.
Xt=rbind(trainX, testX)
M=length(Xt[,1])-1
#Dtest=as.matrix(dist(Xt, method = "euclidean"))
#daisy {cluster}下载cluster包再试 require(cluster) 该距离可以计
    算不同类别属性
#daisy(Xt, metric = c("euclidean""manhattan""gower"),
# stand = FALSE, type = list(), weights = rep.int(1, p))
Dtest=as.matrix(daisy(Xt, metric = c("euclidean""manhattan""
    gower"), stand = FALSE, type = list()))
Tsort=sort(Dtest[M+1,1:M], method = "qu", index.return = TRUE)
Vote=trainy[Tsort$ix[1:k]]
```

```
PreY=as.numeric(names(table(Vote))[table(Vote)==max(table(Vote)
    )])
Error=PreY!=testy
Predict=c(PreY,Error)
return(Predict)
}
```

3.5.3 KNN 的 Python 实现

KNN 的 Python 语言实现示例如下：

```
from sklearn.neighbors import KNeighborsRegressor
from sklearn.model_selection import cross_val_score
def KNNmodel(dataset):
    k_range = range(1, 31)
    k_err = []
    for k in k_range: # 确定最佳k值
          knn = KNeighborsRegressor(n_neighbors=k)
          scores = cross_val_score(knn, dataset[0], dataset[2],
              cv=5)
          k_err.append(1 - scores.mean())
    k = k_err.index(min(k_err)) + 1
    plt.plot(k_range, k_err)
    plt.xlabel('Value of K in KNN')
    plt.ylabel('Error')
    plt.show()
    knn = KNeighborsRegressor(n_neighbors=k)
    knn.fit(dataset[0], dataset[2])
    y_pre = knn.predict(dataset[1])
    plt.plot(dataset[3], label='True')
    plt.plot(y_pre, label='Predict')
    plt.legend()
    plt.show()
```

3.6 随机森林

随机森林通过构建和组合多个学习器来完成学习任务[37]。首先，生成一组个体学习器，且个体学习器在保持学习强度的同时应尽可能具有随机性。其次，将个体学习器小组与一些策略结合起来。为了更好地理解“森林”的概念，个体学习器可视为一棵树，数百棵树可视为一片森林，这个形象的比喻是随机森林整体思维的体现。一般来说，随机森林的最终回归估计量可以通过计算森林的期望值得出，其数学表达式如下：

$$f(x) = E(Y|X = x) \tag{3-34}$$

假设给定训练样本 $D_n = ((X_1, Y_1), (X_2, Y_2), \cdots, (X_n, Y_n))$ 独立同分布取自独立总体 (X, Y)，RF 利用训练数据 D_n 构造一个估计值 $f_n(x)$。当样本量 $n \to \infty$ 时，总体 X 和样本 D_n 的期望值之差满足以下条件：

$$E\left[f_n(x) - f(x)\right]^2 \to 0 \tag{3-35}$$

因此，估计的回归函数 $f_n(x)$ 是一致的。

3.6.1 随机森林的 R 实现

随机森林的 R 语言实现示例如下：

```
library(randomForest)
RAFperfor=function(testset,trainset,k) #k为1/10cv交叉验证中的测
    试样本数
{
#generalized additive modeling (GAM; Hastie & Tibshirani, 1990)
#假设数据集中因变量为MAGT, 自变量为FDD、TDD、Snow、Prec、dem、
    PISR、BLD、SOC
b = randomForest(MAGT ~ FDD+TDD+Snow+Prec+dem+PISR+BLD+SOC,
    data = trainset,mtry=4,ntree=400,importance=TRUE)
pred = predict(b,data.frame(testset[,c("FDD""TDD""Snow""Prec""
    dem""PISR""BLD""SOC")]))
if(dim(testset)[1]==k){
      RMSE2 = rmse(testset$MAGT,pred)
      Bias1 = bias(testset$MAGT,pred)
      Cor1 = cor(testset$MAGT,pred)
      Accuracy1 = c(RMSE2,Bias1,Cor1)\}
      else Accuracy1 = 0
      Predict=c(Accuracy1,as.vector(pred))
      return(Predict)
}
```

3.6.2 随机森林的 Python 实现

随机森林的 Python 语言实现示例如下：

```
from sklearn.ensemble import RandomForestRegressor
def RFmodel(dataset):
```

```
rf = RandomForestRegressor(n_estimators=1000, random_state
    =42)
rf.fit(dataset[0], dataset[2])
y_pre = rf.predict(dataset[1])
plt.plot(dataset[3], label='True')
plt.plot(y_pre, label='Predict')
plt.legend()
plt.show()
```

3.7　支持向量回归

在 Vapnik 的领导下，美国贝尔实验室研究团队在 1995 年首次提出了支持向量回归 SVR 的理论方法，并形成了一个比较完善的理论体系——统计学习理论 (statistical learning theory，SLT)。当时，一些新的机器学习方法 (如神经网络) 遇到了一些主要的困难，如欠学习和过拟合、如何确定网络结构、局部极小值等问题。这些因素使得 SVR 得到了迅速的发展和改进，并在解决实际问题方面取得了许多优越的效果。SVR 还可以扩展到其他机器学习问题，如函数拟合，并已成功应用于许多领域，使其在理论方法和应用案例上得到迅速发展。

ε-不敏感支持向量回归 (ε-SVR) 建立在如下优化问题之上：

$$\min_{\omega,b,\xi,\xi^*} \frac{1}{2}\boldsymbol{\omega}^{\mathrm{T}}\boldsymbol{\omega} + C\sum_{i=1}^{n}(\xi_i + \xi_i^*) \tag{3-36}$$

$$\text{s.t.} \begin{cases} y_i - (\boldsymbol{\omega}^{\mathrm{T}}\varPhi(x_i) + b) \leqslant \varepsilon + \xi_i \\ (\boldsymbol{\omega}^{\mathrm{T}}\varPhi(x_i) + b) - y_i \leqslant \varepsilon + \xi_i^* \\ \xi_i, \xi_i^* \geqslant 0 \end{cases} \tag{3-37}$$

式中：x_i 为训练数据集中的自变量；C 为惩罚系数；ξ_i 为松弛变量项；b 为回归截距；$\varPhi$ 为核映射。

通过求解上述优化问题，可以得到 SVR 在高维特征空间中的线性表达式：

$$f(x) = \sum_{i=1}^{h}\omega_i \times \varPhi_i(x) + b \tag{3-38}$$

式中，$\varPhi_i(x)$ 是核技术下的非线性映射函数。常用的高斯核定义如下：

$$\boldsymbol{K}(x_i, x) = \exp\left[\frac{-(x - x_i)^2}{2 \times \delta^2}\right] \tag{3-39}$$

式中：$\boldsymbol{K}$ 为核函数；δ 为函数的宽度参数，用于控制函数的径向作用范围。

3.7.1 核方法及再生核希尔伯特空间

SVR 通过采用核方法，将原始空间的非线性问题转化为高维 (无穷维) 希尔伯特 (Hilbert) 空间的线性问题，这使得 SVR 具有了较强的适用性。SVR 模型对核高维空间的求解可用其内积形式给出，而高维 (无穷维) 希尔伯特空间的内积运算可通过原始空间的核函数获得。核的定义如下。

核或正定核 设 X 是 R^n 中的一个子集，称定义在 $X \times X$ 上的函数 $\boldsymbol{K}(x,z)$ 是核函数，如果存在一个从 X 到希尔伯特空间 H 的映射 $\varPhi$ 为

$$\varPhi : x \mapsto \varPhi(x) \in H \tag{3-40}$$

可使得对任意的 $x, z \in H$，则

$$\boldsymbol{K}(x,z) = (\varPhi(x) \cdot \varPhi(z)) \tag{3-41}$$

都成立。其中 $(\cdot)$ 表示希尔伯特空间 H 中的内积。

因此，关于核方法重要的优势在于，并不需要在高维的特征空间 H 中直接做内积运算，而利用原始输入空间上的二元函数 $\boldsymbol{K}(x,z)$ 来计算高维特征空间中的内积。更多 Mercer 核、正定核，以及核函数的构造等有关理论知识可参考核方法书籍来掌握。

3.7.2 SVR 的 R 实现

SVR 的 R 语言实现示例如下：

```
library("e1071")
# bestsvr= tune.svm(data[,c("DDT""DDF""SCD""LAI""dem""
    soil_moisture","soil_bld")],
# data[,"MAGT"], scale=TRUE, cost=10^(-1:3), gamma=10^(-4:1),
    epsilon=10^(-2:0))
# print(bestsvr)
SVRperfor=function(testset,trainset,k)  #k为1/10cv交叉验证中的
    测试样本数
{
#generalized additive modeling (GAM; Hastie & Tibshirani, 1990)
#假设数据集中因变量为MAGT，自变量为FDD、TDD、Snow、Prec、dem、
    PISR、BLD、SOC
b = svm(trainset[,c("FDD""TDD""Snow""Prec""dem""PISR""BLD"
    "SOC")], trainset[,"MAGT"], scale=TRUE, cost=1000,gamma=1e
    -04,epsilon=0.1)
pred = predict(b,data.frame(testset[,c("FDD""TDD""Snow""Prec"
    "dem""PISR""BLD""SOC")]))
```

```
if(dim(testset)[1]<k){
RMSE2 = rmse(testset$MAGT,pred)
Bias1 = bias(testset$MAGT,pred)
Cor1 = cor(testset$MAGT,pred)
Accuracy1= c(RMSE2,Bias1,Cor1)\}
else Accuracy1 = 0
Predict=c(Accuracy1,as.vector(pred))
return(Predict)
}
```

3.7.3 SVR 的 Python 实现

SVR 的 Python 语言实现示例如下:

```
from sklearn.svm import SVR
def SVRmodel(dataset):
    svr = SVR()
    svr.fit(dataset[0], dataset[2])
    y_pre = svr.predict(dataset[1])
    plt.plot(dataset[3], label='True')
    plt.plot(y_pre, label='Predict')
    plt.legend()
    plt.show()
```

3.8 向量自回归模型

向量自回归模型 VAR 的起源可追溯到 20 世纪 80 年代，向量自回归模型主要考虑以下两个方面的研究动机。

一方面，时间序列分析从一元时间序列拓展到了多元时间序列，不妨设为 N 元时间序列，在任意第 t 个时间间隔，观测样本的数量从 1 变成 N。

另一方面，标准的自回归模型只考虑了一个时间序列，难以考虑多元时间序列中多个序列的相互关系，故其模型过于简单，不能很好地构建其模型结构。

3.8.1 标准的自回归模型

自回归模型 (autoregressive model，AR) 是利用时间序列自身数据做回归变量的一种回归模型，即使用前期若干时刻的随机变量的线性组合方程，来刻画以后某时刻的随机变量，从而形成线性回归模型，它被广泛应用于描述随时间变化的过程。假设变量之间存在一个线性的依赖关系，自回归模型可表示如下:

$$y_t = a_0 + \sum_{i=1}^{p} a_i y_{t-i} + \varepsilon_t, t = p+1, \cdots, T \tag{3-42}$$

式中：$a_i, i = 1, 2, \cdots, p$ 是回归系数；a_0 是常数项；ε_t 是平均值为 0，方差为 σ^2 的白噪声；常数 p 表示自回归模型的阶数，也可以将 p 简单地理解成当前时间点关联过去时间点的数量。

自回归模型建立了输出变量与输入的历史变量之间的一个线性表达式。它的求解可以采用尤尔–沃克 (Yule-Walker) 方程的形式进行求解。

为了简化后续的推导，我们将自回归模型采用向量-矩阵形式进行描述。对于任意时间间隔 t，对自回归模型的线性表达式改写为如下形式：

$$y_t \approx \boldsymbol{a}^{\mathrm{T}} \boldsymbol{v}_t \tag{3-43}$$

其中，$t = d+1, \cdots, T, \boldsymbol{v}_t = (\boldsymbol{y}_{t-1}, \boldsymbol{y}_{t-2}, \cdots, \boldsymbol{y}_{t-d})^{\mathrm{T}} \in R^d, \boldsymbol{a} = (\boldsymbol{a}_1, \boldsymbol{a}_2, \cdots, \boldsymbol{a}_d)^{\mathrm{T}} \in R^d$。

在自回归模型中，我们的目标是利用所有的观测数据 $\boldsymbol{y} = (\boldsymbol{y}_1, \boldsymbol{y}_2, \cdots, \boldsymbol{y}_T)^{\mathrm{T}} \in R^T$，从中学习出最优参数 $\boldsymbol{a}$。基于此，将所有满足上式的时间间隔合并，自回归模型的线性表达式改写为如下形式：

$$\boldsymbol{z} \approx \boldsymbol{Q}\boldsymbol{a} \tag{3-44}$$

其中，$\boldsymbol{z} = (\boldsymbol{y}_{d+1}, \boldsymbol{y}_{d+2}, \cdots, \boldsymbol{y}_T)^{\mathrm{T}} \in R^{T-d}, \boldsymbol{Q} \in R^{(T-d)\times d}$，如下式所示：

$$\boldsymbol{Q} = \begin{bmatrix} \boldsymbol{v}_{d+1}^{\mathrm{T}} \\ \vdots \\ \boldsymbol{v}_T^{\mathrm{T}} \end{bmatrix}$$

对上式利用最小二乘法求解，则回归系数 $\boldsymbol{a}$ 的最优解可表示为

$$\begin{aligned} \boldsymbol{a} &= \arg\min_{x} \frac{1}{2} \sum_{t=d+1}^{T} (y_t - \boldsymbol{x}^{\mathrm{T}} \boldsymbol{v}_t)^2 \\ &= \arg\min_{x} \frac{1}{2} (\boldsymbol{z} - \boldsymbol{Q}\boldsymbol{x})^{\mathrm{T}} (\boldsymbol{z} - \boldsymbol{Q}\boldsymbol{x}) \\ &= \arg\min_{x} \frac{1}{2} (\boldsymbol{x}^{\mathrm{T}} \boldsymbol{Q}^{\mathrm{T}} \boldsymbol{Q}\boldsymbol{x} - \boldsymbol{z}^{\mathrm{T}} \boldsymbol{Q}\boldsymbol{x} - \boldsymbol{x}^{\mathrm{T}} \boldsymbol{Q}^{\mathrm{T}} \boldsymbol{z}) \\ &= (\boldsymbol{Q}^{\mathrm{T}} \boldsymbol{Q})^{-1} \boldsymbol{Q}^{\mathrm{T}} \boldsymbol{z} \end{aligned} \tag{3-45}$$

3.8.2 多元时间序列

在实际案例中，通常会碰到多个相关的时间序列，而这多个相关的时间序列就构成了多元时间序列。多元时间序列可表示为如下矩阵形式：

$$\boldsymbol{Y}=\begin{bmatrix} y_{11} & \cdots & y_{1t} & \cdots & y_{1T} \\ y_{21} & \cdots & y_{2t} & \cdots & y_{2T} \\ \vdots & & \vdots & & \vdots \\ y_{N1} & \cdots & y_{Nt} & \cdots & y_{NT} \end{bmatrix} \tag{3-46}$$

式中：T 表示时间间隔总数；N 表示单个时间间隔上的时间序列观测数。

为了向量自回归模型表述上的简洁性，考虑在第 t 个时间间隔下，观测值向量为

$$\boldsymbol{y}_t=(\boldsymbol{y}_{1t},\boldsymbol{y}_{2t},\cdots,\boldsymbol{y}_{Nt})^{\mathrm{T}}$$

3.8.3 向量自回归模型

基于上述多元时间序列数据 $\boldsymbol{Y}\in\boldsymbol{R}^{N\times T}$，对于任意第 t 个时间间隔，向量自回归模型采用如下线性表达式进行建模：

$$\boldsymbol{y}_t=\sum_{k=1}^{d}\boldsymbol{A}_k\boldsymbol{y}_{t-k}+\varepsilon_t \tag{3-47}$$

式中：$\boldsymbol{A}_k$ 为向量自回归模型的系数矩阵，$\boldsymbol{A}_k\in\boldsymbol{R}^{N\times N},k=1,2,\cdots,d$；$\varepsilon_t$ 为高斯噪声，$t=d+1,\cdots,T$。

为了简化后续的推导，将向量自回归模型采用向量-矩阵形式进行描述。对于任意时间间隔 t，对向量自回归模型的线性表达式改写为如下形式：

$$\boldsymbol{y}_t\approx\sum_{k=1}^{d}\boldsymbol{A}_k\boldsymbol{y}_{t-k}=\boldsymbol{A}^{\mathrm{T}}\boldsymbol{v}_t \tag{3-48}$$

其中，$t=d+1,\cdots,T$，$\boldsymbol{A}=[\boldsymbol{A}_1,\cdots,\boldsymbol{A}_d]^{\mathrm{T}}\in\boldsymbol{R}^{(Nd)\times N}$，$\boldsymbol{v}_t\in\boldsymbol{R}^{(Nd)}$，$\boldsymbol{v}_t$ 如下式所示：

$$\boldsymbol{v}_t=\begin{bmatrix} \boldsymbol{y}_{t-1} \\ \vdots \\ \boldsymbol{y}_{t-d} \end{bmatrix}$$

在向量自回归模型中，目标是利用所有的观测数据，从中学习出最优参数 $\boldsymbol{A}$。基于此，将所有满足上式的时间间隔合并，向量自回归模型的线性表达式改写为如下形式：

$$\boldsymbol{Z} \approx \boldsymbol{Q}\boldsymbol{A} \tag{3-49}$$

其中，矩阵 $\boldsymbol{Z} \in \boldsymbol{R}^{(T-d)\times N}$ 和 $\boldsymbol{Q} \in \boldsymbol{R}^{(T-d)\times(Nd)}$ 的表示如下式所示：

$$\boldsymbol{Z} = \begin{bmatrix} y_{d+1}^{\mathrm{T}} \\ \vdots \\ y_T^{\mathrm{T}} \end{bmatrix}$$

$$\boldsymbol{Q} = \begin{bmatrix} v_{d+1}^{\mathrm{T}} \\ \vdots \\ v_T^{\mathrm{T}} \end{bmatrix}$$

对上式利用最小二乘法求解，则系数矩阵 $\boldsymbol{A}$ 的最优解可表示为

$$\begin{aligned}\boldsymbol{A} &= \arg\min_{\boldsymbol{X}} \frac{1}{2}||\boldsymbol{Z}-\boldsymbol{Q}\boldsymbol{X}||_F^2 \\ &= \arg\min_{\boldsymbol{X}} \frac{1}{2}\mathrm{tr}((\boldsymbol{Z}-\boldsymbol{Q}\boldsymbol{X})^{\mathrm{T}}(\boldsymbol{Z}-\boldsymbol{Q}\boldsymbol{X})) \\ &= \arg\min_{\boldsymbol{X}} \frac{1}{2}\mathrm{tr}(\boldsymbol{X}^{\mathrm{T}}\boldsymbol{Q}^{\mathrm{T}}\boldsymbol{Q}\boldsymbol{X}-\boldsymbol{Z}^{\mathrm{T}}\boldsymbol{Q}\boldsymbol{X}-\boldsymbol{X}^{\mathrm{T}}\boldsymbol{Q}^{\mathrm{T}}\boldsymbol{Z}) \\ &= (\boldsymbol{Q}^{\mathrm{T}}\boldsymbol{Q})^{-1}\boldsymbol{Q}^{\mathrm{T}}\boldsymbol{Z}\end{aligned} \tag{3-50}$$

在式 (3-50) 中，为了方便推理，用到了 F-范数与矩阵迹 (trace) 之间的等价变换。为了简单理解这种等价变换，我们可以通过 2×2 矩阵来计算上述等价变换。

3.8.4 VAR 的 R 实现

VAR 可用于预测分析和内生变量间影响状况分析，其 R 语言实现主要步骤如下。

(1) 在 R 中，先安装并加载工具包 vars，用于向量自回归分析，代码如下：

```
install.packages(vars)
library(vars)
```

(2) 选择合适的变量，这一部分可采用专门的变量选择理论展开研究。

(3) Granger 因果检验，可进一步观察变量间的关联性，也可做双向检验。这里有两个函数：

第一个是 vars 包中专门做格兰杰因果检验的函数，须在拟合 VAR 模型之后使用，其使用代码如下：

```
causality(x,cause=NULL,vcov.=NULL,boot=FALSE,boot.runs=100)
```

第二个是适用于普通线性回归模型的 Granger test 函数，不用拟合 VAR 模型即可使用，其使用代码如下:

```
grangertest(x,y,order=1,na.action=na.omit,…)
```

(4) 选择 VAR 模型滞后阶数。一般而言，不同的信息准则所选择的滞后阶数也会有所不同，再根据实际情况选择出合适的结果。为了简化模型复杂度，我们最好选择最简阶数，即最低阶数。其相关函数代码如下：

```
VARselect(y,lag.max=10,type=c("const""trend""both""none"),
    senson = NULL,exogen = NULL)
```

上述函数会返回一个结果，分别是根据 AIC、HQ、SC、FPE 四个信息准则得出的最优阶数，依据该结果来确定 VAR 模型滞后阶数。

(5) 拟合 VAR 模型的相关函数代码如下：

```
var(x,y=NULL,na.rm=NULL,use)
```

(6) 诊断性检验。诊断性检验用于检验模型的有效性，即系统平稳性，主要包括系统平稳性检验、正态性检验、序列相关误差等。系统平稳性检验的相关函数代码如下：

```
stability(x, type=c("OLS-CUSUM""Rec-CUSUM""Rec-MOSUM""OLS-MOSUM
    ""RE""ME""Score-CUSUM""Score-MOSUM""fluctuation"), h=0.15,
    dynamic=FALSE, rescale=TRUE)
```

使用“OLS-CUSUM”时，上述函数结果给出的是残差累积和，在该检验生成的曲线图中，残差累积和曲线以时间为横坐标，图中绘出两条临界线，如果累积和超出了这两条临界线，则说明参数不具有稳定性。否则，则说明系统稳定。

正态性检验的相关函数代码如下：

```
normality.test(x,multivariate.only=TRUE)
```

序列相关误差检验的相关函数代码如下：

```
serial.test(x,lags.pt=16,lags.bg=5,type=c("PT.asymptotic""PT.
    adjusted""BG""ES"))
```

(7) 脉冲响应分析。脉冲响应分析是指在随机误差项上施加一个标准差大小的冲击后，对内生变量的当期值和未来值所产生的影响。它主要是分析某一内生变量对于残差冲击的反应，其相关函数代码如下：

```
irf(x,impulse=NULL,response=NULL,n.ahead=10,ortho=TRUE,
    cumulative=FALSE, boot=TRUE, ci=0.95, runs=100, seed=NULL,
    …)
```

以下示例可画出各内生变量的冲击图 (包括正向冲击、负向冲击、冲击大小等):

```
var=VAR(x,lag.max=2)
var.irf=irf(var)
plot(var.irf)
```

(8) 方差分解。VAR 模型可利用方差分解方法研究模型的动态特征。它可评价各内生变量对预测方差的贡献度，也可分析对应内生变量对预测残差标准差的贡献比例。其相关函数代码如下:

```
fevd(x,n.ahead=10,…)
```

以下示例可返回全部变量的方差分解结果。

```
var=VAR(x,lag.max=2)
var.fevd=fevd(var,n.ahead=4)
```

(9) 预测分析。预测分析的相关函数代码如下:

```
var.predict=predict(var,n.ahead=4,ci=0.95)
var.predict
```

在预测结果可视化方面，可直接使用 plot( ) 函数绘图，也可使用 vars 包中 fanchart( ) 函数来绘制扇形图。

3.8.5 VAR 的 Python 实现

(1) 导入模块。

```
import statsmodels.stats.diagnostic
from statsmodels.stats.stattools import durbin_watson
from statsmodels.tsa.stattools import adfuller,
    grangercausalitytests
from statsmodels.tsa.api import VAR
import plotly.express as px
```

(2) 平稳性检测: ADF 检测。

原假设: 时序不平稳，备选假设: 时序平稳，如果有一个因子不平稳，则需要对全体数据进行差分，即

```
def ADFtest(data):
    adf = adfuller(data)
```

```
    print(adf)
    if adf[1] $<$ 0.05:
        print('拒绝原假设')
    else:
        if adf[0] < adf[4]['5%']:
            print('置信度在95%以上')
        else:
            print('无法拒绝原假设')
            data = data.diff().dropna()
            fig = px.line(data)
            fig.show()
            ADFtest(data)
     return data
```

ADF 结果分别表示 T 值、P 值、延迟、测试次数及在 99%、95%、90%置信区间下的 ADF 检测值。

(3) 协整校验。

```
result = sm.tsa.stattools.coint(data_tran1, data_tran2)  # 协整
    检测
result = sm.tsa.stattools.coint(data_tran1, data_tran3)
```

(4) Granger 因果检验。

```
def granger_causation(data, var, maxlags, test='ssr_chi2test',
    verbose=False):
     df = pd.DataFrame(np.zeros((len(var), len(var))), columns=
         var, index=var)
     for c in df.columns:
          for r in df.index:
               test_result = grangercausalitytests(data[[r, c
                   ]], maxlag=maxlags)
               p_values = [round(test_result[i+1][0][test
                   ][1], 4) for i in range(maxlags)]
               if verbose: print(f'Y= {r}, X= {c}, P values=
                   {p_values}')
               min_p_values = np.min(p_values)
               df.loc[r, c] = min_p_values

     df.columns = [var + '_x' for var in var]
     df.index = [var + '_y' for var in var]
     return df
```

```
df = granger_causation(data_tran, maxlags=maxlags,var=data_tran
    .columns)
```

(5) 选择滞后阶数。

通过 AIC，BIC 定阶，则

```
def VARmodel(data_tran):
    model = VAR(data_tran)
    a, b, f, h = [], [], [], []
    for i in range(1, 15):
          res = model.fit(i)
          a.append(res.aic)
          b.append(res.bic)
          f.append(res.fpe)
          h.append(res.hqic)
    maxlags = a.index(min(a))
    result1 = model.fit()
    print(result1.summary())
```

(6) 诊断性检验。

正态性检验相关函数如下：

```
out = durbin_watson(result1.resid) # 检查残差分布是否为正态分布
      for col, val in zip(data_tran.columns, out):
           print(col, ':', round(val, 2))
```

CUSUM 检验代码如下：

```
out2 = statsmodels.stats.diagnostic.breaks_cusumolsresid
    (result1.resid.values)
```

(7) 方差分解。

```
md = sm.tsa.VAR(data)
re = md.fit(2)
fevd = re.fevd(10)
# 打印出方差分解的结果
print(fevd.summary())
# 画图
fevd.plot(figsize=(12, 16))
plt.show()
```

(8) 预测分析。

```
lag_order = result1.k_ar
```

```
input_data = data_tran.values[-lag_order:]
y_pre = result1.forecast(result1.y, steps=20)
```

3.9 灰色模型

3.9.1 简述

在实际生活中，人对于一切事物其实是一个从黑到白的循序渐进的过程，在这个过程中，灰色就代表人们对这些事物的不成熟认知。在现实生活中，很多数据是不能直观地去发现它们的规律的，而且经常会出现数据量不足的情况，而灰色系统中的灰色 GM (1, 1) 模型，就可以处理这种情况下的数据。GM (1, 1) 模型可以在时间序列的基础上，对信息不完全的数据进行建模，预测原始事物的发展规律。

3.9.2 建模过程

(1) 数据的原始序列为

$$X^{(0)}=\left[x^{(0)}(1),x^{(0)}(2),\cdots,x^{(0)}(n)\right] \tag{3-51}$$

式中：$x^{(0)}(k)\geqslant 0, k=1,2,\cdots,n$。

序列 $X^{(1)}$ 是由原始序列 $X^{(0)}$ 的一次累加生成的，有

$$X^{(1)}=\left[x^{(1)}(1),x^{(1)}(2),\cdots,x^{(1)}(n)\right] \tag{3-52}$$

其中

$$x^{(1)}(k)=\sum_{i=1}^{k}x^{(0)}(i) \tag{3-53}$$

(2) 构造一阶白化微分方程为

$$\frac{\mathrm{d}x^{(1)}}{\mathrm{d}t}+ax^{(1)}=b \tag{3-54}$$

通过求解白化微分方程，得到模型的时间响应式为

$$\hat{x}^{(1)}(k)=\left(x^{(0)}(1)-\frac{b}{a}\right)\mathrm{e}^{-a(k-1)}+\frac{b}{a} \tag{3-55}$$

(3) 由最小二乘法求出参数 a、b 为

$$\begin{bmatrix} a \\ b \end{bmatrix}=\left(\boldsymbol{B}^{\mathrm{T}}\boldsymbol{B}\right)^{-1}\boldsymbol{B}^{\mathrm{T}}\boldsymbol{Y} \tag{3-56}$$

其中

$$
\boldsymbol{Y}=\begin{bmatrix} x^{(1)}(2)-x^{(1)}(1) \\ x^{(1)}(3)-x^{(1)}(2) \\ \vdots \\ x^{(1)}(n)-x^{(1)}(n-1) \end{bmatrix}, \quad \boldsymbol{B}=\begin{bmatrix} -z^{(1)}(2) & 1 \\ -z^{(1)}(3) & 1 \\ \vdots & \vdots \\ -z^{(1)}(n) & 1 \end{bmatrix} \tag{3-57}
$$

(4) 将所估计得到的参数 a、b 带入时间响应式中，可以求得时间响应序列为

$$
\hat{X}^{(1)}=\left[\hat{x}^{(1)}(1),\hat{x}^{(1)}(2),\cdots,\hat{x}^{(1)}(n),\cdots\right] \tag{3-58}
$$

(5) 通过累减将时间响应序列还原为原始序列的模拟序列为

$$
\hat{X}^{(0)}=\left[\hat{x}^{(0)}(1),\hat{x}^{(0)}(2),\cdots,\hat{x}^{(0)}(n),\cdots\right] \tag{3-59}
$$

其中

$$
\hat{x}^{(0)}(k)=\hat{x}^{(1)}(k)-\hat{x}^{(1)}(k-1),k=1,2,3,\cdots,n,\cdots \tag{3-60}
$$

由此，可以得到原始数据序列 $X^{(0)}$ 的拟合序列为

$$
\left[\hat{x}^{(0)}(1),\hat{x}^{(0)}(2),\cdots,\hat{x}^{(0)}(n)\right] \tag{3-61}
$$

模型的预测结果序列为

$$
\left[\hat{x}^{(0)}(n+1),\hat{x}^{(0)}(n+2),\cdots\right] \tag{3-62}
$$

3.9.3 灰色模型的 R 实现

灰色模型的 R 语言实现示例如下：

```
##建立灰色模型GM (1, 1)对应的函数
##x表示原始数据数列，k表示数据个数
gm11=function(x,k){
    n=length(x)
    x1=numeric(n)
    for(i in 1:n){##一次累加
          x1[i]=sum(x[1:i]);
    }
    b=numeric(n)
    m=n-1
    for(j in 1:m) {
          b[j+1]=(0.5*x1[j+1]+0.5*x1[j]) ##紧邻均值生成
    }
    Yn=t(t(x[2:n])) ##构造Yn矩阵
```

```
    B=matrix(1,nrow=n-1,ncol=2)
    B[,1]=t(t(-b[2:n])) ##构造B矩阵
    A=solve(t(B)%*%B)%*%t(B)%*%Yn ##使用最小二乘法求得灰参数a,u
    a=-A[1]
    u=A[2]
    x2=numeric(k)
    x2[1]=x[1]
    for(i in 1:k-1) {
          x2[1+i]=(x[1]-u/a)*exp(-a*i)+u/a
    }
    x2=c(0,x2)
    y=diff(x2) ##累减生成，获得预测数据数列
    y
}
```

3.10　深度学习

传统的机器学习在数据量较大等某些情况下的预测精度并不高，而深度学习凭借其超强的学习能力能够应对这些情况，获得满意的预测结果。本节介绍几种深度学习模型并给出它们的编程实现示例。

3.10.1　卷积神经网络及其代码实现

卷积神经网络凭借其强大的特征提取能力已经在时间序列分析领域得到广泛的应用。CNN 可以提取多维时间序列在空间结构上的关系，它由输入层、卷积层、池化层、全连接层和输出层组成。其中，卷积层的特征提取主要通过卷积核进行。池化层的主要作用是特征降维以便减少参数的数目，并且池化方法分为两种：最大池化和平均池化。全连接层用于连接前网络层的特征参数。基本 CNN 的结构如图 3.1 所示。

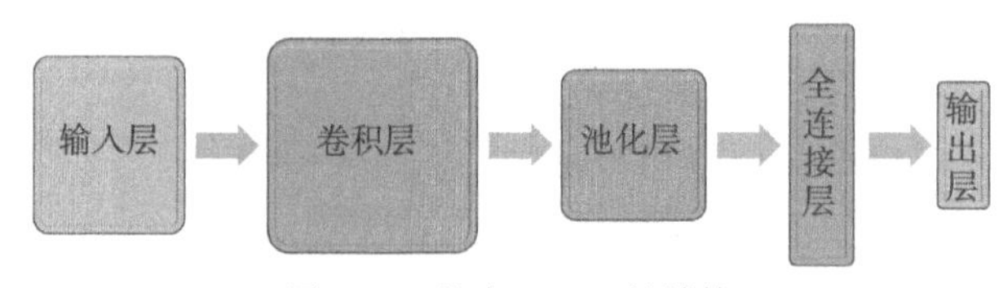

图 3.1　基本 CNN 的结构

(1) CNN 的 R 语言编程实现示例如下：

```
install.packages("keras")
library(keras)
```

```
install_keras()
#定义模型
model = keras_model_sequential()
model %>%
    layer_dense(units = 256, activation = 'relu', input_shape =
        c(784)) %>%
    layer_dropout(rate = 0.4) %>%
    layer_dense(units = 128, activation = 'relu') %>%
    layer_dropout(rate = 0.3) %>%
    layer_dense(units = 10, activation = 'softmax')
#设置优化项
model %>% compile(loss = 'categorical_crossentropy',optimizer =
     optimizer_rmsprop(),metrics = c('accuracy'))
#运行
history = model %>% fit(x_train, y_train,epochs = 30,
    batch_size = 128,validation_split = 0.2)
```

(2) CNN 的 Python 编程实现示例如下：

```
from tensorflow.keras.models import Sequential
from tensorflow.keras.layers import Conv1D, MaxPooling1D,
    Flatten, Dense
model = Sequential()
model.add(Conv1D(filters=64, kernel_size=2, activation='relu',
    input_shape=(n_steps, n_features)))
model.add(MaxPooling1D(pool_size=2))
model.add(Flatten())
model.add(Dense(100, activation='relu'))
model.add(Dense(1))
model.compile(optimizer='adam', loss='mse')
model.fit(x_train, y_train, epochs=100, verbose=1)
y_predict = model.predict(x_test)
```

3.10.2 长短期记忆神经网络及其代码实现

长短期记忆神经网络是一种特殊类型的循环神经网络 (recurrent neural network，RNN)，适用于学习时间序列的长期和短期依赖信息，并可以处理循环神经网络中的梯度消失和梯度爆炸等问题。长短期记忆网络的每个循环单元主要包含三个门，即遗忘门、输入门和输出门，它的网络结构如图 3.2 所示。

在长短期记忆网络中，遗忘门决定应该从循环单元的状态中丢弃哪些信息。从前一个循环单元传入 h_{t-1}，与输入信号 x_t 相结合，并在 σ 激活后获得遗忘门

的计算结果 e_t。

$$e_t = \sigma[\boldsymbol{W}_e \cdot (h_{t-1}, x_t) + \boldsymbol{\theta}_e] \tag{3-63}$$

式中：$\boldsymbol{W}_e$ 和 $\boldsymbol{\theta}_e$ 分别为遗忘门的权重矩阵和偏差向量。

输入门确定新的信息是否要保留在循环单元中。从前一个循环单元传入的 h_{t-1} 与输入信号 x_t 相结合，并在 σ 激活后获得输入门的计算结果 i_t，单元状态更新计算的权重 $\tilde{c}_t$ 由式 (3-65) 得出，即

$$i_t = \sigma[W_i \cdot (h_{t-1}, x_t) + \theta_i] \tag{3-64}$$

$$\tilde{c}_t = \tanh[W_c \cdot (h_{t-1}, x_t) + \theta_c] \tag{3-65}$$

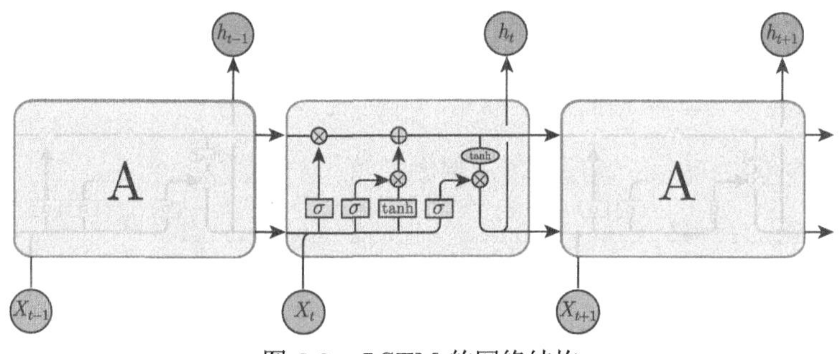

图 3.2　LSTM 的网络结构

输出门用来更新循环单元的状态，并决定要输出什么信息。单元状态和输出的更新公式为

$$c_t = e_t \cdot c_{t-1} + i_t \cdot \tilde{c}_t \tag{3-66}$$

$$o_t = \sigma[W_o \cdot (h_{t-1}, x_t) + \theta_o] \tag{3-67}$$

$$h_t = o_t \cdot \tanh(c_t) \tag{3-68}$$

(1) LSTM 的 R 语言编程实现示例如下：

```
model = keras model sequential()
model %>%
    layer conv lstm 2d(input shape=list(NULL,40,40,1),filters
        =40,kernel size = c(3,3), padding = "same", return
        sequences = TRUE) %>%
    layer batch normalization() %>%
    layer conv lstm 2d(filters = 40, kernel size = c(3,3),
        padding = "same",return sequences = TRUE) %>%
    layer batch normalization() %>%
```

```
layer conv lstm 2d(filters = 40, kernel size = c(3,3),
    padding = "same",return sequences = TRUE) %>%
layer batch normalization() %>%
layer conv lstm 2d(filters = 40, kernel size = c(3,3),
    padding = "same",return sequences = TRUE)%>%
layer batch normalization() %>%
layer conv 3d(filters = 1, kernel size = c(3,3,3),
    activation = "sigmoid",padding =
"same", data format ="channels last")
model %>% compile(loss = "binary crossentropy",optimizer =
    "adadelta")
```

(2) LSTM 的 Python 编程实现示例如下：

```
from tensorflow.keras.models import Sequential
from tensorflow.keras.layers import Dropout, Dense, LSTM
model = Sequential()
model.add(LSTM(50, input_shape=(n_steps, n_features)))
model.add(Dropout(0.2))
model.add(Dense(1))
model.compile(optimizer='adam', loss='mse')
model.fit(x_train, y_train, epochs=100, batch_size=2, verbose
    =1)
y_predict = model.predict(x_test)
```

3.10.3 门控循环单元及其代码实现

门控循环单元 (gate recurrent unit，GRU) 作为一种比较先进的循环神经网络，对时间序列具有较高的拟合和预测精度，它的两个控制单元分别为复位门和更新门，复位门决定新输入信息和之前的存储信息的组合，更新门定义在当前时间步长中保存的记忆信息的量。GRU 的网络结构如图 3.3 所示。

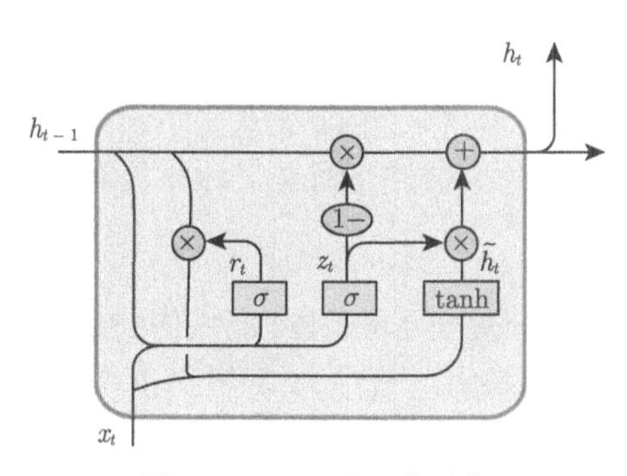

图 3.3　GRU 的网络结构

GRU 的四个向量 $\boldsymbol{z}_t$、$\boldsymbol{r}_t$、$\tilde{\boldsymbol{h}}_t$ 和 $\boldsymbol{h}_t$ 的计算公式为

$$\begin{cases} \boldsymbol{z}_t = \sigma(W_z \cdot [h_{t-1}, x_t]) \\ \boldsymbol{r}_t = \sigma(W_r \cdot [h_{t-1}, x_t]) \\ \tilde{\boldsymbol{h}}_t = \tanh(W_h \cdot [r_t * h_{t-1}, x_t]) \\ \boldsymbol{h}_t = (1 - z_t) * h_{t-1} + z_t * h_t \end{cases} \tag{3-69}$$

式中：x_t 是当前输入；$\boldsymbol{z}_t$ 是更新门输出；$\boldsymbol{r}_t$ 是复位门输出；$\boldsymbol{h}_t$ 是当前输出；h_{t-1} 是之前的输出；$\tilde{\boldsymbol{h}}_t$ 是当前状态的输出；σ 是 sigmoid 型激活函数；W_z、W_r 和 W_h 分别表示更新门权重、复位门权重和输出权重；符号 $*$ 表示相应矩阵的元素级乘法。

GRU 的 Python 编程实现示例如下：

```
from tensorflow.keras.models import Sequential
from tensorflow.keras.layers import GRU, Dropout, Dense
model = Sequential()
model.add(GRU(80, input_shape=(n_steps, n_features)))
model.add(Dropout(0.2))
model.add(Dense(1))
model.compile(optimizer='adam', loss='mse')
model.fit(x_train, y_train, epochs=100, batch_size=4, verbose
    =1)
y_predict = model.predict(x_test)
```

3.11 自适应神经模糊推理系统

自适应神经模糊推理系统 (adaptive neuro-fuzzy inference system，ANFIS) 将模糊推理和人工神经网络相结合，融合神经网络的学习机制和模糊系统的语言推理能力。利用神经网络的学习能力对输入的样本数据进行学习，并对模糊信息完成模糊推理功能，能够自动产生并更正输入与输出变量的隶属度函数，产生最优的模糊规则。ANFIS 克服单纯神经网络的黑匣子特性与模糊推理过程中推理规则的不全面性、粗糙性，既发挥二者的优势又弥补各自的不足。

3.11.1 隶属函数

隶属函数：若对论域 (研究变量的范围) U 中的任意，都有 $A(x) \in [0, 1]$ 与其对应，则称 A 为 U 上的模糊集，$A(x)$ 为 x 对 A 的隶属度。当 x 在 U 中变动时，$A(x)$ 为 A 的隶属度函数。

常用的隶属函数如下所述。

(1) 高斯型隶属函数：$f(x,\sigma,c)=\exp\left\{-\dfrac{(x-c)^2}{2\sigma^2}\right\}$，其中，$\sigma$ 为高斯型隶属函数的宽度，c 为曲线中心。

(2) 广义钟形隶属函数：$f(x,a,b,c)=\dfrac{1}{1+\left|\dfrac{x-c}{a}\right|^{2b}}$，其中，$a$、$b$ 为正数，c 为曲线中心。

(3) S 型隶属函数：$f(x,a,c)=\dfrac{1}{1+\mathrm{e}^{-a(x-c)}}$，其中，$a$ 的符号决定了 S 型隶属函数的开口朝向。

(4) 梯形隶属函数：$f(x,a,b,c,d)=\begin{cases}0,x\leqslant a\\ \dfrac{x-a}{b-a},a\leqslant x\leqslant b\\ 1,b\leqslant x\leqslant c\\ \dfrac{d-x}{d-c},c\leqslant x\leqslant d\\ 0,x\geqslant d\end{cases}$ 其中，a、d 确定梯形的脚，b、c 确定梯形的肩。

(5) 三角形隶属函数：$f(x,a,b,c)=\begin{cases}0,x\leqslant a\\ \dfrac{x-a}{b-a},a\leqslant x\leqslant b\\ \dfrac{c-x}{c-b},b\leqslant x\leqslant c\\ 0,x\geqslant c\end{cases}$ 其中，a、c 确定三角形的脚，b 确定三角形的峰。

3.11.2　ANFIS 模型结构

ANFIS 计算采用一阶 Tagaki-Sugeno-Kang 模糊模型，假设该模型有两个输入 x 和 y，一个输出 f，形成两个 if-then 语言规则，即

规则 1：if x is A1 and y is B1, then f1 = p1x+q1y+r1

规则 2：if x is A2 and y is B2, then f2 = p2x+q2y+r2

由两个输入量形成的典型 ANFIS 的结构如图 3.4 所示。

ANFIS 共包含五层结构，前三层为规则前件，后两层为规则后件。约定 O_i^n 表示第 n 层第 i 个节点的数据。每层的功能及计算公式描述如下。

第一层：模糊化。将输入变量 x,y 转化为不同模糊集的隶属度，即

$$O_i^1=\mu_{A_i}(x),i=1,2 \tag{3-70}$$

$$O_i^1 = \mu_{B_i}(y), i = 3, 4 \tag{3-71}$$

式中：$\mu_{A_i}(x)$ 和 $\mu_{B_i}(x)$ 为输入变量 x, y 的隶属函数；O_i^1 为第一层第 i 个节点的隶属度。

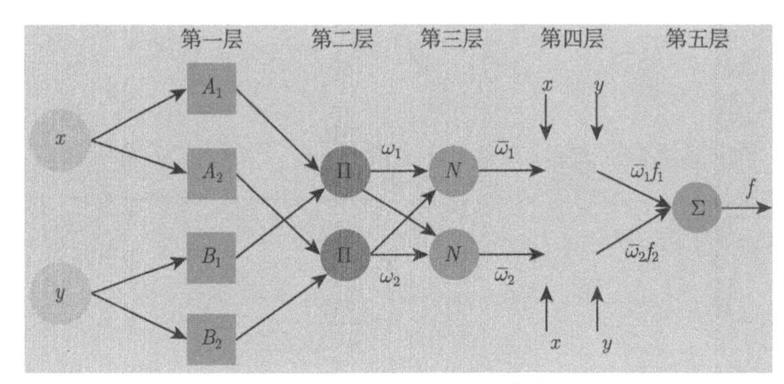

图 3.4　典型 ANFIS 的结构

第二层：规则适用度。每一个节点的输出是所输入信号的积为

$$O_i^2 = \mu_{A_i}(x) \times \mu_{B_j}(y) \tag{3-72}$$

第三层：归一化适用度。计算在整个推理过程中使用到第 i 个规则的程度为

$$O_i^3 = \bar{\omega}_i = \frac{\omega_i}{\omega_1 + \omega_2}, i = 1, 2 \tag{3-73}$$

第四层：去模糊化。计算每条模糊规则的输出结果为

$$O_i^4 = \bar{\omega}_i f_i = \bar{\omega}_i (p_i x + q_i y + r_i), i = 1, 2 \tag{3-74}$$

第五层：输出。对每条模糊规则的输出求和得到总的输出为

$$O_5 = \sum \bar{\omega}_i f_i = \frac{\sum \omega_i f_i}{\sum \omega_i} \tag{3-75}$$

3.11.3　ANFIS 的 Matlab 实现

在 Matlab 中，可以使用 anfisedit 工具箱来实现自适应模糊神经网络 (adaptive neuto-fuzzy inference system，ANFIS)。

(1) 导入样本数据，划分训练集和测试集。

(2) 输入 anfisedit，打开工具箱界面，如图 3.5 所示。

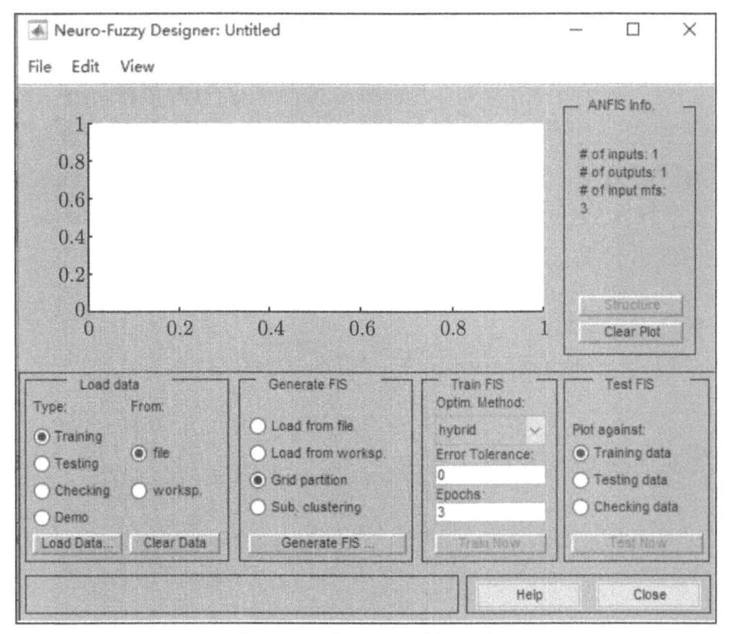

图 3.5 打开工具箱界面

(3) 在 Load data 窗口下导入训练集和测试集。

(4) 在 Generate FIS 窗口下生成模型，可以选择两种方式：grid partition (网格分割法) 和 Sub. Clustering (相减聚类法)。

(5) 在第三个小窗口下选择优化方法，hybrid (混合法) 或者 backpropa (反向传播法)，设置误差精度和迭代次数，开始训练。

(6) 在第四个小窗口对模型进行测试。

3.12 概率预测模型

相比传统确定性预测，概率预测能提供未来更多的信息，能全面获取不确定性程度，在实际应用中有重大作用。确定性预测得出的结果是对待研究对象的期望值，是一个准确的数值，而概率预测得出的结果是对待研究对象的概率密度函数或者是区间范围等。根据结果的表达形式，概率预测可以分为区间预测、分位数预测和概率密度预测。实际上，有三种方法可以修改工作流来生成概率预测:①生成多个输入场景；②应用概率预测模型；③通过分析残差或对确定性预测做集合，将确定性增强到概率输出。本节主要介绍通过第二和第三种方法生成概率预测的主流模型，包括分位数回归模型、参数估计和非参数估计。

3.12.1 分位数回归模型及其代码实现

分位数回归是将确定性预测推广到概率预测最常用的方法之一，最早在 1978 年被 Koenker 和 Bassett[51] 提出。分位数回归描述了自变量和因变量在不同条件分位数点上的回归关系，可以综合描述因变量的条件分布。假设有 n 个样本，其中 X_i 为第 i 个样本的输入变量，y_i 为第 i 个样本的输出变量，$y_i = f^q(X_i, W^q)$ 为 q 分位数下的分位数回归模型，通过求解如下的最小分位数损失函数来估计参数 W^q：

$$W^q = \underset{W^q}{\operatorname{argmin}} \sum_{i=1}^{n} L_i^q(y_i, f^q(X_i, W^q)) \tag{3-76}$$

其中分位数损失函数如下所示：

$$L_i^q(y_i, \hat{y}_i^q, q) = \begin{cases} q \times (y_i - \hat{y}_i^q), y_i > \hat{y}_i^q \\ (1-q) \times (\hat{y}_i^q - y_i), y_i \leqslant \hat{y}_i^q \end{cases} \tag{3-77}$$

对于第 i 个样本，每个分位数都有对应的预测结果 $\hat{y}_i^q$。以下主要介绍几种分位数回归模型及其实现。

1. 分位数线性回归及其实现

分位数线性回归 (quantile regression，QLR) 假设自变量和因变量间存在线性的关系，对于维度为 k 的自变量 $X_i = [x_i^1, x_i^2, \cdots, x_i^k]$，QLR 的简单表达式为

$$f^q(X_i, W^q) = w_0^q + w_1^q x_i^1 + \cdots + w_k^q x_i^k = X_i W^q \tag{3-78}$$

式中：w_i^q 是第 i 个自变量在 q 分位的权重。因此，上述的最小分位数损失函数变成如下所示：

$$\underset{W^q}{\operatorname{argmin}} \sum_{i|y_i > X_i W^q} q|y_i - X_i W^q| + \sum_{i|y_i \leqslant X_i W^q} (1-q)|y_i - X_i W^q| \tag{3-79}$$

QLR 的 R 语言实现示例如下：

```
library(quantreg)
data(airquality)
airq = airquality[143:145,]
f = rq(Ozone ~ ., data=airquality, tau=1:19/20)
fp = predict(f, newdata=airq, stepfun = TRUE)
```

2. 分位数随机森林

分位数随机森林 (quantile regression forest，QRF) 是 Meinshausen 和 Ridgeway[52] 在 2006 年提出了基于随机森林的分位数回归。它不是对 T 个预测值进行简单的平均，而是通过加权平均得到预测值的条件分布，从而得到分位数预测。QRF 算法的基本步骤如下。

(1) 根据 RF 的思想生成 T 棵树，观察每棵树的每个叶节点的预测值 Y。

(2) 对于给定的 x，计算每棵树中预测值的权重 $w_i(x,\theta_t), i=1,2,\cdots,n$，然后计算每个预测值的权重 $w_i(x)=T^{-1}\sum\limits_{t=1}^{T}w_i(x,\theta_t)$。

(3) 用下面的公式计算所有 y 的分布函数估计：

$$F(y|X=x)=\sum_{i=1}^{n}w_i(x)1_{\{Y_i\leqslant y\}} \tag{3-80}$$

QRF 的 R 语言实现示例如下：

```
library(quantregForest)
qrf = quantregForest(x=Xtrain, y=Ytrain, nodesize=10, sampsize
    =30)
conditionalQuantiles = predict(qrf,  Xtest)
```

3. 分位数回归神经网络

分位数回归神经网络 (quantile regression neurae networ，QRNN) 是 Taylor 针对自变量和因变量之间存在非线性关系的数据而提出的一种基于神经网络的分位数回归模型。它有如下表达式：

$$f^q(x_i,\boldsymbol{\omega}_i^q,\upsilon_i^q)=g\left[\sum_{k=1}^{K}\upsilon_{i,k}^q f\left(\sum_{j=1}^{J}\omega_{i,j,k}^q x_i\right)\right] \tag{3-81}$$

式中：$\omega_i^q=\{\omega_{i,j,k}^q\}, j=1,\cdots,J$ 和 $\upsilon_i^q=\{\upsilon_{i,k}^q\}, k=1,\cdots,K$ 分别为输入层到隐层、隐层到输出层的权值向量。J 为隐含层数。$f(\cdot)$ 和 $g(\cdot)$ 分别是隐藏层和输出层函数的激活函数。为了计算 q 分位数的 ω_i^q 和 υ_i^q，最小分位数损失函数转换为如下函数：

$$\begin{aligned}\min_{\omega_i^q,\upsilon_i^q}\sum_{i=1}^{n}L_i^q(y_i,f^q(x_i,\omega_i^q,\upsilon_i^q)) &= \min_{\omega_i^q,\upsilon_i^q}\sum_{i|y_i>f^q(x_i,\omega_i^q,\upsilon_i^q)}q|y_i-f^q(x_i,\omega_i^q,\upsilon_i^q)| \\ &+\sum_{i|y_i\leqslant f^q(x_i,\omega_i^q,\upsilon_i^q)}(1-q)|y_i-f^q(x_i,\omega_i^q,\upsilon_i^q)|+\lambda_1\sum_{i,j,k}(\omega_{i,j,k}^q)^2+\lambda_2\sum_{i,k}(\upsilon_{i,k}^q)^2\end{aligned} \tag{3-82}$$

式中：λ_1 和 λ_2 为惩罚参数，防止模型过拟合。

QRNN 的 R 语言实现示例如下：

```
library(qrnn)
parms = qrnn.fit(x=Xtrain, y= Ytrain, n.hidden=3, tau=0.5,
    lower=0.5, iter.max=500, n.trials=1)
p = qrnn.predict(x= Xtest, parms=parms)
```

4. 支持向量分位数回归

支持向量分位数回归 (support vector quantile regression，SVQR) 最早为竹内 (Takeuchi) 和弗鲁哈希特 (Furuhashit) 提出将 SVM 运用于分位数回归中，较好地解决了非线性结构问题。在 q 分位点下的线性表达式如下：

$$f^q(x_i) = \sum_{i=1}^{n} \omega_i^q \times \varPhi(x_i) + b^q \tag{3-83}$$

其主要思路是将分位数回归代替 SVR 模型中的惩罚函数部分，得到如下优化问题：

$$\begin{aligned} g^q(x_i) = \frac{1}{2}(\omega^q)^{\mathrm{T}}\omega^q + C\sum_{i=1}^{n} q|y_i - (\omega^q)^{\mathrm{T}}\varPhi(x_i) - b^q| \\ + C\sum_{i=1}^{n}(1-q)|y_i - (\omega^q)^{\mathrm{T}}\varPhi(x_i) - b^q| \end{aligned} \tag{3-84}$$

式中：ω^q 和 b^q 分别表示在 q 分位点下的参数，当 q 取 [0,1] 上连续值时，可以得到目标值的条件分布值。

SVQR 的 R 语言实现示例如下：

```
library(qrsvm)
n=200
x=as.matrix(seq(-2,2,length.out = n))
y=rnorm(n)*(0.3+abs(sin(x)))
models=list()
quant=c(0.01,0.25,0.5,0.75,0.99)
models=multqrsvm(x,y,tau = quant, doPar=FALSE, sigma = 1)
for(i in 1:length(models)){
lines(x, models[[i]]$fitted, col="red")
}
```

3.12.2　概率密度预测模型及其代码实现

密度预测提供未来待测点的概率密度函数。相比于以分位数和区间呈现的预测结果，概率密度函数能最大的量化信息量。根据建模方法的不同，概率密度预测模型可分为参数法和非参数法。

1. 参数估计

将真实值 y 假设为确定性预测值 $\hat{y}$ 与预测误差之后，即 $y=\hat{y}+\Delta y$，则 $\hat{y}$ 采用适合的确定性预测模型，而 Δy 假设服从一个已知的经验分布模型，通过确定该经验分布模型的参数，得到 Δy 的概率分布，最后得到 y 的概率分布。经典的参数分布模型有以下几种：高斯分布、柯西分布、拉普拉斯分布等。

(1) 高斯分布。高斯分布是一种对称分布，它的概率密度函数为

$$f(x)=\frac{1}{\sqrt{2\pi}\sigma}\exp[-(x-\mu)^2/2\sigma^2],-\infty<x<+\infty \tag{3-85}$$

式中：μ 和 σ 分别为随机变量的均值和标准差。

(2) 拉普拉斯分布。拉普拉斯分布的概率密度函数为

$$f(x)=\frac{1}{2b}\exp(-|x-\mu|/b) \tag{3-86}$$

式中：μ 和 b 分别为位置参数和尺度参数，其中 $b>0$，是对称分布。

(3) 柯西分布。柯西分布是一个数学期望不存在的连续型分布函数，其概率密度函数为

$$f(x)=\frac{1}{\pi\gamma[1+[(x-x_0)/\gamma]^2]} \tag{3-87}$$

R 语言一般使用 fitdistrplus 包中的 fitdist 函数对其进行拟合，得到相应的分布函数的参数值，如下面这句代码：

```
fitdist(data, distr, method = "mle")
```

data 为待拟合的输入数据；distr 为相应的分布函数名称，包括高斯分布“norm”、柯西分布“cauchy”和逻辑斯蒂分布“logis”等，或者自己定义的密度函数名称；method 为拟合的方法，其中 mle 为最大似然估计。

2. 非参数估计

非参数法没有先验假设，直接用数据驱动法计算分布函数。因此，非参数法不仅可以估计 Δy 的概率分布，而且能将分位数预测结果转化为概率密度函数。核

密度估计 (kernel density estimation，KDE) 是最常用的非参数估计工具。设有 N 个误差样本 $x_1,\cdots,x_N$，则概率密度函数可以表示为

$$\hat{K}(x)=\frac{1}{Nh}\sum_{n=1}^{N}K\left(\frac{x-x_n}{h}\right) \tag{3-88}$$

式中：$K(\cdot)$ 为核函数，常见的核函数有高斯核函数、三角核函数等；h 为带宽；N 为误差样本数。

R 语言中使用内置函数 density( ) 实现 KDE，代码如下所示：

```
density(x, bw = "nrd0", kernel = "gaussian", n=512)
```

其中，x 代表要进行核密度估计的数据，bw 为窗宽，可以自行制定，也可以使用默认的办法 nrd0，kernel 为核函数，这里选用高斯核函数。

3.13　集成方法

回归分析方法在预测问题研究中起着至关重要的作用。在多变量模型的准确建模中，常见回归分析方法的对比性研究可以作为预测过程前期准备性工作。通过预测模型的不确定性度量问题，本章利用预测结果的样本方差来度量其不确定性，并在此基础上，阐述集成回归方法可以结合多个单项回归方法对复杂特征进行有效数据建模，同时可以有效降低其不确定性。

假设 $f=f_1,\cdots,f_K$ 表示从 K 不同单项模型中学习到的预测器集成，Y 是待预测的感兴趣变量。从贝叶斯统计的角度来看，Y 的预测可视为每个集成成员预测器 $f_i,i=1,\cdots,K$ 上 Y 的条件概率密度函数，表示为 $g_i(Y|f_i)$。则集成预测模型可理解为如下有限混合模型：

$$p(Y|f_1,\cdots,f_K)=\sum_{i=1}^{K}\omega_i g_i(Y|f_i) \tag{3-89}$$

$$\text{s.t.}\sum_{i=1}^{K}\omega_i=1 \tag{3-90}$$

式中：权重参数 $\omega_i,i=1,\cdots,K$ 表示单项模型在训练期间对预测性能的相应贡献。

假设单项模型的预测分布为以实际预测值 f_i 为均值、σ_i 为标准方差的正态分布，即集成方法的单项模型分布如下：

$$Y|f_i\sim N(f_i,\sigma_i^2) \tag{3-91}$$

集成方法的确定性预测值可用其期望值来计算：

$$E[Y|f_1,\cdots,f_K]=\sum_{i=1}^{K}\omega_i f_i \tag{3-92}$$

假设单项模型的预测分布相互独立，集成方法预测的不确定性可用其方差值来计算：

$$D[Y|f_1,\cdots,f_K]=\sum_{i=1}^{K}\omega_i^2\sigma_i^2 \tag{3-93}$$

由 $\sum_{i=1}^{K}\omega_i=1$ 可知，$0\leqslant\omega_i^2\leqslant\omega_i\leqslant 1$，因此，集成方法模型的不确定性通常可以大幅降低各单项模型的不确定性之和。

3.14 多步预测策略

对于时间序列来说，现有预测方法多数集中在单步预测上，对多步预测相对较少。单步预测只能估计未来一个时刻的预测值，多步预测可以提供未来多个时刻的预测值。因此，每个样本中的因变量 y 不再是一个数，而是一个组向量。为了形象说明多步预测的数据，设时间窗口为 h，如图 3.6 展示时间序列重构为多输入多输出模型的特征结果。

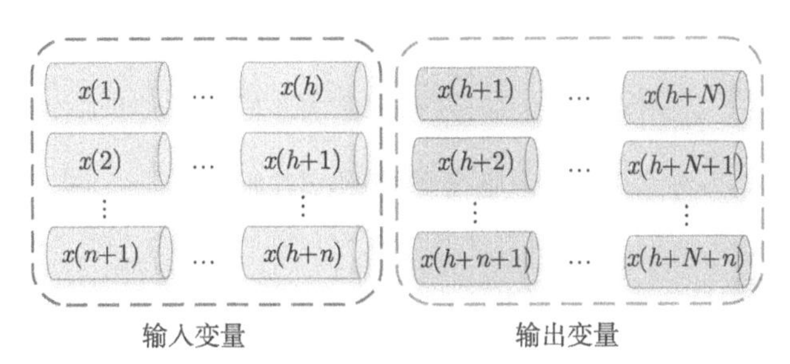

图 3.6 时间序列重构为多输入多输出模型的特征结果

对于多步预测，基础的多步预测策略可以分为三种：直接策略 (Direct)、迭代策略 (Recursive)、多输入多输出策略 (multiple input multiple output，MIMO)。每种策略都有各自的优点和缺点，为了寻找一个能包含多种优点的策略，研究人员开始将这三种策略相互结合得到新的多步策略，其中较受欢迎的策略主要有三种：直接迭代策略 (DirRec)、直接多输出策略 (DirMO) 和迭代多输出策略 (RecMO)，它们之间的关系如图 3.7 所示。

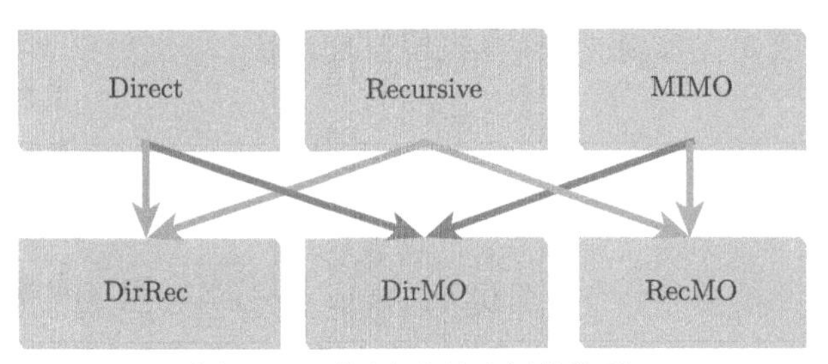

图 3.7　不同多步策略间的关系

3.14.1　迭代策略

迭代策略只训练一个单步预测模型，过程简单，所花费的时间少，但存在误差累积的问题，会使预测精度越来越低。其思想是根据给定的一组样本 $\{(\boldsymbol{x}_i,\boldsymbol{y}_i)\}_{i=1}^n$，其中 $\boldsymbol{x}_i=\{y_i,\cdots,y_{i+h-1}\}\in\boldsymbol{R}^h$，$\boldsymbol{y}_i=\{y_{i+h},\cdots,y_{i+h+N-1}\}$，训练一个如下的单步预测模型，再根据该模型预测未来 N 个时刻的值，如图 3.8 显示使用迭代策略预测过程的框架。

$$y_{i+h}=f(y_i,\cdots,y_{i+h-1}) \tag{3-94}$$

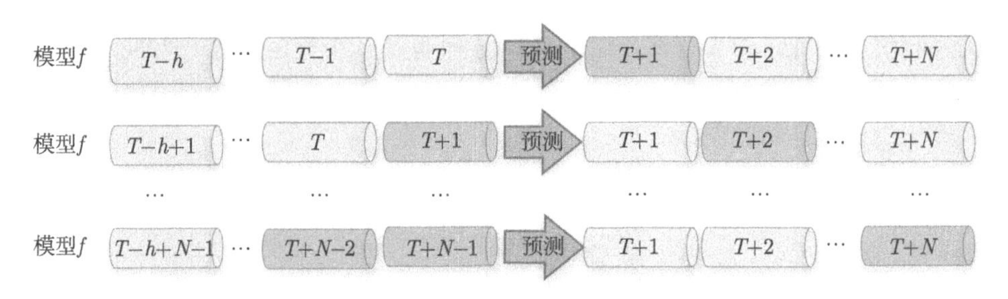

图 3.8　迭代策略预测过程的框架

3.14.2　直接策略

直接策略是较为早期的一种多步预测策略，它通过训练 N 个单步预测模型来得到多步预测结果，每个输出变量对应一个单步预测模型。该策略简单而且不会导致误差累积，但训练 N 个模型所需的时间通常是迭代策略的 N 倍。其思想是对于输出向量 $\boldsymbol{y}_i=\{y_{i+h},\cdots,y_{i+h+N-1}\}$ 中每个元素都建立一个如下独立的单步预测模型，再根据 N 个模型分别预测未来 N 个时刻的值，如图 3.9 显示直接策略预测过程的框架。

$$y_{i+h-1+j}=f_j(y_i,\cdots,y_{i+h-1}),j\in\{1,\cdots,N\} \tag{3-95}$$

模型f_1
$T-h$ … $T-1$ T 预测 $T+1$ $T+2$ … $T+N$
模型f_2
$T-h$ … $T-1$ T 预测 $T+1$ $T+2$ … $T+N$
模型f_N
$T-h$ … $T-1$ T 预测 $T+1$ $T+2$ … $T+N$

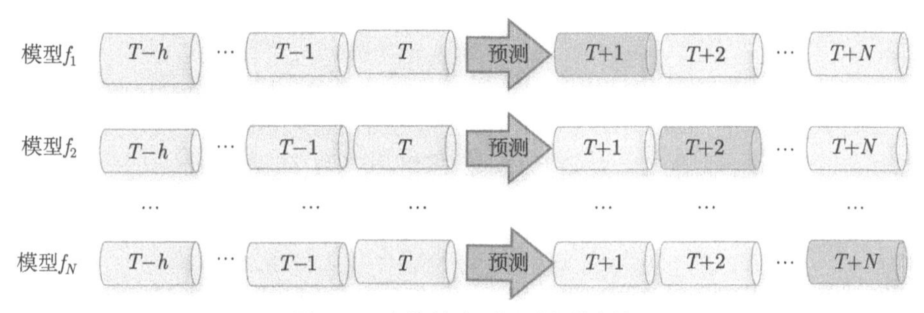

图 3.9 直接策略预测过程的框架

3.14.3 直接迭代策略

直接迭代策略是 Sorjamaa 和 Lendasse[53] 在 2006 年提出的直接和递归策略的组合。对于输出向量中每个元素分别建立一个如下的单步预测模型。与直接策略不同，直接迭代策略将每一步的预测值加到下一个预测的输入变量中，并删除输入变量中最早的特征，以保持输入变量的维数不变，如图 3.10 显示使用直接迭代策略预测过程的框架。

$$y_{i+h+j-1} = f_j(y_{i+j-1}, \cdots, y_h, \cdots, y_{h+j+i-2}), j \in \{1, \cdots, N\} \tag{3-96}$$

模型f_1
$T-h$ … $T-1$ T 预测 $T+1$ $T+2$ … $T+N$
模型f_2
$T-h+1$ … T $T+1$ 预测 $T+1$ $T+2$ … $T+N$
模型f_N
$T-h+N-1$ … $T+N-2$ $T+N-1$ 预测 $T+1$ $T+2$ … $T+N$

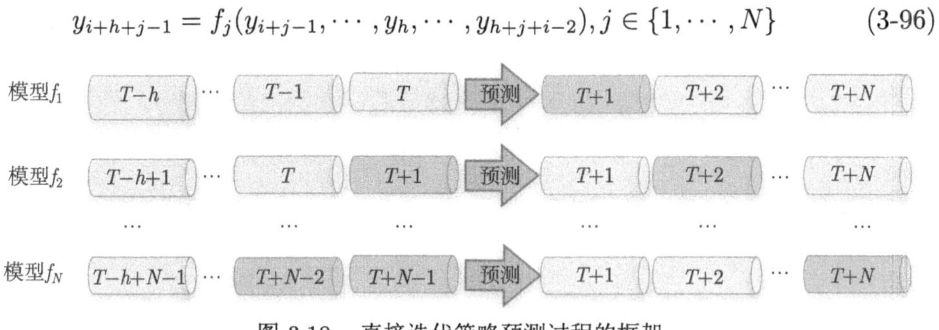

图 3.10 直接迭代策略预测过程的框架

3.14.4 多输入多输出策略

以上三种策略都是单输出策略，忽略了输出变量之间的依赖关系。克莱恩 (Kline) 和 Zhang 在 2004 年提出了多输入多输出 (multipleinput multipleoutput，MIMO) 策略，该策略只训练一个如下模型，但该模型一次输出 N 个预测结果，既避免了误差积累，又考虑了输出变量之间的关系，如图 3.11 显示使用多输入多输出策略预测过程的框架。

$$[y_{h+i}, \cdots, y_{h+n+i-1}] = F(y_i, \cdots, y_{i+h-1}) \tag{3-97}$$

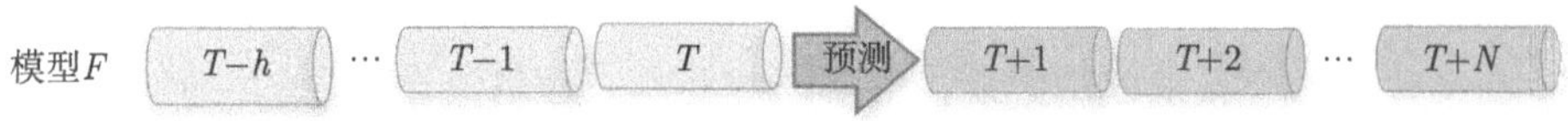

模型F
$T-h$ … $T-1$ T 预测 $T+1$ $T+2$ … $T+N$

图 3.11 多输入多输出策略预测过程的框架

3.14.5　直接多输出策略

为了提高适用性，Taieb 等[54] 在 2010 年提出了多输入多输出和 Direct 策略相结合的多输出策略 (DirMO 策略)。其思想是将 N 步预测划分为 S 个部分，然后再对 S 个部分分别建立一个如下所示的多输出模型 F，此时每个部分的输出变量个数为 $\dfrac{N}{S}$，如图 3.12 显示使用直接多输出策略预测过程的框架。

$$[y_{h+i+m\times(j-1)},\cdots,y_{h+i+j\times m-1}]=F_j(y_i,\cdots,y_{i+h-1}),j\in\{1,\cdots,S\}\tag{3-98}$$

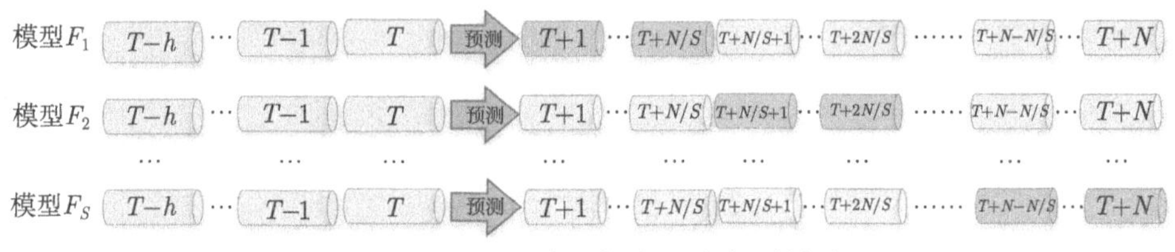

图 3.12　直接多输出策略预测过程的框架

3.14.6　迭代多输出策略

迭代多输出策略是一种结合了递归和 MIMO 策略的多步策略。其思想类似于 DirMO 策略，将 N 步预测分为 S 个部分进行预测，每个部分的输出变量个数为 $\dfrac{N}{S}$。不同点在于它只训练一个多输出模型，同时每次将预测出的输出变量合并到下次预测的输入变量中，并删除输入变量中最早的一部分特征，如图 3.13 显示使用迭代多输出策略预测过程的框架。

$$[y_{h+i},\cdots,y_{h+i+m-1}]=F(y_i,\cdots,y_{i+h-1})\tag{3-99}$$

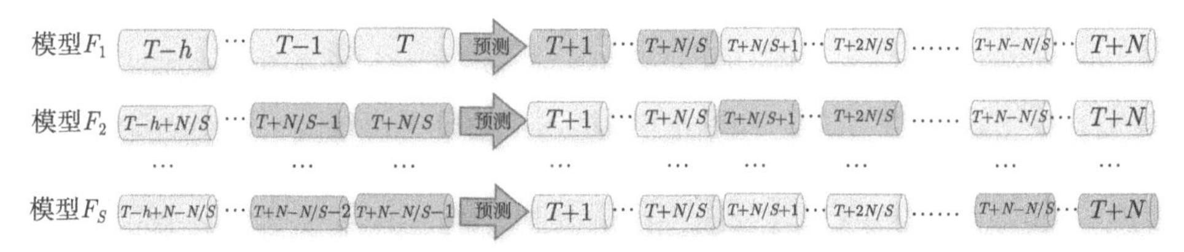

图 3.13　迭代多输出策略预测过程的框架

3.15　评估标准

在搭建完一个预测模型之后，需要一些标准来评估这个模型的性能好坏和预测精度。常见的评估标准一般分为两类，一类是点预测的评估标准，一类是概率预测的评估标准，接下来会分别详细地介绍这两类评估标准。

3.15.1 点预测的评估标准

常见的点预测的评估标准有均方误差 (mean square error，MSE)、均方根误差 (root mean squave error，RMSE)、平均绝对误差 (mean absolute error，MAE)、平均绝对百分比误差 (mean absolute percentage error，MAPE) 等。设 y_i 为第 i 个实际数据点，h_i 为第 i 个预测数据点，m 为预测数据点的个数，接下来详细介绍一下这些评估标准。

1. *均方误差* (MSE)

均方误差是指用真实值与预测值之差平方的平均值来衡量模型优劣。真实值和预测值越接近，两者的均方差就越小。MSE 的值越小，说明预测模型描述实验数据具有更好的精确度。

$$\mathrm{MSE}=\frac{1}{m}\sum_{i=1}^{m}(y_i-h_i)^2 \tag{3-100}$$

2. *均方根误差* (RMSE)

均方根误差是均方误差的开方，作为一种常用的测量数值之间差异的量度，是机器学习预测模型常用的衡量标准。

$$\mathrm{RMSE}=\sqrt{\frac{1}{m}\sum_{i=1}^{m}(y_i-h_i)^2} \tag{3-101}$$

3. *平均绝对误差* (MAE)

平均绝对误差是绝对误差的平均值，是所有单个真实值和预测值的偏差的绝对值的平均，其可以避免误差相互抵消的问题，更好的反映误差的实际情况。

$$\mathrm{MAE}=\frac{1}{m}\sum_{i=1}^{m}|y_i-h_i| \tag{3-102}$$

4. *平均绝对百分比误差* (MAPE)

平均绝对百分比误差是一种常见时间序列评估标准，常用于衡量预测准确性的统计指标，优点是以百分比表示误差，与比例无关，可用于不同比例的预测对比。

$$\mathrm{MAPE}=\frac{100\%}{m}\sum_{i=1}^{m}\left|\frac{y_i-h_i}{y_i}\right| \tag{3-103}$$

5. 对称平均绝对百分比误差 (symmetric mean absolute percentage error, SMAPE)

对称平均绝对百分比误差是一种对称性的 MAPE，它虽然可以修复原始 MAPE 的缺点，但是也带来了更多的问题，所以在日常使用中其使用频率相较 MAPE 更低一些。

$$\mathrm{SMAPE} = \frac{100\%}{m}\sum_{i=1}^{m}\frac{|y_i - h_i|}{(|y_i| + |h_i|)/2} \tag{3-104}$$

3.15.2 概率预测的评估标准

概率预测包括分位数预测，区间预测和概率密度预测，其准确程度被称为“校准程度”，是衡量模型预测概率和真实结果差异的方式。常见的概率预测的评估标准有可靠性准则 (prediction interval coverage probability, PICP)、区间带宽 (prediction interval normalized average width, PINAW)、修正预测区间精度 (corrected prediction interval accuracy, CPIA) 等。

1. 可靠性准则 (PICP)

可靠性准则被广泛地用于区间预测的评估中，PICP 表示真实值被预测值上下界覆盖的概率大小，PICP 越大，意味着真实值落入预测区间的比例越大，预测精度越高。具体公式如下，其中 $Z_i = \begin{cases} 1, y_i \in [L_i, U_i] \\ 0, y_i \notin [L_i, U_i] \end{cases}$ 为布尔变量，y_i 为真实值，L_i、U_i 分别为预测区间的下界和上界。

$$\mathrm{PICP} = \frac{1}{N}\sum_{i=1}^{N} Z_i \tag{3-105}$$

2. 区间带宽 (PINAW)

为保证预测区间对真实值覆盖的同时避免区间过宽的问题，常用区间带宽 (PINAW) 这个指标衡量预测区间宽度，具体公式如下：

$$\mathrm{PINAW} = \frac{1}{NR}\sum_{i=1}^{N}(U_i - L_i) \tag{3-106}$$

3. 修正预测区间精度 (CPIA)

修正预测区间精度 (CPIA) 主要可以解决可靠性准则和区间带宽之间的矛盾，综合考虑两个指标的一个评估标准，具体公式如下：

$$\mathrm{CPIA} = \frac{1}{N}(1 - \mathrm{PINAW})\sum_{i=1}^{N} C_i \tag{3-107}$$

$$C_i = \begin{cases} 1 - \dfrac{y_i - U_i}{d_i}, y \in \left[U_i, U_i + \dfrac{d_i}{2}\right], \\ 1, y \in [L_i, U_i], \\ 1 - \dfrac{y_i - U_i}{d_i}, y \in \left[L_i - \dfrac{d_i}{2}, L_i\right], \\ 0, y \in \left[L_i - \dfrac{d_i}{2}, L_i + \dfrac{d_i}{2}\right] \end{cases} \tag{3-108}$$

4. 置信区间 (confidence interval)

置信区间是指由样本统计量所构造的总体参数的估计区间，一个概率样本的置信区间是对这个样本的某个总体参数的区间估计，给出的是被测值的预测值的可信程度。常用 95%置信区间作为常用的置信区间，是因为在评估一个量时，随着置信水平的上升，置信区间的跨度也就越大，既希望预测区间足够窄，预测足够准确，又希望估计值置信水平高，但是这两个要求是相互矛盾的。从经验中得知 95%置信水平使得估计精度和可信度达成了最佳的平衡关系，因此 95%置信水平成为统计中一个约定俗成的习惯。

假设数据服从正态分布 $X \sim N(\mu, \sigma^2)$，M 是数据样本的平均值, n 是样本的大小，最常见的 95%置信区间公式表示如下：

$$P\left(\mu - 1.96\frac{\sigma}{\sqrt{n}} < M < \mu + 1.96\frac{\sigma}{\sqrt{n}}\right) = 0.95 \tag{3-109}$$

5. 平均弹球损失 (APL)

平均弹球损失 (APL) 是用于衡量概率密度预测精度的指标，损失值越小，概率预测精确度越高。

$$\mathrm{APL} = \frac{1}{N}\sum_{i=1}^{N} L_{t,i}(y(i), \hat{y}_t(i)) \tag{3-110}$$

式中：N 为样本个数；$\hat{y}_t(i)$ 为第 i 个时间点第 t 分位数的预测值；$L_{t,i}$ 为损失函数值。

以上就是常用的评估标准，常使用这些评估标准来评估模型的预测精度。在实际的试验中还会将多个评估标准结合起来，从多个角度共同评价和对比模型。

3.16 本 章 小 结

回归分析是多种方法的一个总称，是研究随机变量之间关系的方法，主要包含模型拟合、模型可行度的统计检验和模型修正等过程，往往需要经过反复的检验和拟合，直到达到最佳的结果。本章总结了多种常用的回归模型并给出代码实例，每种方法都有其相对比较适用的建模场景和优势，不同的回归模型存在较大的差异，因此选择合适的回归分析方法建模是十分必要的。在实际应用中，可以根据实际情况选择合适的回归分析方法[55-63]。

第 4 章　数据建模变量选择分析方法

作为多元统计分析中运用最广泛的一种分析方法，回归分析研究在统计学中具有非常重要的意义。回归分析的目的是研究两个或两个以上的变量之间的相关关系，它的主要方法是根据所提供的已知数据来建立出拟合度良好的回归模型，即最优回归模型。在建立最优回归模型的过程中，如何从大量的变量中选出合适的变量来建立最优回归模型成为一个至关重要的问题，这就是本章所研究的变量选择分析方法。

在本章中，以多元线性回归作为示例，分析变量选择问题的一些常用的方法和选择变量的准则。常用的变量选择方法有子集选择法、系数压缩法、智能优化选择法等，子集选择法又包括前进法、后退法和逐步回归法，其中逐步回归法是最常用的一种变量选择方法。对于变量选择准则，本章主要探讨平均残差平方和准则、C_p 准则、PRESS 准则、赤池信息量准则 (Akaike information criterion，AIC) 准则及贝叶斯信息准则 (Bayesian information criterion，BIC)。为验证上述的变量选择方法和准则，通过软件对两个实例进行模拟分析。

4.1　引　　言

回归分析的主要目的是根据已知的数据建立拟合度良好的回归方程。在建立回归方程的过程中，如何从众多的变量中选出合适的变量成为一个至关重要的问题。它主要考虑以下两个方面：尽可能地减少自变量的数量；尽可能保留对因变量影响较大的自变量，除去对因变量的影响较小的自变量。在上述两个目标下建立的回归模型称为最优回归模型，这就是本章要探讨的变量选择问题。

早在 20 世纪 60 年代就已经有众多学者对上述问题产生了浓厚的兴趣，并进行了大量的研究，也提出了许多行之有效的变量选择方法，如子集选择法、系数收缩法等。随着大数据统计的发展以及回归分析问题的不断深入研究，对变量选择问题的研究在近几十年中得到了很大发展，如智能优化选择法等[64]。子集选择法包含前进法、后退法以及逐步回归法，其中逐步回归法是目前运用最广泛的变量选择方法。随着由统计学家马洛斯 (Mallows) 在 1964 年从预测角度提出的统计量法以及由日本的统计学家赤池弘次 (Hirotsugu Akaike) 在 1974 年根据极大似然估计原理提出的 AIC 准则，以及由施瓦茨 (Schwartz) 在 1978 年提出的 BIC

准则，变量选择问题的研究也进入了一个新的阶段。40 多年来，变量选择与模型选择问题研究一直是统计学的重点研究方向，在方法和理论上都取得了巨大进步。

近年来，随着数字化技术的不断深入，针对复杂数据与复杂模型的变量选择问题成为研究的重点、热点，并且取得了重大的进步。随着研究的不断深入，高维数据问题成为现代统计分析面临的新挑战。针对这个问题，与子集有关的选择变量的方法因为其计算量庞大而无法进行，而智能优化选择法对此问题提供了一个较好的替代方案[65]。针对数据集的微小波动而使变量选择的结果产生巨大的改变，即子集选择法的不稳定性，学者们又提出了最小绝对收缩和选择算子 (least absolute shrinkage and selection operator，LASSO) 方法及其多种改进方法。

4.2　变量选择的方法

变量选择是多元线性回归中一个至关重要的基本问题，在选择变量时，一方面，希望尽可能地避免遗漏重要的变量；另一方面，又希望尽可能地减少变量的个数，使线性回归模型做到简约。在确定变量时，一般先考虑所有的变量，再根据不同变量的种种组合，选择最合适的变量组合来求解回归方程。例如，当前问题有三个变量 x_1、x_2、x_3 时，就有 $\{\phi\}$、$\{x_1\}$、$\{x_2\}$、$\{x_3\}$、$\{x_1,x_2\}$、$\{x_1,x_3\}$、$\{x_2,x_3\}$、$\{x_1,x_2,x_3\}$ 共 8 个变量组合 (通常情况下，回归方程中至少包含有一个自变量)，每一个变量组合对应一个回归方程，就有 8 个回归方程，再根据具体的筛选标准或准则从其中选出“最优”的回归方程，建立“最优”的回归模型。这里的最优回归方程大多是指某个拟和效果相对好的回归方程，没有绝对的最优，选出的最优的回归方程也是按照所考虑的问题的要求和目标，使用不同的选择准则来权衡而选出的结果，同一个回归方程在几种不同的准则的衡量下得到的结果不一定是相同的。

挑选“最优”的回归方程关键在于选择“最优”的变量组合。由于在选择变量时每个变量都有可能被选择进入方程或排除在外，多种候选变量组合就会产生相应的候选回归方程。但是，当变量个数为 p 时，候选回归方程就有 2^p 个，再从候选回归方程中按照筛选标准或准则来选出“最优”的回归方程，此时筛选工作量就会比较大。当变量个数 p 为高维时，工作量就会迅速增大，要选出“最优”的回归方程就非常困难。因此，要有合理有效的变量选择方法来选择合适的变量，学者们从不同视角提出了一些方法，各自有其优缺点。当前经常使用的变量选择方法大致可以分为三类：第一类是子集选择法，包括有前进法、后退法、逐步回归法等，其中的逐步回归法用得最广泛；第二类是系数收缩法，以 LASSO 方法为代表；第三类是智能优化选择法，比如基于粒子群优化的变量选择法。

4.2.1　子集选择法

本节主要讨论前进法、后退法、逐步回归法三种主要的子集选择法。

1. 前进法

前进法即向前选择变量法，是指模型中的变量从无到有、每次选择一个变量到模型中的方法。

前进法的实施方法有多种，最为直观的方法是：设有 p 个自变量，首先建立每个自变量与因变量 Y 的回归模型，计算每个模型的精度 (即预测误差平方和)，将精度最大的模型记为 M_1；其次将 M_1 所对应的自变量与其他的自变量分别组合，建立 $p-1$ 个新的回归模型；再次计算每个新模型的精度，将新模型中精度最大且大于模型 M_1 的模型记为 M_2；然后将 M_2 所对应的自变量与其他自变量分别组合，建立 $p-2$ 个新的回归模型；最后将新模型中精度最大且大于模型 M_2 的模型记为 M_3。重复上述步骤，直到模型 M_i $(1 < i \leqslant p)$ 所对应的自变量与其他自变量分别组合所得到的新模型的精度都小于它自身的精度，或者所有自变量都进入回归模型中时，前进法停止。所得模型即为前进法得到的最优回归模型，它所对应的自变量子集即为变量选择结果。

前进法的具体实施步骤如下。

第一步，将全部的 p 个自变量 $X_1, X_2, \cdots, X_p$ 与因变量 Y 分别建立回归模型。

第二步，求解回归模型，得到每个回归模型精度，以精度最高的回归模型作为初始模型，记作 M_1。

第三步，将模型 M_1 所对应的自变量与其他的自变量分别组合，建立 $p-1$ 个回归模型。

第四步，计算每个新的回归模型的精度，将新模型中精度最大且大于模型 M_1 的模型记为 M_2。

第五步，按照第三、四步的思路重复执行，建立新模型，计算新模型的精度，直到模型 M_i $(1 < i \leqslant p)$ 所对应的自变量与其他自变量分别组合所得到的新模型的精度都小于它自身的精度，或者所有自变量都进入回归模型中，前进法停止。

前进法的长处是：依据自变量对模型精度影响的大小，将候选自变量一一选入回归方程中，计算量较小。

前进法的弊端是：不能反映新自变量被引入后的变化情况，某个自变量被引入时的模型精度影响较大，但在引入其他自变量后其影响可能会变小；换句话说，当一个变量被选入回归方程中，就不能再被剔除了。

2. 后退法

后退法即向后选择变量法，是指模型从包含全部变量到依次剔除一个变量的方法。后退法和前进法实际上正好是相对的。

后退法的实施方法有多种，最为直观的方法是：设有 p 个自变量，首先建立所有自变量与因变量 Y 的回归模型，计算模型的精度 (即预测误差平方和)，记为初始模型 M_1；其次将 M_1 中每个自变量分别从回归模型中剔除，建立 p 个新的回归模型；再次计算每个新模型的精度，将新模型中精度最大且大于模型 M_1 的模型记为 M_2；然后将 M_2 中每个自变量分别从回归模型中剔除，建立 $p-1$ 个新的回归模型；最后将新模型中精度最大且大于模型 M_2 的模型记为 M_3。重复上述步骤，直到模型 M_i $(1 < i \leqslant p)$ 中每个自变量分别从中剔除后所得的新模型精度都比它自身的精度要小，或者所有的自变量都被从回归模型中剔除掉时，后退法停止。所得模型即为后退法得到的最优回归模型，它所对应的自变量子集即为变量选择结果。

后退法的具体实施步骤如下。

第一步，建立全部 p 个自变量 $X_1, X_2, \cdots, X_p$ 与因变量 Y 的回归模型。

第二步，求解回归模型，得到回归模型精度，记作初始模型 M_1。

第三步，将模型 M_1 中每个自变量分别从回归模型中剔除，建立 $p-1$ 个回归模型。

第四步，计算每个新回归模型的精度，将新模型中精度最大且大于模型 M_1 的模型记为 M_2。

第五步，按照第三、四步的思路重复执行，建立新模型，计算新模型的精度，直到模型 M_i $(1 < i \leqslant p)$ 中每个自变量分别从中剔除后所得的新模型精度都比它自身的精度要小，或者所有的自变量都被从回归模型中剔除掉时，后退法停止。

后退法的优点是：依据自变量对模型精度影响的大小，将不显著的候选自变量一一从回归方程中剔除，计算量较小。

后退法的弊端是：开始时把所有自变量都引入回归方程中，会使其计算量变得很大；而且候选变量一旦被剔除了，就不能再被选进。

3. 逐步回归法

逐步回归法最早由埃索 (Esso) 研究工程公司的埃弗罗姆森 (Efroymson) 提出，是结合前进法和后退法的一种求解最优回归模型方法。

逐步回归法的直观方法是：使用前进法，设有 p 个自变量，首先建立每个自变量与因变量 Y 的回归模型，计算每个模型的精度 (即预测误差平方和)，将精度最大的模型记为 M_1；其次将 M_1 所对应的自变量与其他的自变量分别组合，建立 $p-1$ 个新的回归模型；再次计算每个新模型的精度，将新模型中精度最大且大于模型 M_1 的模型记为 M_2；然后将 M_2 所对应的自变量与其他自变量分别组合，建立 $p-2$ 个新的回归模型；最后将新模型中精度最大且大于模型 M_2 的模型记为 M_3。重复上述步骤，直到模型 M_i $(1 \leqslant i \leqslant p)$ 所对应的自变量与其他自变量分别组合所得到的新模型的精度都小于它自身的精度，或者所有自变量都进入回归模型中时，前进法停止。在上述结果基础上，使用后退法，将 M_i 中每个自变量分别从回归模型中剔除，建立 i 个新的回归模型，再计算每个新模型的精度，即将新模型中精度最大且大于模型 M_i 的模型记为 $M_{i-1}^{(1)}$；再将 $M_{i-1}^{(1)}$ 中每个自变量分别从回归模型中剔除，建立 $i-1$ 个新的回归模型，将新模型中精度最大且大于模型 $M_{i-1}^{(1)}$ 的模型记为 $M_{i-2}^{(1)}$。重复上述步骤，直到模型 $M_j^{(1)}$ $(1 < j \leqslant i)$ 中每个自变量分别从中剔除后所得的新模型精度都比它自身的精度要小，或者所有的自变量都被从回归模型中剔除掉时，后退法停止。交替使用前进法和后退法，直到模型前进或后退得到的新模型的精度都比之前的模型精度要小，即再也不能前进或后退时，逐步回归法结束。所得模型即为逐步回归法得到的最优回归模型，它所对应的自变量子集即为变量选择结果。

逐步回归法的具体实施步骤如下。

第一步，使用前进法。具体实施步骤如下。

(1) 将全部的 p 个自变量 $X_1, X_2, \cdots, X_p$ 与因变量 Y 分别建立回归模型。

(2) 求解回归模型，得到每个回归模型的精度，以精度最高的回归模型作为初始模型，记作 M_1。

(3) 将模型 M_1 所对应的自变量与其他的自变量分别组合，建立 $p-1$ 个回归模型。

(4) 计算每个新的回归模型的精度，将新模型中精度最大且大于模型 M_1 的模型记为 M_2。

(5) 按照步骤 (3) 和 (4) 的思路重复执行，建立新模型，计算新模型的精度，直到模型 M_i $(1 < i \leqslant p)$ 所对应的自变量与其他自变量分别组合所得到的新模型的精度都小于它自身的精度，或者所有自变量都进入回归模型中时，前进法停止。

第二步，使用后退法。

(1) 将 M_i 中每个自变量分别从回归模型中剔除，建立 i 个新的回归模型。

(2) 求解回归模型，得到每个回归模型的精度，以精度最高的回归模型作为初始模型，记作 M_1。

(3) 将模型 M_i 中每个自变量分别从回归模型中剔除，建立 $i-1$ 个回归模型。

(4) 计算每个新回归模型的精度，将新模型中精度最大且大于模型 M_i 的模型记为 $M_{i-1}^{(1)}$。

(5) 按照第 (3) 和 (4) 步的思路重复执行，建立新模型，计算新模型的精度，直到模型 $M_j^{(1)}$ $(1 < j \leqslant i)$ 中每个自变量分别从中剔除后所得的新模型精度都比它自身的精度要小，或者所有的自变量都被从回归模型中剔除掉，后退法停止。

第三步，重复执行第一、二步，直到模型前进或后退得到的新模型的精度都比之前的模型精度要小，即再也不能前进或后退时，逐步回归法结束。

4.2.2 系数收缩法

现代统计学前沿的一个比较重要的研究领域是高维数据问题，系数收缩法则是通过系数稀疏化来进行变量选择，它能同时进行变量选择和参数估计。本小节主要介绍子集选择评价、岭回归法、LASSO 方法、LARS 方法、NNG 方法等。

1. 子集选择评价

子集选择主要有以下两个方面的意义，这也是子集选择评价需要考虑的因素。

第一个方面是回归方程的预测精度。依据获取的所有变量，建立多元线性回归方程，利用最小二乘估计，通常具有低偏差、高方差特点。此时，通过将某些系数收缩到 0 或设置为 0 可能提高预测精度。通过这种子集选择法，会增加一些偏差，同时会降低被预测值的方差，从而提高总体预测精度。

第二个方面是回归方程的可解释性。当存在大量自变量时，通常希望确定一个表现显著的较小子集。为了获得模型的大体概要，可以牺牲一些小的细节。

给定 n 条训练数据记录 (x_i, y_i)，其中 $(x_i, y_i) \in \mathbb{R}^p \times \mathbb{R}$。对于构建一个回归模型和变量选择算法来说，第一个方面用损失函数来衡量，第二个方面用回归方程 $f(\beta)$ 的参数收缩项来衡量，即

$$\min_{\beta}\left\{\frac{1}{n}\sum_{i=1}^{n}L(y_i, f(x_i,\beta)) + \lambda J(f(\beta))\right\}$$

式中：λ 是权衡损失函数与参数收缩项之间的系数，$\lambda > 0$。

2. 岭回归法

上述第一个方面通过残差平方和刻画，第二个方面通过参数平方和刻画，岭回归 (ridge regression) 法通过增加系数的平方和来限制回归系数的大小。岭系数极小化优化问题如下：

$$\beta^{\text{ridge}} = \text{argmin}_{\beta}\left\{\sum_{i=1}^{n}\left(y_i - \beta_0 - \sum_{j=1}^{p}x_{ij}\beta_j\right)^2 + \lambda\sum_{j=1}^{p}\beta_j^2\right\} \tag{4-1}$$

式中：$\lambda > 0$ 是控制参数收缩量的复杂度系数。λ 越大，其收缩量就越大，系数相互收缩，向 0 收缩，该思想在神经网络的权衰减 (weight decay) 中也有应用。

岭回归的一个等价方法如下：

$$\beta^{\text{ridge}} = \text{argmin}_{\beta}\sum_{i=1}^{n}\left(y_i - \beta_0 - \sum_{j=1}^{p}x_{ij}\beta_j\right)^2$$

$$\text{s.t.} \sum_{j=1}^{p} \beta_j^2 \leqslant t$$

式中：t 为额外的附加参数，影响最终的优化结果。

3. LASSO 方法

LASSO 方法是一种系数收缩方法，它的第一个方面通过残差平方和刻画，而第二个方面则通过参数绝对值和刻画。LASSO 极小化优化问题如下：

$$\beta^{\text{ridge}} = \text{argmin}_\beta \left\{ \sum_{i=1}^{n} \left(y_i - \beta_0 - \sum_{j=1}^{p} x_{ij}\beta_j \right)^2 + \lambda \sum_{j=1}^{p} |\beta_j| \right\} \tag{4-2}$$

与岭回归法相比，LASSO 方法在第二个方面有微妙的差异，却是一个重要的区别。LASSO 方法估计可由如下问题求得：

$$\beta^{\text{LASSO}} = \text{argmin}_\beta \sum_{i=1}^{n} \left(y_i - \beta_0 - \sum_{j=1}^{p} \beta_j x_{ij} \right)^2$$

$$\text{s.t.} \sum_{j=1}^{p} |\beta_j| \leqslant t$$

注意与岭回归法问题的区别：L_2 参数罚被 L_1 参数罚代替，由于该约束的特性，使得 t 充分小将导致某些系数恰好为 0。因此，LASSO 方法做了某种连续的子集选择。

4. LARS 方法

最小角回归算法 (least angle regression，LARS) 是一种系数收缩方法，它克服了 LASSO 算法在 λ 参数值选择上的问题，汲取了向前法的选择思想。

向前法的思想是由无到有，每次引入一个变量，直到不能再引入为止。此方法的一个缺点是没有考虑变量之间的相关性，后继引入的变量可能使先前引入的变量变得不重要。LARS 方法的思想与向前法类似，且通过考虑相关性来克服向前法的上述缺点，其大概步骤如下。

(1) 将 Y 进行中心化处理，计算初始残差 $\boldsymbol{r} = \boldsymbol{y} - \bar{\boldsymbol{y}}$，将 X 进行中心标准化处理。

(2) 先设定所有自变量系数为 0，$\beta_1, \beta_2, \cdots, \beta_p = 0$。

(3) 从中选择与响应变量 (初始残差) $\boldsymbol{r}$ 相关性最大的预测因子 X_j。

(4) 将 X_j 的系数 β_j 从 0 移向其最小二乘系数 $\langle X_j, \boldsymbol{r} \rangle$，更新残差 $\boldsymbol{r} = \boldsymbol{r} - \beta_j X_j$，直到某个新的变量 X_k 与残差 $\boldsymbol{r}$ 的相关性大于 X_j 与残差 $\boldsymbol{r}$ 的相关性时，即

$$\langle X_k, \boldsymbol{r} \rangle \geqslant \langle X_j, \boldsymbol{r} \rangle$$

(5) 将 X_j 和 X_k 的系数 β_j 和 β_k，沿着其联合最小二乘法方向移动，更新残差 $\boldsymbol{r}=\boldsymbol{r}-\beta_jX_j-\beta_kX_k$，直到有新的变量被选入。

(6) 重复步骤 (3)~(5)，直到所有变量被选入，最后得到的估计就是普通线性回归的普通最小二乘法 (ordinaty least squares，OLS)；即以这种方式继续，直到选入所有 p 个自变量。在 $\min(N-1,p)$ 步之后，得到完整的最小二乘解。

5. NNG 方法

非负绞杀 (non-negative garrote，NNG) 方法是一种系数收缩方法，与前面方法不同，它假定由 p 个自变量 $x_1,x_2,\cdots,x_p$ 和一个响应变量 y 的加法模型如下：

$$y_i=\beta_0+\sum_{j=1}^{p}f_j(x_{ji})+\varepsilon_i \tag{4-3}$$

NNG 方法估计可由如下问题求得：

$$\beta^{\text{NNG}}=\operatorname{argmin}_c\sum_{i=1}^{n}\left[y_i-\beta_0-\sum_{j=1}^{p}c_jg_j^{h_j}(x_{ij})\right]^2 \tag{4-4}$$

$$\begin{gathered}\text{s.t.}c_j\geqslant 0\\ \sum_{j=1}^{p}c_k\leqslant t\end{gathered} \tag{4-5}$$

式中：$g_j^{h_j}$ 为 f_j 初始估计值，h_j 为平滑估计方法的平滑参数。平滑方法有很多种，如指数平滑法、样条函数、局部多项式等。

4.2.3 智能优化选择法

智能优化算法要解决的一般是最优化问题，近年来出现了一些比较新颖的理论和算法，如模拟退火算法、遗传算法、粒子群算法、蚁群算法等。这些算法或理论特别是在解决一些复杂的工程问题时大有用武之地。

最优化问题常见的有两类：求解一个函数中，使得函数值最小的自变量取值的函数优化问题；在一个解空间里，寻找最优解，使目标函数值最小的组合优化问题。变量选择方法可以通过离散化、目标函数定义转化为组合优化问题。

1. 离散化

变量选择一般看作离散寻优的问题，可以使用一组二进制数组表示特征选择的解。在这个问题中，将选中的变量设为 1，未被选中的设为 0。变量集是一个 $m\times p$ 矩阵，其中 m 代表每个子集的信息内容，p 代表原始数据集中的变量个数。

通过借助智能优化算法作为变量选择路径的搜索策略，在可搜索范围内筛选最优的变量，在这之前需要将变量选择属性 S_i 从连续转换为离散，其计算公式如下：

$$S_i^{\#} = \begin{cases} 1, & S_i > \sigma \\ 0, & S_i \leqslant \sigma, \quad i = 1, 2, \cdots, p \end{cases} \tag{4-6}$$

式中：σ 为边界系数，且 $\sigma \in (0,1)$。通过上述公式，可知边界系数 σ 是该方法的一个重要参数，若取值不合适将会影响离散化。

米尔贾利 (Mirjalili) 将 V 形函数和 S 形函数引入粒子群优化算法中，将粒子群优化算法离散化，最后结果证明，该方法极大地提高了粒子群优化算法的寻优性能[68]。为此，本节将引入 V 形函数和 S 形函数，优化边界系数 σ 通过引入随机性来决定。

引入 V 形函数和 S 形函数，结合上述离散化，形成改进离散化机制如下：

$$S_i^{\#} = \begin{cases} 1, & T_1(S_i) > \text{rand}(\ ) \\ 0, & T_1(S_i) \leqslant \text{rand}(\ ) \end{cases} \tag{4-7}$$

$$T_1(S_i) = \frac{1}{1 + \mathrm{e}^{-x}} \tag{4-8}$$

$$S_i^{\cdot} = \begin{cases} 1, & T_2(S_i) > \text{rand}(\ ) \\ 0, & T_2(S_i) \leqslant \text{rand}(\ ) \end{cases} \tag{4-9}$$

$$T_2(S_i) = |\tanh(x)| \tag{4-10}$$

利用软件绘制 V 形函数图像和 S 形函数图像，通过可视化方式来分析。

2. 目标函数定义

变量选择一般需要考虑多个目标，这也要求进一步开展研究，使得智能优化算法转变为多目标智能优化算法。本节采用的目标函数主要包含如下目标：

$$f_1 = \frac{1}{n}\sum_{i=1}^{n} \text{acc}_i \tag{4-11}$$

$$f_2 = \frac{l}{p} \tag{4-12}$$

式中：acc_i 表示第 i 个测试数据的准确率；l 表示被选中的变量数；p 表示原始数据集的全部变量数。另外，可以将多个目标组合为单个目标，使单目标智能优化仍然适用。

$$\text{fitness} = a_2 f_2 - a_1 f_1 \tag{4-13}$$

4.3 变量选择的准则

变量选择的准则一般是指相应学习方法的泛化能力，这涉及评估模型在独立的测试数据上的预测能力。在变量选择中，泛化性能评估可以指导变量选择，并为变量选择方法的结果质量提供度量方法。

本节将分析泛化性能评估的关键技术方法，主要从偏倚、方差和模型复杂性之间的相互影响展开讨论。

4.3.1 偏倚、方差和模型复杂性

泛化性能评估是指在独立的测试数据上的预测能力，其定量表示可以通过数学期望来刻画。其统计建模步骤如下。

(1) 随机变量表示。用随机变量来一般化表示该问题，假设 (X,Y) 是联合随机变量，X 是输入随机向量，Y 是响应随机变量，$\hat{f}$ 是由已知训练样本估计的预测方程，$\hat{f}(X)$ 是输入随机向量的预测目标变量。

(2) 误差损失函数定义。定义响应随机变量 Y 与预测目标变量 $\hat{f}(X)$ 之间的误差随机变量，即误差损失函数 $L(Y,\hat{f}(X))$，常见的两种定义方式如下：

均方误差损失函数

$$L(Y,\hat{f}(X)) = (Y-\hat{f}(X))^2 \tag{4-14}$$

绝对误差损失函数

$$L(Y,\hat{f}(X)) = |Y-\hat{f}(X)| \tag{4-15}$$

(3) 误差损失函数度量。误差损失函数度量的定量表示通过其数学期望来定义，该定量表示被称为检验误差 (test error) 或泛化误差 (generalization error)，其数学表示如下：

$$\text{Err} = E[L(Y,\hat{f}(X))] \tag{4-16}$$

(4) 寻找预测方程 (模型)$\hat{f}$ 的泛化误差估计量。依据大数定律，上述数学期望是对任意随机抽样值取平均值，$\hat{f}$ 与训练样本的随机性相关，因而，期望值计算与样本随机性相关。针对已知的训练样本，计算其在训练样本上的平均损失，训练误差 (training error) 计算其在训练样本上的平均损失，计算公式如下：

$$\overline{\text{err}} = \frac{1}{n}\sum_{i=1}^{n} L(y_i,\hat{f}(x_i)) \tag{4-17}$$

其中，$\hat{f}$ 是在上述训练样本得出的，其预测误差一般会比训练样本外样本的预测误差小，因而，训练误差不是泛化误差的一种好的估计。

通过对比泛化误差与训练误差的差异性，发现泛化误差包含了更多的样本范畴，尤其是训练样本外的样本。而 $\hat{f}$ 在训练样本上和在训练样本外的差异性主要体现在 $\hat{f}$ 的复杂性上。以下分别从训练误差、泛化误差和模型复杂性的内在联系展开分析。

训练数据的真实数据都是已知的，因而训练误差可反映预测值和真实值的差异，将训练误差称为偏倚；泛化误差常常代表训练样本随机性引起的误差，因而泛化误差可反映 $\hat{f}$ 的方差；响应随机变量 Y 自身所带不可预测的波动性，称之为噪声；而上述误差与模型所在的函数类密切相关，称之为模型复杂性。

偏倚：度量了模型的期望预测和真实结果的偏差程度，刻画了模型本身的拟合能力。

方差：度量了同样尺寸的训练数据集的变动所导致的学习性能的变化，刻画了数据扰动所造成的影响。

噪声：表达了当前任务上任何模型所能达到的期望泛化误差的下界，刻画了学习问题本身的难度。

模型复杂性：模型所在函数类的成员可能的摆动幅度，刻画了模型学习本身的波动性。模型复杂性的度量是一个难题。万普尼克–泽范兰杰斯 (Vapnik-Chernovenkis，VC) 理论可提供模型复杂性的一般度量，并可推导出乐观性的相关界限。

对于训练误差，如果不考虑训练数据集的变动，即固定训练数据集，可以增加模型复杂性，使得模型可适应更复杂的结构，因而偏倚不断减小 (训练误差)，但模型方差会有所增加 (泛化误差)。比如，使用较高次数的多项式模型对训练数据进行拟合，训练误差会随模型复杂性增加 (多项式次数增加) 而减少，如果将模型复杂性增加到足够大，一般可以使训练误差减小到 0。然而，具有零训练误差的模型若拟合了训练数据，其泛化误差通常会很大。因此，需要研究这样一个问题，寻找最佳的模型复杂性，使得模型产生最小的泛化误差。

4.3.2 基于偏倚–方差分解的模型选择

假设模型具有调节参数或参数 α，且调节参数 α 可改变模型的复杂性，预测模型记为 $\hat{f}_\alpha(x)$，为简化符号，省略 $\hat{f}_\alpha(x)$ 对 α 的依赖，简记为 $\hat{f}(x)$。模型选择问题可表述为：对于一个给定的调节参数 α，利用训练数据集可求解出相应的预测模型，再估计出该预测模型在新数据上的泛化误差，计算出的泛化误差作为调节参数 α 的模型评估值，希望找到极小化泛化误差的 α 值。

在上述模型选择问题中，遇到以下两个难以度量的目标。

(1) 模型函数类的选择。评估不同模型所在函数类的性能，以便确定 (近似)

最好的模型函数类，即确定调节参数或参数 α。

(2) 模型评估。对于已经选定的模型，估计其在新数据上的泛化误差。

以下分别从试验方法和理论方法两个视角提供解决方案参考。

1. 试验方法

该方法主要分为数据集分解法、交叉验证法 (cross-validation) 和自助法 (bootstrap)。本节主要介绍数据集分解法；交叉验证法和自助法在后面小节专门介绍。

数据集分解法一般在数据量很大的前提下进行，它为上述两个问题提供了较好的解决方案。首先，随机地将数据集分成三部分，即训练集、验证集和测试集。训练集用于训练模型；验证集用于估计模型选择的预测误差，以防止模型对训练数据的过学习；测试集用于评估最终选定的模型的泛化误差。

在数据分解法中，测试集只能在最终选定的模型中使用一次。如果重复地使用了测试集，选择具有最小测试集误差的模型，那么，最终选定模型的测试误差将低于甚至远远低于真实的测试误差。

2. 理论方法

先来思考一个问题：机器学习 (machine learning) 与曲线拟合 (curve fitting) 的本质区别是什么？曲线拟合的目的很明确，就是使用所有的数据来拟合一条曲线；而机器学习则是抽样真实世界中的一小部分数据样本，并且希望用这一小部分数据样本来训练模型，使得训练后的模型能够对未知数据有不错的泛化性能。这里的泛化性能涉及偏倚–方差 (bias-variance) 的权衡。学习算法的泛化误差 (generalization error) 或预测误差可以分解为如下三个部分: 偏倚 (bias)、方差 (variance) 和噪声 (noise)。在估计学习算法泛化性能的过程中，噪声属于不可约减的误差 (irreducible error)，主要关注偏倚与方差。以下用公式来推导泛化误差与偏倚、方差、噪声之间的关系。

假定真实模型计算如下：

$$Y = f(X) + \varepsilon \tag{4-18}$$

式中：$E(\varepsilon) = 0$，$\mathrm{var}(\varepsilon) = \sigma_\varepsilon^2$。

假定使用均方误差损失函数，可以求出，对于任意自变量取值 $X = x_0$，拟合回归函数 $\hat{f}(X)$ 的预测误差期望如下：

$$\begin{aligned}
&\mathrm{Err}(x_0) = E[(Y - \hat{f}(x_0))^2|X = x_0] \\
&= E[(f(x_0) + \varepsilon - \hat{f}(x_0))^2] \\
&= E[(f(x_0) - \hat{f}(x_0))^2 + \varepsilon^2 + 2\varepsilon(f(x_0) - \hat{f}(x_0))]
\end{aligned}$$

$$
\begin{aligned}
&= E[(f(x_0) - \hat{f}(x_0))^2] + E[\varepsilon^2] + 2E[\varepsilon]E[f(x_0) - \hat{f}(x_0)] \\
&= E[(f(x_0) - E\hat{f}(x_0) + E\hat{f}(x_0) - \hat{f}(x_0))^2] + \sigma_\varepsilon^2 \\
&= E[(f(x_0) - E\hat{f}(x_0))^2 + 2(f(x_0) - E\hat{f}(x_0))(E\hat{f}(x_0) - \hat{f}(x_0)) \\
&\quad + (E\hat{f}(x_0) - \hat{f}(x_0))^2] + \sigma_\varepsilon^2 \\
&= E[(f(x_0) - E\hat{f}(x_0))^2] + 2E[f(x_0) - E\hat{f}(x_0)]E[E\hat{f}(x_0) - \hat{f}(x_0)] \\
&\quad + E[(E\hat{f}(x_0) - \hat{f}(x_0))^2] + \sigma_\varepsilon^2 \\
&= (f(x_0) - E\hat{f}(x_0))^2 + E[(E\hat{f}(x_0) - \hat{f}(x_0))^2] + \sigma_\varepsilon^2 \\
&= \text{Bias}^2(\hat{f}(x_0)) + \text{Var}(\hat{f}(x_0)) + \sigma_\varepsilon^2
\end{aligned}
\tag{4-19}
$$

上述公式推导展示了拟合回归函数 $\hat{f}(X)$ 的预测误差期望由以下三项组成：偏倚的平方、方差和噪声。第一项 (偏倚的平方) 是估计的平均值与真实均值之间的偏差；第二项 (方差) 是 $\hat{f}(x_0)$ 在其均值附近的期望平方差；第三项 (噪声) 是响应变量在其真实均值 $f(x_0)$ 附近的方差，它与对 $f(x_0)$ 的模型估计无关，是不可避免的误差部分。因此，模型学习的目标是通过控制模型复杂性，获得泛化性能好的模型，既能充分拟合数据 (偏倚较小)，又能使数据扰动产生的影响小 (方差较小)。

一般而言，$\hat{f}$ 的模型越复杂，偏倚的平方越小，但方差越大。最优的模型复杂性是在整体误差最小时，假设 err = Variance + Bias + Noise，令其对模型复杂性求导数为 0，求得其在拐点处满足如下公式：

$$
\frac{\text{d Bias}^2}{\text{d Complexity}} = -\frac{\text{d Variance}}{\text{d Complexity}} \tag{4-20}
$$

以上给出了寻找最优平衡点的数学描述。如果模型复杂性大于最佳点，则模型的方差会偏高，模型倾向于过拟合；然而，如果模型复杂性小于最佳点，则模型的偏倚会偏高，模型倾向于欠拟合。事实上，没有一种分析方法可以找到这个最佳位置。相反，必须使用预测误差的精确度量，探索不同级别的模型复杂性，然后选择使总体误差最小化的复杂性级别。

上述寻优过程的一个关键是选择一个准确的误差度量，使用不准确的误差度量会对模型结果产生较大的误导。本节将讨论多种准确度度量的方法，根据已有研究，基于重采样的度量方法 (如交叉验证法、自助法) 一般优先于基于理论的度量方法 (如 AIC 准则、BIC 准则)。

上述偏倚–方差分解分析能更好地认识模型的复杂性，并提供模型的改进方向，但其实用价值却很有限，因为并不知道数据的真实分布，偏倚和方差也就不能被真正地计算出来。偏倚–方差分解依赖于对所有数据集求平均，然而在实际应用中只有一个观测数据集。相反，基于重采样的度量方法则是通过采样技术来近似反映数据的真实分布，具有较大的探索价值。

4.3.3 偏倚–方差分解的实例分析

对于 K-最近邻回归算法，偏倚–方差分解推导公式如下：

$$
\begin{aligned}
\operatorname{err}(x_0) &= E\{[Y-\hat{f}(x_0)]^2|X=x_0\} \\
&= \sigma_\varepsilon^2 + (f(x_0)-E\hat{f}(x_0))^2 + E\{[E\hat{f}(x_0)-\hat{f}(x_0)]^2\} \\
&= \sigma_\varepsilon^2 + \left(f(x_0)-\frac{1}{k}\sum_{l=1}^{k} f(x_{(l)})\right)^2 \\
&\quad + E\left[\left(E\left[\frac{1}{k}\sum_{l=1}^{k} f(x_{(l)})\right]-\frac{1}{k}\sum_{l=1}^{k} f(x_{(l)})\right)^2\right] \\
&= \sigma_\varepsilon^2 + \left(f(x_0)-\frac{1}{k}\sum_{l=1}^{k} f(x_{(l)})\right)^2 + \frac{1}{k^2}E\left[\sum_{l=1}^{k}\{E[f(x_{(l)})]-f(x_{(l)})\}^2\right] \\
&= \sigma_\varepsilon^2 + \left(f(x_0)-\frac{1}{k}\sum_{l=1}^{k} f(x_{(l)})\right)^2 + \frac{1}{k^2}\sum_{l=1}^{k}E\left(\{E[f(x_{(l)})]-f(x_{(l)})\}^2\right) \\
&= \sigma_\varepsilon^2 + \left(f(x_0)-\frac{1}{k}\sum_{l=1}^{k} f(x_{(l)})\right)^2 + \frac{1}{k^2}\sum_{l=1}^{k}\sigma_\varepsilon^2 \\
&= \sigma_\varepsilon^2 + \left(f(x_0)-\frac{1}{k}\sum_{l=1}^{k} f(x_{(l)})\right)^2 + \frac{1}{k}\sigma_\varepsilon^2
\end{aligned}
\tag{4-21}
$$

一般而言，模型的可变性越大，则该模型的复杂性就越大。从这个视角来看，K 值越大，模型复杂性越低。对于较小的 K 值，估计的 $\hat{f}(x)$ 可以更好地自适应于 $f(x)$。因而，计算量与复杂性是有点自相矛盾的。

对于线性回归算法 $\hat{f}_p(x)=\hat{\boldsymbol{\beta}}^{\mathrm{T}}x$，其中参数向量 $\boldsymbol{\beta}$ 具有 p 个分量，且其估计值由最小二乘估计计算获得，如下所示：

$$
\hat{f}_p(x)=\boldsymbol{x}_0^{\mathrm{T}}(\boldsymbol{X}^{\mathrm{T}}\boldsymbol{X})^{-1}\boldsymbol{X}^{\mathrm{T}}y \tag{4-22}
$$

其偏倚–方差分解推导公式如下：

$$\begin{aligned}\mathrm{Err}(x_0) &= E[(Y-\hat{f}_p(x_0))^2|X=x_0] \\ &= \sigma_\varepsilon^2 + [f(x_0)-E\hat{f}_p(x_0)]^2 + ||\boldsymbol{h}(x_0)||^2\sigma_\varepsilon^2\end{aligned} \tag{4-23}$$

式中：$\mathrm{var}[\hat{f}_p(x_0)] = ||\boldsymbol{h}(x_0)||^2\sigma_\varepsilon^2$，其中，$\boldsymbol{h}(x_0)$ 是线性权重的 N 维向量。

上述方差 $||\boldsymbol{h}(x_0)||^2\sigma_\varepsilon^2$ 关于 x_0 变化，它在训练样本集上的平均值为 $\dfrac{p}{N}\sigma_\varepsilon^2$，因此，样本内 (in-sample) 误差如下：

$$\frac{1}{N}\sum_{i=1}^{N}\mathrm{Err}(x_i) = \mathrm{sigma}_\varepsilon^2 + \frac{1}{N}\sum_{i=1}^{N}[f(x_i)-E\hat{f}_p(x_i)]^2 + \frac{p}{N}\sigma_\varepsilon^2 \tag{4-24}$$

从上述推导可以看出，分量参数的个数 p 值越大，模型复杂性越高。因而，模型复杂性是由参数的个数 p 决定的。

4.3.4 平均残差平方和准则

平均残差平方和准则是一种基于训练误差的估计方法，它是一种偏向于乐观性的准则。它的典型定义如下：

$$\overline{\mathrm{err}} = \frac{1}{N}\sum_{i=1}^{N}L(y_i,\hat{f}(x_i)) \tag{4-25}$$

式中：$L(y_i,\hat{f}(x_i))$ 为平方误差损失函数。

考虑的参数的个数和估计的无偏性，调整的平均残差平方和 (MRSS) 用于一个评判回归方程模拟效果好坏，其定义如下：

$$\mathrm{MRSS} = \frac{N\overline{\mathrm{err}}}{N-p} \tag{4-26}$$

式中：N 是观测值；p 是回归方程中含有的自变量个数。

对于两个或两个以上的回归方程的比较，显然越小的那个回归方程的模拟效果也就越好。但是用此准则选变量有一个严重的缺陷，就是当数据中存在极端值 (异常值) 时，会受到严重的影响，用此准则选取变量就不再合适了。

在 MRSS 准则中，$\overline{\mathrm{err}}$ 将相同的数据用于拟合方法和评估它的误差，因此，训练误差 $\overline{\mathrm{err}}$ 将是泛化误差 Err 的乐观估计，即

$$\overline{\mathrm{err}} < \mathrm{Err} = E[L(Y,\hat{f}(X))] \tag{4-27}$$

对训练数据适当变换，来推理 $\overline{\text{err}}$ 的乐观性，样本内 (in-sample) 误差估计如下：

$$\text{Err}_{\text{in}} = \frac{1}{N}\sum_{i=1}^{N} E_y E_{Y^{\text{new}}} L(Y_i^{\text{new}}, \hat{f}(x_i)) \tag{4-28}$$

式中：Y^{new} 表示在每个训练输入点 x_i 的响应新观测点。

因此，乐观性 (optimism) 估计可以定义为上述两个误差的期望差，定义如下：

$$op = \text{Err}_{\text{in}} - E_y(\overline{\text{err}}) \tag{4-29}$$

在平方误差损失下，Err_{in} 和 $\overline{\text{err}}$ 表达式中增加和减去 $f(x_i)E\hat{f}(x_i)$，可以很一般地证明[66]：

$$op = \frac{2}{N}\sum_{i=1}^{N} \text{cov}(\hat{y}_i, y_i) \tag{4-30}$$

通过训练误差和乐观性估计，可以得出一般性关系式为

$$\text{Err}_{\text{in}} = E_y(\overline{\text{err}}) + \frac{2}{N}\sum_{i=1}^{N} \text{cov}(\hat{y}_i, y_i) \tag{4-31}$$

将上述乐观性的差值进行估计，形成更加准确的估计方法，这就是后面需要介绍的几种估计方法。一般来说，分析准则就是用一些理论依据去估计期望的测试误差。其基本形式为

准则 (criterion) = 训练误差 + 对参数数量的惩罚

4.3.5 C_p 准则

C_p 统计量是在 1964 年由马洛斯 (Mallows) 从回归预测的角度上提出的，又叫 Mallows C_p 统计量，它是一个可以用来选择自变量、帮助从多个回归模型之间选出最优模型的统计量。以多元线性回归为例，C_p 统计量为

$$\text{Err}_{\text{in}} = \overline{\text{err}} + 2\frac{p+1}{N}\sigma_\varepsilon^2 \tag{4-32}$$

式中：$\overline{\text{err}}$、σ_ε^2 是对回归模型误差的方差的估计；p 是变量的数量。

依据以上统计量，就可以得到一个与统计量有关的选择自变量的准则：选择使统计量达到最小的自变量集合，而这个自变量集合所构成的回归方程就是最优回归方程。用 C_p 准则的长处是：能够比较简单地计算出 C_p 值，计算方便；在含有自变量的个数不相同的模型之间也可以用 C_p 准则比较。

4.3.6 AIC 准则

AIC 准则，又称赤池信息量准则，是由日本的统计学家赤池弘次在 1974 年根据极大似然估计原理提出的一种模型选择的准则，AIC 准则不仅可以用来做回归方程的选择，也可以用于时间序列分析中回归模型的定阶。它的提出是建立在熵概念上的，可以用来衡量所估计模型的复杂度的同时也可以衡量模型拟合数据的优良性。

在一般情况下，考察某个含有 p 个参数的回归模型，AIC 准则可以表示为

$$\mathrm{AIC}=-\frac{2}{N}\times\ln L+\frac{2}{N}\times p \tag{4-33}$$

式中：$\ln L$ 是极大对数似然，在选取模型时，选取达到最小的模型是最优模型。

4.3.7 BIC 准则

BIC 准则的产生来自于贝叶斯方法，它的基本思想方法是首先假定在所有的被选模型 (即备选模型族) 上有一个均匀分布，接着利用样本分布来再求出所有模型上的后验分布，最后选出具有最大后验概率的模型，BIC 可表示为

$$\mathrm{BIC}=-2\times\ln L+(\ln N)\times p \tag{4-34}$$

使 BIC 达到最小的子集是最优的。

以上 BIC 准则给出的是线性回归下的 BIC。我们可以看到，上述准则形式与 AIC 很类似，差别在于对参数数量的惩罚项。一般情况下，当自变量的个数越多时，模型的复杂度也就越高。在 AIC 准则中，它对自变量个数的惩罚系数始终为 2，而对于 BIC 准则，其惩罚系数为 $\ln N$。可见，对于参数数量，BIC 会进行更大力度的惩罚，因此，BIC 往往也会选出更加简单的模型。

4.3.8 交叉验证法

这是一种训练数据集重用方法，它可用于近似地估计泛化误差。当数据量比较足够时，可把验证集预留出来，并用它来评价预测模型的性能。但是，通常数据量都比较缺乏，这种做法就不可行了。此时，K 折交叉验证使用部分数据拟合模型，而用不同的部分数据来验证模型。

K 折交叉验证把数据容量分成大致相等的 K 份，设 $\kappa:\{1,\cdots,N\}\mapsto\{1,\cdots,K\}$ 是一个指标函数。给定 $\hat{f}^{-k}(x,\alpha)$ 表示第 α 个模型拟合，则对于这个模型集，有

$$CV(\alpha)=\frac{1}{N}\sum_{i=1}^{N}L(y_i,\hat{f}^{-k}(x_i,\alpha)) \tag{4-35}$$

对 $CV(\alpha)$ 极小化来调整参数 $\hat{\alpha}$，求解最终选择的模型 $\hat{f}(x,\hat{\alpha})$。

4.3.9　PRESS 准则

PRESS (prediction error of square sum) 准则是一种回归自变量选择的准则，即预测误差平方和准则。这是一种训练数据集重用方法，它可用于近似地估计泛化误差。该准则是 Allen 在 1971 年提出的，它的基本思想是：设有 p 个自变量的 n 个观测值 $\boldsymbol{X}=(\boldsymbol{x}_1^{\mathrm{T}},\boldsymbol{x}_2^{\mathrm{T}},\cdots,\boldsymbol{x}_n^{\mathrm{T}})^{\mathrm{T}}$，$\boldsymbol{x}_i^{\mathrm{T}}=(\boldsymbol{x}_{i1}^{\mathrm{T}},\boldsymbol{x}_{i2}^{\mathrm{T}},\cdots,\boldsymbol{x}_{ip}^{\mathrm{T}})$ 和因变量 Y 的 n 个观测值，回归模型为

$$\boldsymbol{Y}=\boldsymbol{X}\boldsymbol{\beta}+\boldsymbol{\varepsilon} \tag{4-36}$$

式中：$\boldsymbol{\beta}=(\boldsymbol{\beta}_0,\boldsymbol{\beta}_1,\cdots,\beta_p)^{\mathrm{T}}$，$\boldsymbol{\beta}$ 表示回归系数列向量；$\boldsymbol{\varepsilon}=(\varepsilon_0,\varepsilon_1,\cdots,\varepsilon_n)^{\mathrm{T}}$，$\boldsymbol{\varepsilon}$ 表示残差列向量。当把第 $i(0<i\leqslant n)$ 个观测值去掉后，得到的新模型为

$$\boldsymbol{Y}^{(i)}=\boldsymbol{X}^{(i)}\boldsymbol{\beta}+\boldsymbol{\varepsilon}^{(i)} \tag{4-37}$$

通过最小二乘法得到 β 的估计 $\hat{\beta}^{(i)}$，从而计算出第 i 个观测值处的预测值 $x_i\hat{\beta}^{(i)}$，这时的预测偏差为

$$f_i=y_i-x_i\hat{\beta}^{(i)} \tag{4-38}$$

对每个观测值都这样做，然后计算其平方和如下：

$$\mathrm{PRESS}=\sum_{i=1}^{n}f_i^2 \tag{4-39}$$

变量选择的目标是寻找以 PRESS 最小的模型为最优回归模型。

4.3.10　自助法

这是一种训练数据集重用方法，它可用于近似地估计泛化误差。假设有一个训练数据集 $Z=(z_1,z_2,\cdots,z_n)$，其中 $z_i=(x_i,y_i)$，需要拟合一个模型。自助法的基本思路为：从训练数据集有放回地随机抽样，其抽样容量尺寸与原始训练数据容量尺寸相同；重复执行上述步骤 B 次，产生 B 个抽样数据集；对每个自助法抽样数据集进行模型学习，利用估计理论推断自助法的拟合行为。

1. 更广意义上的“参数”统计推断

假设训练数据集服从如下分布：

$$Z=(Z_1,Z_2,\cdots,Z_n)\sim P \tag{4-40}$$

其中

$$P\in(P_\theta|\theta\in\Theta)$$

P_n 是一个经验分布，它赋予每个训练数据 $\dfrac{1}{n}$ 的一个离散分布，即

$$P_n(A) = \frac{1}{n}\sum_{i=1}^{n} I(Z_i \in A) \tag{4-41}$$

一个从 P_n 中抽取且样本量为 n 的样本叫作自助法样本，自助法样本的分布记作

$$Z^* = (Z_1^*, Z_2^*, \cdots, Z_n^*) \sim P_n \tag{4-42}$$

以上分布情况都可转化为从分布中抽样，这样的理解方式就更加清晰了。

通过使用更广意义上的“参数”统计推断理论，假设基于样本的估计问题为估计量 $\hat{\theta}_n = g(Z_1, Z_2, \cdots, Z_n)$。以下主要考虑三个方面的问题，即估计 $\hat{\theta}_n$ 的方差、构建 $\hat{\theta}_n$ 的置信区间，以及自助法的有效性。

2. 自助法的方差估计量

每一个自助法样本都可以产生一个自助法估计，当执行自助法样本抽样 B 次时，就可以计算自助法估计的方差估计量了。自助法的方差估计量计算步骤如下。

(1) 从经验分布 P_n 中抽取自助法样本 $Z^* = \{Z_1^*, Z_2^*, \cdots, Z_n^*\}$，计算 $\hat{\theta}_n^* = g(Z_1^*, Z_2^*, \cdots, Z_n^*)$。

(2) 重复执行第 (1) 步 B 次，生成 B 个估计量 $\hat{\theta}_{n,1}^*, \hat{\theta}_{n,2}^*, \cdots, \hat{\theta}_{n,B}^*$。

(3) 计算自助法抽样估计的方差估计量

$$\hat{\text{var}}(\hat{\theta}_n) = \frac{1}{B}\sum_{i=1}^{B}(\hat{\theta}_{n,i}^* - \bar{\theta})^2 \tag{4-43}$$

其中

$$\bar{\theta} = \frac{1}{B}\sum_{i=1}^{B}\hat{\theta}_{n,i}^* \tag{4-44}$$

(4) 输出自助法抽样估计的方差估计量 $\hat{\text{var}}$。

以下定理阐述了 $\hat{\text{var}}(\hat{\theta}_n)$ 趋近于 $\text{var}(\hat{\theta}_n)$。在这个近似关系中，有两个误差的来源，一个是训练样本量 n 是有限的，另一个是自助法抽样次数 B 是有限的。然而，可以让 B 任意大 (在实践中，通常令 $B = 10000$ 就足够了)。因此可以忽略有限的 B 带来的误差。

定理 4.1 在适当的正则条件下，当训练样本量 $n \to \infty$ 时，有

$$\frac{\hat{\text{var}}(\hat{\theta}_n)}{\text{var}(\hat{\theta}_n)} \to_P 1 \tag{4-45}$$

3. 自助法的置信区间

每一个自助法样本都可以产生一个自助法估计，当执行自助法样本抽样 B 次时，就可以计算自助法估计的置信区间。自助法的置信区间计算步骤如下。

(1) 从经验分布 P_n 中抽取自助法样本 $Z^* = (Z_1^*, Z_2^*, \cdots, Z_n^*)$，计算 $\hat{\theta}_n^* = g(Z_1^*, Z_2^*, \cdots, Z_n^*)$。

(2) 重复执行第 (1) 步 B 次，生成 B 个估计量 $\hat{\theta}_{n,1}^*, \hat{\theta}_{n,2}^*, \cdots, \hat{\theta}_{n,B}^*$。

(3) 令

$$\hat{F}(t) = \frac{1}{B}\sum_{i=1}^{B} I(\sqrt{n}\hat{\theta}_{n,i}^* - \hat{\theta}_n) \leqslant t \tag{4-46}$$

(4) 令

$$C_n = \left(\hat{\theta}_n - \frac{t_{1-\alpha/2}}{\sqrt{n}}, \hat{\theta}_n - \frac{t_{\alpha/2}}{\sqrt{n}}\right) \tag{4-47}$$

其中

$$t_{\alpha/2} = \hat{F}^{-1}(\alpha/2)$$

$$t_{1-\alpha/2} = \hat{F}^{-1}(1-\alpha/2)$$

(5) 输出自助法抽样估计的置信区间 C_n。

以下定理阐述了自助法抽样估计的置信区间的有效性。

定理 4.2　在适当的正则条件下，当训练样本量 $n \to \infty$ 时，有

$$P(\theta \in C_n) = 1 - \alpha - O\left(\frac{1}{\sqrt{n}}\right) \tag{4-48}$$

4. 自助法的有效性

自助法的有效性可以通过对比两个分布刻画的近似性来实现。假设基于训练数据集的统计推断可通过以下分布来描述：

$$F_n(t) = P(\sqrt{n}(\hat{\theta}^* - \hat{\theta}_n) \leqslant t) \tag{4-49}$$

假设基于自助法的近似分布为

$$\hat{F}_n(t) = P(\sqrt{n}(\hat{\theta}^* - \hat{\theta}_n) \leqslant t|(Z_1, Z_2, \cdots, Z_n)) \tag{4-50}$$

自助法用 $\hat{F}_n(t)$ 来估计 $F_n(t)$，即考虑证明 $\hat{F}_n \approx F_n$，则自助法就具备有效性了。

4.3.11 损失函数

无论是对于变量选择评价还是预测模型评价，适当的损失函数定义是至关重要的。一般来说，损失函数用于衡量待评价模型的预测值和实际值的差异程度。依据模型的特点，会选取不同的损失函数作为评价标准。损失函数取值越小，通常模型的性能就越好。

从风险定义角度来看，损失函数分为经验风险损失函数和结构风险损失函数。经验风险损失函数是指预测结果和实际结果的差别；结构风险损失函数是指经验风险损失函数加上正则项。

本节介绍常见的损失函数，并分析其优缺点。

1. 0-1 损失函数

传统意义上，0-1 损失函数适用于分类问题，它直接对应分类判断错误的个数，其定义如下：

$$L(Y, f(X)) = \begin{cases} 1, & Y \neq f(X) \\ 0, & Y = f(X) \end{cases} \tag{4-51}$$

该函数易于理解，但是由于非凸的缘故，分析上不太适用。

为了将 0-1 损失函数推广至回归问题，考虑到上述条件中相等的条件严格性，我们可以放宽条件，提出含不敏感带的损失函数。

$$L(Y, f(X)) = \begin{cases} 1, & |Y - f(X)| > \varepsilon \\ 0, & |Y - f(X)| \leqslant \varepsilon \end{cases} \tag{4-52}$$

0-1 损失函数的另一个优势是其对异常点不敏感，这使得基于 0-1 损失函数的训练模型具有较好的稳健性。

2. 绝对值损失函数

为了反映模型预测值与实际值之间差异的具体值，绝对值损失函数引入绝对值来量化其差异性，其定义如下：

$$L(Y, f(X)) = |Y - f(X)| \tag{4-53}$$

绝对值损失函数虽然可以量化损失的大小，但是它在可导性、异常点敏感性等方面还有一定的局限性。

3. 平方损失函数

受到绝对值损失函数的启发，平方损失函数引入平方值来量化其差异性，其定义如下：

$$L(Y, f(X)) = (Y - f(X))^2 \tag{4-54}$$

平方损失函数不仅可以量化损失的大小，而且它在可导性上克服了绝对值损失函数的局限性。因此，平方损失函数被经常用于回归问题之中。

4. log 对数损失函数

在分类场景中，当我们需要用概率分布来描述每个分类类别的置信度时，log 对数损失函数能很好地刻画概率分布，其定义如下：

$$L(Y, P(Y|X)) = -\log P(Y|X) \tag{4-55}$$

log 对数损失函数在逻辑回归模型中得到很好的运用,但是它对噪声较为敏感。

5. 指数损失函数

通过引入指数函数，指数损失函数特别加大了对方向错误的惩罚力度，其定义如下：

$$L(Y, f(X)) = \exp(-yf(x)) \tag{4-56}$$

指数损失函数在 AdaBoost 模型中得到很好的运用，但是它对噪声、异常点非常敏感。

6. Hinge 损失函数

假设 $f(x)$ 的预测值在 -1 到 1 之间，目标值 y 为分类标记 -1 或 1。当严格定义分类数值时，Hinge 损失函数表示如果被分类正确，损失为 0；否则损失就为 $1-yf(x)$。

通过引入分类标记值，Hinge 损失函数专注于整体的误差，其定义如下：

$$L(Y, f(X)) = \max(0, 1 - yf(x)) \tag{4-57}$$

Hinge 损失函数在 SVM 模型中得到很好的运用。一般地，预测值在 -1 和 $+1$ 之间即可，并不鼓励超出 1，即并不鼓励分类器过度自信，让某个正确分类的样本距离分割线超过 1 并不会有任何奖励，从而使分类器对噪声、异常点不敏感。

7. 交叉熵损失函数

交叉熵损失函数 (cross-entropy loss function) 本质上是一种对数似然函数。针对多分类问题中的损失函数 (输入数据是 softmax 或者 sigmoid 函数的输出)，其定义如下：

$$L(Y, f(X)) = \frac{1}{n}\sum_{i=1}^{n} y_i \ln f(x_i) \tag{4-58}$$

针对二分类问题中的损失函数 (输入数据是 softmax 或者 sigmoid 函数的输出)，其定义如下：

$$L(Y, f(X)) = \frac{1}{n}\sum_{i=1}^{n}[y_i \ln f(x_i) + (1-y_i)\ln(1-f(x_i))] \tag{4-59}$$

式中：x 表示样本；y 表示实际的标签；$f(x)$ 表示预测的输出；n 表示样本总数量。

4.4 模拟分析试验设计

模拟分析试验的一个特点就是我们充分了解模拟数据的生成机制，这样也就具备了准确的评价标准。本节简要介绍模拟分析试验设计，以及不同视角的试验验证方法。

多元线性回归是一种通过一组自变量来预测一个因变量的统计分析方法[44]。本节以 Tibshirani[67] 创建的一个标准测试为例。在试验数据生成方面，从标准正态分布生成 $p = 8$ 个变量，其相关系数为成对相关 $\rho(X_i, X_j) = 0.5^{|i-j|}$，其中 $i \neq j$。基于上述自变量，目标变量 Y 是由以下回归方程生成：

$$Y = 3X_1 + 1.5X_2 + 2X_5 + \sigma\varepsilon \tag{4-60}$$

其中

$$\varepsilon \sim N(0, 1)$$

在试验设计方面，可以从不同视角来展开分析讨论，以下介绍几个不同视角：一是通过选择不同 σ (如 $\sigma = \{1, 3, 6\}$) 值展开分析讨论，重点考虑干扰方差对模型的影响；二是通过选择不同样本量 n (如 $n = \{100, 500, 1000\}$) 展开分析讨论，重点考虑样本信息量对模型的影响；三是通过选择不同评价标准 (如 AIC、BIC 等准则) 展开分析讨论，重点考虑评价标准对模型的影响；四是以上几个方面的交叉影响。还有其他多种视角，可以根据实际情况展开分析。

4.5 本章小结

在变量选择与因果推理的数据分析中，一个逻辑往往比一个数据分析结果更靠谱。数据分析结果可能是数据巧合所致，但是逻辑却蕴含了对事物的某种认知。做数据分析的步骤通常是这样的：首先有一个初始逻辑 (初始逻辑可能源于背景认知或数据分析)；然后通过这个逻辑设计一个算法；在这个算法基础上，可以通过模拟试验和真实数据案例进行验证，在验证过程中，也会形成对初始逻辑的迭代修正；反复进行以上步骤的迭代，从而形成更为成熟的逻辑和算法。

第 5 章 基于线性模型的复杂数据变量选择

针对复杂数据的高度相关性等特征，本章提出一种简单、有效的基于线性模型的变量选择模型。首先，本章利用信息理论，建立候选变量与目标变量之间的随机相关度量；其次，在此基础上利用集成学习，构建一种变量选择集成新方法，并从理论上证明了相关性度量、统计渐近性和三类变量的选择性能。数值模拟实验中，这一算法取得了很好的效果，并进行大样本和实际案例试验。通过模型对比试验，验证了该模型的优越性和有效性。

5.1 引 言

在回归问题中，目标变量由许多候选变量 (候选属性) 所刻画。其中，一个至关重要的问题是如何选择一个候选变量子集来描述目标变量，这就是变量选择 (或特征选择等) 问题[69-71]。

当前较为常用的方法是系数收缩法[9-11,72-74]，它可以在单个执行过程中同时完成变量选择和回归方程的系数收缩[12]。LASSO 和 LARS 是这个领域最优越、最流行的两种代表性方法[9,67]。虽然它们在许多变量选择问题中取得了具有吸引力的结果，并展示了实证表现，但在某些情况下也存在一些局限性。比如，如果模型中包含了一些具有高相关性的信息变量，LASSO 则只会选择其中一个或几个信息变量，而不选择其余的信息变量[12]。为了提升 LASSO 的表现性能，许多研究人员提出了新的算法，例如弹性网络 (elastic net)[73]、自适应 LASSO(adaptive LASSO)[75]、可变包含和收缩算法 (variable inclusion and shrinkage algorithms, VISA) [76-77]、放松 LASSO (relaxed LASSO)[78] 等。

从另一个角度来看，变量选择也可以被看作是一个离散的优化问题，其幂空间由 m 个候选变量所展开的 2^m 个变量子集组成。针对该离散优化问题，一般的做法是由一种搜索方法从所有 2^m 个可能的变量子集中搜寻出最优变量子集[79]。然而，在很多情况下，由于变量子集候选数为 2^m，很难对变量子集进行穷尽搜索。另外，该离散优化问题的目标函数也会随着评价准则而变化：包括最小化回归的误差平方和、AIC、BIC 等。因此，如何减少计算复杂度，并同时选取紧致且有效的变量是一个具有挑战性的问题。

众所周知，逐步选择算法比最优子集选择算法具有更低的计算复杂度。然而，由于逐步选择算法是基于所得到的嵌套序列的，因而它实际上是选择了次优的变量子集[80]。为了提升传统的逐步选择算法，Xin 和 Zhu[81] 提出了一种随机逐步 (stochastic stepwise，ST2E) 集成选择算法。该集成方法的每一步都会随机包括或排除一组变量，其变量组尺寸是随机决定的。单个集成选择模型并不需要穷尽搜索所有候选子集，而是只评估几个随机选择的子集。那么最好的单个集成模型是从所选子集中选出的。正如一个特殊的例子所展示的，Xin 和 Zhu 发现穷尽搜索的全局最优子集可能包含一些无关变量，而集成方法不需要穷举搜索就能找到最佳变量子集。这种集成学习算法由于显著地提升了传统算法的性能，受到了广泛的关注。

近年来，集成学习算法在解决预测问题方面取得了非常优越的效果[82-85]，受到这一思想的启发，集成学习的思想最近也被引入到变量选择问题的建模之中[86-89]。一般来说，变量选择集成 (ensembles for variable selection，VSES) 允许每一条优化路径 (每一条优化路径可视为单个集成) 产生次优而非最优解，同时使这些单个集成的解决方案尽可能是不同的。换言之，每个集成不需要穷尽地搜索变量子集，而是进行简单的搜索，以便能够使所有集成获得良好的强度-多样性之间的折中。根据这个强度-多样性权衡原则，为了提升一个 VSE 算法，所有集成成员必须是尽可能好的变量选择算法，同时，它们也必须尽可能彼此不同[90]。正如在文献 [91] 中所述的，提升 VSE 成员的强度、同时保持它们之间的多样性是设计一个更好 VSE 的策略。基于上述思想，将一种信息度量准则引入 ST2E 算法，提升每个集成成员的强度，提出一种新颖的集成学习框架。

在概率论与信息理论中，两个随机变量的相关性度量是一个基本的且有意思的问题。它在统计、信号处理、经济学等领域有很多应用。最流行的非线性和线性相关性度量分别是互信息和相关系数。两个随机变量 X 和 Y 的互信息 (mutual-information，MI) 是测量联合分布 $p(X,Y)$ 与因子边际分布的积 $p(X)p(Y)$ 的相似程度，因此，两个随机变量的 MI 是对变量相互依赖性的一种广义度量[92]。这种依赖关系不局限于线性依赖关系，它包括线性关系或非线性关系。Kojadinovic[93] 通过利用互信息 (MI) 的概念，对连续变量的凝聚层次聚类进行相似性度量。通常，基于 MI 的变量选择算法可以通过估计候选变量和目标变量之间的 MI，来构造一种滤波方法 [14,94-95]。但是，MI 的估计值通常会产生较大的误差，这使得上述选择算法的表现会受到一定的影响[96]。另外，MI 的取值也与变量维数有关，其范围也在区间 $[0,1]$ 之外。

相关系数仅用于度量两个变量的线性相依性。目前有两个简单的途径来解除这一局限性[97]：可以先用单个变量对目标变量进行非线性拟合，并根据拟合优度对这些变量进行排序，也可以采用非线性预处理 (例如，平方、取平方根、对数、逆等)，然后使用相关系数建模。因此，这种相关准则由于其简单、低计算成本和易于估计而在不同领域中被普遍采用[98]。此外，正如 Weston 等[99] 所述，微阵列数据分析总是采用相关系数准则作为测量标准。因此，相关系数准则是一个重要而有意义的研究课题。本节主要研究基于相关系数的变量选择。首先，数据库的统计或概率特性通过基于相关性的准则来测量，然后通过 AIC/BIC 性能来指导最佳变量子集的搜索。

本章改进了流行的最大相关最小冗余准则[13,100]。因为变量子集选择用于推断目标变量的信息量，特别关注基于目标变量的那部分共同冗余信息。因此，上述共同冗余信息是候选变量、已选择的变量子集和目标变量的共同信息量。显然，共同冗余的精确计算是一个挑战性任务。为了保持这一计算的不确定性，提出了一种随机的相关系数 (stochastic correlation coefficient，SCC) 方法，构建了一种新颖的最大相关最小共同冗余准则。这一准则能够提高 VSE 成员的强度，同时，SCC 的随机特性又能够保持它的多样性。

本章回顾了基于最大相关最小冗余的变量子集选择方法，提出了随机相关系数方法，进而提出变量选择集成方法，并且进行了仿真试验验证。

5.2 基于最大相关最小冗余的变量子集选择方法

对于一个变量选择问题，假定 $X_i, i=1,2,\cdots,p$ 是所有的自变量，Y 是目标变量 (因变量)。如果采用变量选择算法逐步地选择变量，在某一阶段，任何自变量有被选择或不被选择两个状态。基于此，假设其中一个为被选的变量子集 (记为集合 S)，另一个为不被选的变量子集 (记为集合 T)。显然，上述两个集合满足以下条件：$S\bigcup T=\{X_1,X_2,\cdots,X_p\}$，$S\bigcap T=\{\varnothing\}$，其中所有被选变量属于 S，所有不被选变量属于 T。因此，如果采用一种向前 (向后) 选择，那么需添加 (需删除) 的候选自变量属于 T (S)。

近年来，在分类领域中，有些学者提出了一些基于最大相关最小冗余准则的变量子集选择方法。在所有这些方法中，最大相关项和最小冗余项都用互信息方法进行度量：相关项计算待选变量与目标变量之间的相关性，而冗余项计算该待选变量与之前被选变量子集的冗余性[101]。

定义 5.1 给定离散随机变量 X，$X\in\Omega_X$ 和 Y，$X\in\Omega_Y$，X 的熵定义如下：

$$H(X)=-\sum_{x\in\Omega_X}p(x)\log_2(p(x)) \tag{5-1}$$

给定 Y 下 X 的条件熵定义如下：

$$H(X|Y)=-\sum_{x\in\Omega_X}\sum_{y\in\Omega_Y}p(x,y)\log_2(p(x|y)) \tag{5-2}$$

那么，X 和 Y 的互信息定义如下：

$$I(X;Y)=H(X)-H(X|Y) \tag{5-3}$$

定义 5.2　假定 $X_i \in T$ 是一个候选变量，Y 是类属性变量，$X_j \in S$ 是一个被选变量。定义：

(1) 任何候选变量 X_i 和类别变量 Y 之间的信息度量 $Relevance(X_i;Y)$ 称为相关项。

(2) 任何候选变量 X_i 和被选变量 X_j 之间的信息度量 $Redundancy(X_i;X_j)$ 称为冗余项。

为选择一个最优变量子集，Battiti[94] 首先提出了基于最大相关最小冗余的启发式 (mutual information，MI) 逼近准则 (mutual information feature selection, MIFS)，其目标函数如下：

$$f(X_i) = I(X_i;Y) - \beta \sum_{X_j \in S} I(X_i;X_j) \tag{5-4}$$

其中函数 f 估计变量 X_i 的适合度，β 调整相关性和冗余性之间减法的可比性。

参数 β 的选择是一个难题。较大的 β 使得上述算法更倾向于基于最小冗余性来选择变量，而较小的 β 使得上述算法更倾向于基于最大相关性来选择变量。为了解决上述难题，Peng 等[13] 提出最大相关最小冗余 (maximum relevance minimum redundancy, mRMR) 准则：

$$f(X_i) = I(X_i;Y) - \frac{1}{|S|} \sum_{X_j \in S} I(X_i;X_j) \tag{5-5}$$

利用 MI 的定义，Estevez 等[95] 得到了如下 MI 的区间范围：

$$0 \leqslant I(X_i;X_j) \leqslant \min\{H(X_i);H(X_j)\} \tag{5-6}$$

通过除以熵的最小值，进而在区间 $[0,1]$ 产生一个标准化值，从而提出了如下的一种正则化选择策略：

$$f(X_i) = I(X_i;Y) - \frac{1}{|S|} \sum_{X_j \in S} \frac{I(X_i;X_j)}{\min\{H(X_i);H(X_j)\}} \tag{5-7}$$

进一步，Vinh 等[14] 对上述选择准则的左边项进行正则化，提出了正则化互信息特征选择 (feature selection algorithm based on normalized mutual information, NMIFS) 准则：

$$f(X_i) = \frac{I(X_i;Y)}{\min\{H(X_i);H(Y)\}} - \frac{1}{|S|} \sum_{X_j \in S} \frac{I(X_i;X_j)}{\min\{H(X_i);H(X_j)\}} \tag{5-8}$$

所有这些基于最大相关最小冗余的变量子集选择方法可以概括为如下的表达式：

$$f(X_i) = Relevance(X_i;Y) - \beta \times \sum_{X_j \in S} Redundancy(X_i;X_j) \tag{5-9}$$

NMIFS 方法的一个问题是右边互信息项仅有一部分包含在左边互信息项中：在式 (5-8) 中，虽然减法的两项都在区间 $[0,1]$ 之内，但是式 (5-8) 的值可能在区间 $[0,1]$ 之外。比如，如果 $I(X_i;X_j) \geqslant I(X_i;Y)$，任意 $X_j \in S$，那么 $f(X_i) \leqslant 0$。一般来说，右侧的互信息项仅有一部分包含在左侧的互信息项之中。换句话说，冗余信息项和相关信息项是不可比的。

虽然该领域取得了显著的进步，但现有研究仍有以下两个局限性：第一，冗余项的估计依赖于一个确定性参数 β，但是参数 β 的选择是一个困难。较大的 β 使上述算法倾向于基于最小冗余来选择变量，而较小的 β 使上述算法倾向于基于最大相关性来选择变量。第二，由于难以从有限数量的样本中估计一个连续概率分布，这使得 MI 的归一化和计算过程变得复杂。为了克服上述局限性，提出了一种随机相关系数集成方法，来产生随机而不是确定性的权衡参数 β。因此，在下面的部分中，将研究回归中的基于随机相关系数集成的变量选择，这也是本章将要研究的问题。

5.3 一种新颖的最大相关最小共同冗余准则：随机相关系数

本节先引入一种随机相关系数方法，再讨论其信息变量的识别能力。提出的随机相关系数方法是基于提出的最大相关最小共同冗余准则的。

5.3.1 研究背景与动机

相关系数是衡量两个变量 X 和 Y 之间的线性相关性的统计指标[102]。

定义 5.3 对于总体 X 和 Y，总体相关系数 $\mathrm{cor}(X,Y)$ 定义如下：

$$\mathrm{cor}(X,Y) = \frac{\mathrm{cov}\,(X,Y)}{\sigma_X \sigma_Y} \tag{5-10}$$

式中：$\mathrm{cov}(\cdot)$ 表示协方差；σ_X 和 σ_Y 表示标准方差。

定义 5.4 假设样本 $(X_1,Y_1),(X_2,Y_2),\cdots,(X_n,Y_n)$ 独立同分布 (i.i.d.) 取自总体 (X,Y)。样本总体相关系数 $r(X,Y)$ 定义如下：

$$r(X,Y) = \frac{\sum\limits_{i=1}^{n} (X_i - \bar{X})(Y_i - \bar{Y})}{\sqrt{\sum\limits_{i=1}^{n} (X_i - \bar{X})^2} \sqrt{\sum\limits_{i=1}^{n} (Y_i - \bar{Y})^2}} \tag{5-11}$$

总体和样本相关系数的绝对值都小于等于 1。利用归一化方法，这些值与原始数据及其单位无关：$|\text{cor}|$ 代表两个变量间的线性相关度。为了方便起见，下面都使用绝对相关系数 $\text{cor} = |\text{cor}|$。在实际操作中，使用样本相关系数 $r(X,Y)$ 来估计总体相关系数 $\text{cor}(X,Y)$。

在线性模型中，我们发现变量选择与相关性、冗余性两个相关结构信息密切相关。假设 $X_i \in T$ 是一个候选自变量，Y 是目标变量，S 是已经选择的自变量子集。一方面是 X_i 与 Y 的相关性信息。把这个指标表示为 rel_cor_i，即

$$rel\_cor_i = \text{cor}(X_i, Y) \tag{5-12}$$

其中自变量 X_i 有被选择的可能性。如果 rel_cor_i 的绝对值比较大，表示加入自变量 X_i 后，模型能够获取更多有用的信息。因此，这个自变量 X_i 更有可能被选中。

另一方面，也需要考虑 X_i 与当前模型中的所有的自变量 (S) 间的冗余性信息。把这个指标表示为 red_cor_i，即

$$red\_cor_i = \text{cor}(X_i, S) \tag{5-13}$$

如果 red_cor_i 的绝对值比较小，表示自变量 X_i 的有用信息不能由已选定的自变量子集 S 推断出来。因此，这个自变量 X_i 更有可能被选中。

从相关性信息的角度来看，具有最大相关性的变量被选择的概率最大。从冗余信息的角度来看，具有最小冗余的变量被选择的概率最大。这可以给出一个选择变量的启示。认为以上两个指标 rel_cor_i 和 red_cor_i 共同决定将选择哪个变量，不能只考虑其中一个就做出决定。直观地说，具有较大的 rel_cor_i 和较小的 red_cor_i 的变量更有可能被选择，这形成了最大相关最小冗余准则。

本章提出了一种新颖的最大相关最小共同冗余准则：首先，为了使冗余信息项和相关信息项具有可比较性，该准则测量了公共冗余信息。然后，利用一种随机相关系数选择方法，构建了一种变量选择集成算法。依据现有文献，当前有两种方法可以将相关信息项和冗余信息项作为一个整体来考虑：一种方法是在 rel_cor_i 和 red_cor_i 之间建立一个折中的组合目标；另一种方法是分析 rel_cor_i 和 red_cor_i 之间的关系，然后通过将 rel_cor_i 和 red_cor_i 合并来建立变量选择模型。本章采用第二种方法。

5.3.2 基于相关系数的共同冗余信息测量

对于变量 $X_j \in S$(其中 S 是被选变量子集)，X_j 与一个候选变量 X_i 间的冗余信息比率可以由相应的样本相关系数来估计：

$$\text{cor}(X_i, X_j) = r(X_i; X_j) \tag{5-14}$$

大多基于相关系数的方法仅计算 $r(X_i;X_j)$，并没有考虑到新选入变量、已选变量集 S 与目标变量 Y 之间的冗余信息. 新选入变量应与 S 中的已选变量的冗余性较小，而与目标变量 Y 必须有较大的相关性。对于该冗余信息率 $\mathrm{cor}(X_i,X_j)$，我们专注于关于目标变量 Y 的那一部分公共冗余信息。为了使得冗余信息项和相关信息项进行比较，通过乘以式 (5-12) 定义的相关信息 rel_cor_i，本节引入共同相关系数，记为 com_red，定义如下：

$$com\_red(X_i,X_j,Y)=\alpha\times\mathrm{cor}(X_i;X_j)\times r(X_i,Y) \tag{5-15}$$

式中：α 是冗余信息的分布因子。如果冗余信息在 $r(X_i,Y)$ 中均匀分布，则 $\alpha=1$。

依据上述公式的定义，X_i, X_j 和 Y 之间的相关系数用于测量这些变量的公共信息量。类似地，将这个公共冗余信息定义 $com\_red(X_i,X_j,Y)$ 推广到 $com\_red(X_i,S,Y)$，定义如下：

$$com\_red(X_i,S,Y)=\alpha\times\mathrm{cor}(X_i;S)\times r(X_i,Y) \tag{5-16}$$

通过对所有的 $X_j\in S$ 和 X_i 之间的相关系数进行求和，可以得到

$$com\_red(X_i,S,Y)=\beta\times\sum_{X_j\in S}\{r(X_i;X_j)\}\times r(X_i,Y) \tag{5-17}$$

即

$$\alpha\times\mathrm{cor}(X_i;S)=\beta\times\sum_{X_j\in S}\{r(X_i;X_j)\} \tag{5-18}$$

考虑到累计求和式 $\sum\limits_{X_j\in S}\{r(X_i;X_j)\}$ 包含了 S 中的重叠和随机信息，能得到如下不等式：

$$0\leqslant\alpha\times\mathrm{cor}(X_i;S)\times r(X_i,Y)\leqslant\min\left\{r(X_i,Y),\sum_{X_j\in S}mr(X_i,X_j,Y)\right\} \tag{5-19}$$

其中

$$mr(X_i,X_j,Y)=\min\{r(X_i,X_j),r(X_j,Y)\}$$

因此，能得到参数 β 的如下范围：

$$0\leqslant\beta\leqslant\min\left\{\frac{1}{\sum\limits_{X_j\in S}[r(X_i;X_j)]},\frac{\sum\limits_{X_j\in S}mr(X_i,X_j,Y)}{\sum\limits_{X_j\in S}[r(X_i;X_j)]\times r(X_i,Y)}\right\} \tag{5-20}$$

5.3.3 随机相关系数选择

在本节中，利用相关系数 $r(X_i, Y)$，可以测量 X_i 和 Y 之间的相关信息项；同时，利用 $com\_red(X_i, S, Y)$，可以测量候选变量 X_i 和已选变量子集 S 关于目标变量 Y 的冗余信息项。因此，冗余信息项和相关信息项具有可比性。

依据最大相关最小共同冗余准则，最终的目标函数可以写为

$$f(X) = r(X;Y) - com\_red(X, S, Y) \tag{5-21}$$

从而得出具有最大信息度量的候选变量为

$$X^* = \arg\max_{X_i \in T} [f(X_i)] \tag{5-22}$$

式中：X^* 表示已选变量。利用式 (5-17)，最终的目标函数也可写为

$$f(X_i) = r(X_i;Y) \times \left[1 - \beta \times \sum_{X_j \in S} \{r(X_i;X_j)\}\right] \tag{5-23}$$

其中

$$0 \leqslant \beta \leqslant \min\left\{\frac{1}{\sum\limits_{X_j \in S}\{r(X_i;X_j)\}}, \frac{\sum\limits_{X_j \in S} mr(X_i, X_j, Y)}{\sum\limits_{X_j \in S}\{r(X_i;X_j)\} \times r(X_i, Y)}\right\}$$

冗余的累积求和 $\sum\limits_{X_j \in S}\{r(X_i;X_j)\}$ 包含了 S 中的重叠和随机信息，这使得参数 β 的选取成为一个难点问题。较大的 β 使得上述算法趋向于基于最小冗余项来选择变量，而较小的 β 使得上述算法趋向于基于最大相关项来选择变量。

在本节中，通过重复地随机选取权衡参数 β，提出了一种随机相关系数集成方法，避免了对权衡参数 β 取值的确定性优化问题。与现有的随机机制相比，这种随机相关系数 (SCC) 方法以新颖的最大相关最小共同冗余准则为指导原则，它可以提升 VSE 成员的强度。另外，权衡参数 β 的随机选取可以覆盖所有的随机信息，这可以保持 VSE 成员的多样性。因此，发现 SCC 可以提升 VSE 成员的强度，同时，SCC 的随机特性可以保持其多样性。

在该提出的 SCC 方法中，权衡参数 β 由均匀分布 $U\left[0, \min\left\{\frac{1}{\sum\limits_{X_j \in S}\{r(X_i;X_j)\}},\right.\right.$

$\left.\left.\frac{\sum\limits_{X_j \in S} mr(X_i, X_j, Y)}{\sum\limits_{X_j \in S} \{r(X_i; X_j)\} \times r(X_i, Y)}\right\}\right]$ 随机生成。下面证明式 (5-23) 是一种相关测量，即最终目标函数 (5-23) 取值在 $[0,1]$ 内。称这种类型的选择为标准化方法。有下述定理：

定理 5.1 对于任何候选变量 X_i，最终目标函数 $f(X_i)$ 如式 (5-23) 所示，有

$$0 \leqslant f(X_i) \leqslant 1 \tag{5-24}$$

证明 因为 β 由均匀分布

$$U\left[0, \min\left\{\frac{1}{\sum\limits_{X_j \in S}\{r(X_i; X_j)\}}, \frac{\sum\limits_{X_j \in S} mr(X_i, X_j, Y)}{\sum\limits_{X_j \in S}\{r(X_i; X_j)\} \times r(X_i, Y)}\right\}\right]$$

随机生成，可以得出

$$0 \leqslant \beta \leqslant \frac{1}{\sum\limits_{X_j \in S}\{r(X_i; X_j)\}}$$

依据式 (5-23)，易得

$$0 \leqslant f(X_i) \leqslant 1$$

因此，式 (5-24) 得证。

如上所述，SCC 方法可以使得最终目标函数取值在 $[0,1]$ 范围内。因此，我们称参数 β 为冗余因子。

5.4 基于随机相关系数和随机逐步的变量选择集成

在 5.3 节中，提出的随机相关系数 (stochastic correlation coefficient, SCC) 方法会选择具有最大相关最小共同冗余的变量作为最重要的变量。该算法一般在权衡参数 β 随机取值下选择变量的最优子集。然而，如果算法选择一个不良变量作为 S 中的第一个变量，则最终选择的变量集合 S 可能有较差的性能。当两个或两个以上的组合变量对目标变量的预测表现产生显著影响，而其中任何一个变量都不是占主导地位时，则上述情况可能会发生[96]。

受到上述分析的启发，利用逐步选择法来动态调整已选择的变量子集：在逐步选择的后向排除过程中，当其他候选变量被选入时，一旦已选择的变量对目标变量的影响不再显著时，它就可以排除这些变量。这是为什么 SCC 与逐步算法相结合的动机。基于上述分析，利用随机逐步算法 (stochastic step wise, ST2)，与 5.3 节提出的 SCC 算法相结合，本节提出一种变量选择集成方法。

5.4.1 随机逐步算法 (ST2)

传统的逐步选择是一种向前、向后两个方向组合执行，在每个步骤中都可以排除或选择变量的算法。该过程是先排除已选择的最不重要变量，然后重新考虑所有被排除的变量 (除了最近排除的) 重新引入模型中，重复交替执行上述两个方面。上述选择过程直到排除或包含步骤不能得到改善为止。

显然，逐步选择法比最佳子集选择搜索法具有更低的计算复杂度。然而，由于选择过程是基于所获得的嵌套序列的，逐步选择法实际上选择了次优子集。为了改进传统的逐步选择，Xin 和 Zhu[81] 提出了一种随机逐步选择法，该方法在每个步骤中随机地选择或排除一组变量，其中组的尺寸大小是随机确定的。它可以动态地调整所选择的变量组，并在 S 中排除一些不良变量。由于 ST2 的组尺寸大小一般大于 1，将产生大量的变量组候选。为了加快 ST2 的收敛速度，将上述 SCC 算法与 ST2 相结合。5.4.2 节将给出基于 SCC 的选择过程。

这里只需要确定参数 g_f (向前步的组大小)，g_b(后退步的组大小)，如下所示：

$$g = \phi_g(m) \tag{5-25}$$

$$\phi_g(m) \sim Unif(\Psi_m) \tag{5-26}$$

$$\Psi_m = \{1, 2, 3, \cdots, \lfloor \lambda m + 0.5 \rfloor\} \tag{5-27}$$

式中：m 为需要选择 (或排除) 的变量数；$Unif(\Psi_m)$ 为参数 Ψ_m，$0 < \lambda < 1$ 上的均匀分布；$\lfloor \cdot \rfloor$ 为取整函数。

这种做法有三个主要的原因[81]：对于式 (5-25)，组尺寸大小应该依据需要选择 (或排除) 的变量数 m 来确定。对于式 (5-26)，$\phi_g(m)$ 是一个随机、非确定性的函数，这使得可以评估多种组尺寸。对于式 (5-27)，每一个步骤不应该选择或排除太多的变量，也就是说，参数 $\lambda \times p$ 不应太大。因此，控制参数设置如下：$p < 30$ 时，$\lambda = 0.5$；$p \geqslant 30$ 时，$\lambda = 0.2$。

5.4.2 随机相关系数集成 (SCCE) 算法

一般来说，两个或更多组合变量，而不是占主导地位的一个，确定预测性能。基于此，在每个步骤中，随机地包括或排除一组变量，以形成关于组合尺寸的集成方法。对于每个集成成员，基于 SCC 的随机逐步算法可以详细描述如下。

1. 选择第一个变量

初始化：假设含 p 个候选变量的初始集合 $T = \{X_i, i = 1, 2, \cdots, p\}$，以及空集 $S = \{\varnothing\}$。

测量相对于目标变量的依赖关系：根据最大相关和最大互补准则，对于每个 $X_i \in T$，随机生成如下均匀分布，计算出信息量 $f_0(X_i)$ 为

$$U\left[r(X_i;Y) - \frac{3}{p-1}\sum_{X_j \in T, X_j \neq X_i}\{r(X_i;X_j)\}, r(X_i;Y)\right]$$

选择第一个变量：令 $X^* = \mathrm{argmax}_{i=1,2,\cdots,p}\{f_0(X_i)\}$，更新 $T = T - \{X^*\}$ 以及 $S = \{X^*\}$。

2. 重复执行

向前步：对于当前组之外的变量，添加 g_f 个最具信息量的变量，即

$$X^* = \underset{X_i \in T}{\mathrm{argmax}}\left\{r(X_i;Y) \times \left[1 - \beta \times \sum_{X_j \in S}\{r(X_i;X_j)\}\right]\right\} \tag{5-28}$$

其中，对于每个候选变量有

$$\beta \sim U\left[0, \min\left\{\frac{1}{\sum\limits_{X_j \in S}\{r(X_i;X_j)\}}, \frac{\sum\limits_{X_j \in S} mr(X_i, X_j, Y)}{\sum\limits_{X_j \in S}\{r(X_i;X_j)\} \times r(X_i, Y)}\right\}\right]$$

根据上述选择准则，可以选择一个新的变量组。

向后步：对于当前组中的变量，删除 g_b 个最不相关的变量，即

$$\hat{X} = \underset{X_s \in S}{\mathrm{argmin}}\left\{r(X_s;Y) \times \left[1 - \beta \times \sum_{X_j \in S, X_j \neq X_s}\{r(X_s;X_j)\}\right]\right\} \tag{5-29}$$

其中，对于每个候选变量有

$$\beta \sim U\left[0, \min\left\{\frac{1}{\sum\limits_{X_j \in S, X_j \neq X_s}\{r(X_i;X_j)\}}, \frac{\sum\limits_{X_j \in S, X_j \neq X_s} mr(X_i, X_j, Y)}{\sum\limits_{X_j \in S, X_j \neq X_s}\{r(X_i;X_j)\} \times r(X_i, Y)}\right\}\right]$$

根据上述选择准则，可以选择一个新的变量组。

3. 直至向前或向后步都不能使选择结果得到改善

为了更清楚地说明算法，随机相关系数集成 (stochastic correlation coefficient ensembles，SCCE) 的算法流程示意图如图 5.1 所示。接下来，给出 SCCE 的一

般性描述。假设有 p 个候选变量，一个 SCCE (集成尺寸为 B) 可以被表示为一个 $\boldsymbol{B}\times\boldsymbol{p}$ 矩阵，记为 $\boldsymbol{E}$，其中 $\boldsymbol{E}(b,1:p)$ 的第 b 行是由上述算法获得的第 b 个集成成员。将集成 $\boldsymbol{E}$ 视为一个整体，变量 j 的重要性通常可以通过以下等式来排序：

$$R(j)=\frac{1}{B}\sum_{b=1}^{B}\boldsymbol{E}(b,j) \tag{5-30}$$

那些排序得分比其余变量“高得多”的变量应该被选择[81]。在该算法中，当一个候选变量的重要性高于平均重要性时，则该变量将被选择。

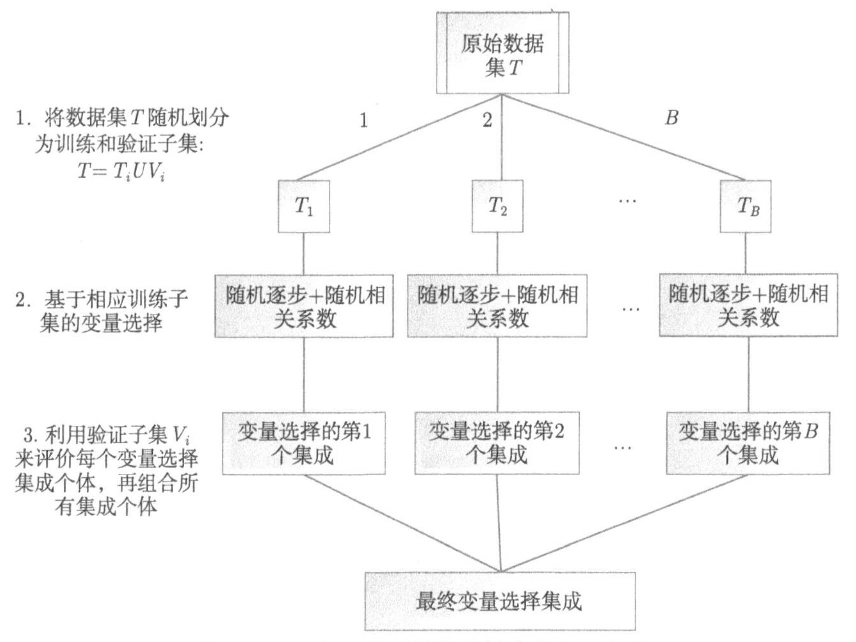

图 5.1　随机相关系数集成算法流程示意图

5.4.3　理论分析

集成方法的基本原理是：对于第 b 个集成，首先，生成一个随机向量 $\boldsymbol{\Theta}_b$，它与之前的随机向量 $\boldsymbol{\Theta}_1,\cdots,\boldsymbol{\Theta}_{b-1}$ 独立同分布；然后，利用训练数据子集和 $\boldsymbol{\Theta}_b$，形成第 b 个集成[37]。在该提出的随机相关系数集成 (SCCE) 中，随机向量 $\boldsymbol{\Theta}$ 包含了一些由给定的均匀分布独立同分布 (independent and identically distributed, IID) 产生的实数。

定义 5.5　一个变量选择 (variable selection，VS) 集成是一个 VS 算法，该集成由一组 VS 算法构成 $\{\boldsymbol{E}(\boldsymbol{\Theta}_b,X_j),b=1,\cdots,j=1,\cdots,p\}$，其中 $\{\boldsymbol{\Theta}_b\}$ 是独

立同分布 (IID) 随机向量，在给定的训练数据子集下，每个集成对选择的变量子集进行投票，即如果 X_j 被选中，则 $\boldsymbol{E}(\boldsymbol{\Theta}_b, X_j) = 1$；反之则 $\boldsymbol{E}(\boldsymbol{\Theta}_b, X_j) = 0$。

在 SCCE 中，$\boldsymbol{E}(b, j) = \boldsymbol{E}(\boldsymbol{\Theta}_b, X_j)$。对于大规模集成，可以得到如下收敛性结果。

命题 5.1 当集成尺寸 B 变大时，对于所有序列 $\boldsymbol{\Theta}_1, \cdots$，以及每个变量 X_j，有

$$\frac{1}{B}\sum_{b=1}^{B} I(\boldsymbol{E}(\boldsymbol{\Theta}_b, X_j) = 1) \rightarrow_{a.s.} P_{\Theta}(\boldsymbol{E}(\boldsymbol{\Theta}, X_j) = 1) \tag{5-31}$$

式中：$I(\cdot)$ 为示性函数；$\rightarrow a.s.$ 表示几乎处处收敛。

证明 对于一个固定的训练数据集，以及固定的 $\boldsymbol{\Theta}$，因为所有的序列 $\boldsymbol{\Theta}_1, \cdots$ 独立同分布于 $\boldsymbol{\Theta}$ 的样本，由大数定律，我们有

$$\frac{1}{B}\sum_{b=1}^{B} I(\boldsymbol{E}(\boldsymbol{\Theta}_b, X_j) = 1)$$

几乎处处收敛于 $P_{\Theta}(\boldsymbol{E}(\boldsymbol{\Theta}, X_j) = 1)$，得证。

对于线性回归中含 p 个变量的变量选择 (VS) 问题，可以将所有候选变量分为如下三组。

定义 5.6 假定 Y 是目标变量/因变量，cor 是如式 (5-10) 所示的总体相关系数，com_red 是如式 (5-17) 所示的共同冗余信息，定义如下。

(1) 相关变量子集，记为 RL，由回归方程中包含的真实变量组成。即 $X_i \in RL$ 当且仅当 $\operatorname{cor}(X_i, Y) > 0$，且 $\operatorname{cor}(X_i, Y) > com\_red(X_i, RL/\{X_i\}, Y)$。

(2) 无关变量子集，记为 IR，由无关变量组成，即 $X_i' \in IR$ 当且仅当 $\operatorname{cor}(X_i', Y) = 0$。

(3) 冗余变量子集，记为 RD，由有用的变量组成，但这些有用的变量依赖于一些相关变量，即 $X_i'' \in RD$ 当且仅当 $\operatorname{cor}(X_i'', Y) > 0$，且 $\operatorname{cor}(X_i'', Y) \leqslant com\_red(X_i'', RL, Y)$。

任何变量选择问题的目标应该选择相关变量，并且排除无关变量。对于冗余变量，它们可以看作是存在相依性的有用变量，比如两个相关变量[103]。在这个层面上，如果在测量一个相关变量时出现一个错误，预报器的预测效果可能会比较糟糕。另外，如果预测器考虑选择和上述相关变量高度相关的一个冗余变量，则可能纠正上述错误。基于上述分析，希望使冗余变量具有可选择性，然后利用 AIC/BIC 等性能准则，对这些冗余变量进行选择 (在这项工作中，如果样本大小 $n \leqslant 300$，则选择 AIC，否则选择 BIC)。因此，没有必要选择所有的冗余变量，但也许选择某些冗余变量有助于解决问题。下面来证明的算法 SCCE 能够达到上述选择效果。

定理 5.2　假设最终目标函数 $f(\cdot)$ 如式 (5-23) 所示。当样本尺寸 (n) 变大时，对于上述三类变量，有以下两个结论。

(1) 对于任意无关变量 $X_i' \in IR$，有

$$f(X_i') \to_{a.s.} 0 \tag{5-32}$$

此外，对于任意相关变量 $X_i \in RL$，存在序列空间 $\Theta_1, \Theta_2, \Theta_3, \cdots$ 上的概率为 0 的一个集合 C，使得该集合 C 外，都有 $f(X_i') < f(X_i)$。

(2) 给定任意相关变量 $X_i \in RL$，以及相应的最终目标函数 $f(X_i)$。对于任意冗余变量 $X_i'' \in RD$。那么，β 在选择上以概率 $\min\left\{1, \dfrac{f(X_i)}{r(X_i'', Y)}\right\}$ 有如下结论：

$$f(X_i'') \leqslant f(X_i) \tag{5-33}$$

证明　(1) 对于 $X_i \in RL$，根据定义，得到 $\operatorname{cor}(X_i, Y) > 0$。因此，当样本尺寸增大时，根据大数定律，有

$$r(X_i, Y) \to_{a.s.} \operatorname{cor}(X_i, Y)$$

即当 n 增大时，$f(X_i) > 0$。

对于 $X_i' \in IR$，根据定义，得到 $\operatorname{cor}(X_i', Y) = 0$。因此，当样本尺寸增大时，根据大数定律，有

$$r(X_i', Y) \to_{a.s.} \operatorname{cor}(X_i', Y) = 0$$

即当 n 增大时，$f(X_i') \to 0$。

结合上述两个方面，得证。

(2) 结论 2 等价于证明：β 选择上至少以概率 $\min\left\{1, \dfrac{f(X_i)}{r(X_i'', Y)}\right\}$ 有

$$r(X_i'', Y) \times [1 - \beta \times \sum_{X_j \in S} \{r(X_i''; X_j)\}] \leqslant f(X_i)$$

即

$$\beta \geqslant \frac{r(X_i'', Y) - f(X_i)}{r(X_i'', Y) \times \sum\limits_{X_j \in S} \{r(X_i''; X_j)\}}$$

当样本尺寸增大时，根据冗余变量的定义，以及大数定律，有

$$\min\left\{\frac{1}{\sum\limits_{X_j \in S} r(X_i''; X_j)}, \frac{\sum\limits_{X_j \in S} mr(X_i'', X_j, Y)}{r(X_i'', Y) \sum\limits_{X_j \in S} r(X_i''; X_j)}\right\} = \frac{1}{\sum\limits_{X_j \in S} r(X_i''; X_j)}$$

因为

$$0 \leqslant \beta \leqslant \min\left\{\frac{1}{\sum\limits_{X_j \in S}\{r(X_i;X_j)\}}, \frac{\sum\limits_{X_j \in S} mr(X_i,X_j,Y)}{\sum\limits_{X_j \in S}\{r(X_i;X_j)\} \times r(X_i,Y)}\right\}$$

得到，如果 $f(X_i) \geqslant r(X_i'',Y)$，则有

$$P(f(X_i'') \leqslant f(X_i)) = 1$$

否则，

$$\begin{aligned}
P(f(X_i'') \leqslant f(X_i)) &= P\left(\frac{r(X_i'',Y)-f(X_i)}{r(X_i'',Y)\sum\limits_{X_j \in S} r(X_i'';X_j)} \leqslant \beta \leqslant \frac{1}{\sum\limits_{X_j \in S} r(X_i'';X_j)}\right) \\
&= \frac{\dfrac{1}{\sum\limits_{X_j \in S} r(X_i'';X_j)} - \dfrac{r(X_i'',Y)-f(X_i)}{r(X_i'',Y)\sum\limits_{X_j \in S} r(X_i'';X_j)}}{\dfrac{1}{\sum\limits_{X_j \in S} r(X_i'';X_j)} - 0} \\
&= \frac{f(X_i)}{r(X_i'',Y)}
\end{aligned}$$

综合上述两种情况，定理得证。

上述定理确保所提出的 SCCE 可以选择相关变量，排除无关变量，并控制冗余变量的使用。

5.5 仿 真 研 究

在本节中，通过两个仿真研究 (具有高度相关性的数据特征) 和四个真实数据集，对所提出的随机相关系数集成 (SCCE) 方法进行验证和分析。同时，SCCE 也将与多个流行的算法进行比较。

5.5.1 标准测试

本节将对一个广泛使用的标准测试进行模拟。首先，从标准正态分布生成 $p=8$ 个变量，其相关系数为成对相关 $\rho(X_i,X_j)=0.5^{|i-j|}$，其中 $i \neq j$。基于上述自变量，目标变量 Y 是由以下回归方程生成：

$$Y = 3X_1 + 1.5X_2 + 2X_5 + \sigma\varepsilon \tag{5-34}$$

其中

$$\varepsilon \sim N(0,1)$$

该例子由 Tibshirani[67] 首次使用，此后，它一直被大多数变量选择方面的发表论文所采用。依据这些工作，选择 $\sigma = \{1, 3, 6\}$ 三个值。

在表 5.1 中，前六种方法的结果是从 Fan 和 Li[104] 的文献中复制的，而三种 VSEs(即 ST2E、PGA 和 stability selection) 方法是从 Xin 和 Zhu[81] 的文献中复制的。虽然随机 LASSO 在选择相关变量方面具有良好的性能，但它在排除噪声变量方面却性能较差。显然，集成方法比其他方法具有更好的性能。对于这些集成方法，基于相对较大 $\lambda_{\min}$ 的稳定性选择 (stability selection) 在排除噪声变量方面比 SCCE 具有稍好的性能，但它在选择相关变量方面比 SCCE 又具有更差的性能。为了提高它在选择相关变量上的性能，必须设置一个更小 $\lambda_{\min}$，但这又必然会导致选择更多的噪声变量。总体来看，提出的 SCCE 在这个标准测试上具有最好的表现。

表 5.1　广泛使用的标准测试

方法	$X_j \in$ 信号 $(j = 1, 2, 5)$			$X_j \in$ 噪声 $(j = 3, 4, 6, 7, 8)$		
	Min.	Median	Max.	Min.	Median	Max.
$n = 50, \sigma = 1$						
LASSO	100	100	100	46	58	64
Adaptive LASSO	100	100	100	23	27	38
Elastic net	100	100	100	46	59	64
Relaxed LASSO	100	100	100	10	15	19
VISA	100	100	100	11	17	20
Random LASSO	100	100	100	28	33	44
ST2E	100	100	100	1	1	8
PGA	100	100	100	0	2	6
稳定性选择						
$\lambda_{\min} = 1.5$	75	86	100	0	0	2
$\lambda_{\min} = 1$	100	100	100	0	0	2
$\lambda_{\min} = 0.5$	100	100	100	0	0	7
SCCE	100	100	100	0	4	19
$n = 50, \sigma = 3$						
LASSO	99	100	100	48	55	61
Adaptive LASSO	95	99	100	33	40	48
Elastic net	100	100	100	44	55	69
Relaxed LASSO	93	100	100	11	18	21
VISA	97	100	100	15	21	24
Random LASSO	99	100	100	45	57	68
ST2E	89	96	100	4	12	20
PGA	82	98	100	4	7	11
稳定性选择						
$\lambda_{\min} = 1.5$	59	64	100	0	0	3
$\lambda_{\min} = 1$	81	83	100	0	2	9
$\lambda_{\min} = 0.5$	90	98	100	4	8	22
SCCE	96	98	100	1	4	21

续表

方法	$X_j \in$ 信号 $(j=1,2,5)$			$X_j \in$ 噪声 $(j=3,4,6,7,8)$		
	Min.	Median	Max.	Min.	Median	Max.
$n=50, \sigma=6$						
LASSO	76	85	99	47	49	53
Adaptive LASSO	62	76	96	32	36	38
Elastic net	85	92	100	43	51	70
Relaxed LASSO	60	70	98	15	19	21
VISA	61	72	98	15	19	24
Random LASSO	92	94	100	40	48	58
ST2E	68	69	96	9	13	21
PGA	54	76	94	9	14	16
稳定性选择						
$\lambda_{\min}=1.5$	40	41	83	0	4	8
$\lambda_{\min}=1$	59	61	92	4	8	18
$\lambda_{\min}=0.5$	76	84	100	30	42	50
SCCE	67	74	98	2	8	18

注：不同类型的变量 (信号与噪声) 选择最小的、中等的和最大的次数 (100 次模拟中)。

5.5.2 高度相关的预测因子

在本节中，利用基于高度相关和反向相关系数的预测因子进行模拟实验，来评估这些变量选择方法。从如下标准正态分布随机生成 $p=40$ 个变量：第一组的三个变量之间具有成对相关值 0.9 的高相关性，第二组的三个变量之间也具有成对相关值 0.9 的高相关性，而其余 34 个变量是相互独立的。上述变量组之间是相互独立的。目标变量 Y 由以下回归方程生成：

$$Y = 3X_1 + 3X_2 - 2X_3 + 3X_4 + 3X_5 - 2X_6 + \sigma\varepsilon \tag{5-35}$$

其中

$$\varepsilon \sim N(0,1)$$

$$\sigma = 6$$

在表 5.2 中，前六种方法的结果是从王波等学者于 2011 年发表的有关文献中复制的，而后三种 VSEs (即 ST2E、PGA 和稳定性选择) 方法是从 Xin 和 Zhu[81] 的文献中复制的。如表 5.2 所示，SCCE、ST2E 和随机 LASSO 在本仿真实验中比其他方法都有更好的表现。这表明一些随机的想法有利于实现更优越的性能。PGA 在重要变量的选择频率上比 SCCE 低得多。稳定性选择在重要变量的选择上同样表现较差。这个模拟实验清楚地验证了 SCCE 是一个健壮的 VSE：与其他变量选择算法相比，SCCE 在选择重要变量和排除不重要变量方面取得了具有竞争性的试验表现。

表 5.2　高度相关的预测因子

方法	$X_j \in$ 信号 $(j=1,2,\cdots,6)$			$X_j \in$ 噪声 $(j=7,8,\cdots,40)$		
	Min.	Median	Max.	Min.	Median	Max.
$n=50$						
LASSO	11	70	77	12	17	25
Adaptive LASSO	16	49	59	4	8	14
Elastic net	63	92	96	9	17	23
Relaxed LASSO	4	63	70	0	4	9
VISA	4	62	73	1	3	8
Random LASSO	84	96	97	11	21	30
ST2E	85	96	100	18	25	34
PGA	55	87	90	14	23	32
稳定性选择						
$\lambda_{\min}=1.5$	1	35	42	1	5	13
$\lambda_{\min}=1$	1	37	45	7	13	22
$\lambda_{\min}=0.5$	1	40	52	31	42	54
SCCE	95	97.5	98	9	14.5	21
$n=100$						
LASSO	8	84	88	12	22	31
Adaptive LASSO	17	62	72	4	10	14
Elastic net	70	98	99	7	14	21
Relaxed LASSO	3	75	84	1	3	8
VISA	3	76	85	1	4	9
Random LASSO	89	99	99	8	14	21
ST2E	93	100	100	14	21	27
PGA	40	85	92	13	22	33
稳定性选择						
$\lambda_{\min}=1.5$	1	67	73	3	8	13
$\lambda_{\min}=1$	2	69	75	13	26	32
$\lambda_{\min}=0.5$	3	71	78	60	72	78
SCCE	99	100	100	5	11.5	20

注：被选的不同类型变量 (信号与噪声) 的最小值、中值和最大值的次数 (100 个模拟)。

5.5.3　样本大小的影响

如表 5.3 所示，当样本大小 n 增大时，通过 1000 次数值仿真，分析了样本大小 n 对 SCCE 表现性能的影响 (即报道每个实例下 1000 个数据集的实验结果)。针对上述四个实例，以及两种样本大小 n 为 500、1000，执行 1000 次数值仿真，记录两种变量 (相关变量和噪声变量) 被选中的最小、中值和最大次数。表 5.3 还报告了所选择的比率，这可以更清楚地看到 n 的影响。对于该标准测试，当 $\sigma=1$；n 为 500、1000 时的选择比率分别为 $(1,1,0.007,0.007,1,0,0,0)$ 和 $(1,1,0.011,0.003,1,0,0,0)$。因此，在本实例中，SCCE 对于 n 为 500、1000 都具有优越的性能。对于 $\sigma=3$ 和 $\sigma=6$，当 n 增大时，相关变量被选择的可能性增加，同时噪声变量被选择的可能性减少。特别地，SCCE 对于 $n=1000$ 都具有优越的性能。对于高度相关的预测因子，当 n 增大时，所有相关变量都被选择，所有噪声变量很少被选择。值得注意的是噪声变量与扰动项 $\sigma\varepsilon$ 之间可能存在随机相关性，这也会使一些噪声变量被选择。

表 5.3　样本大小的影响

广泛使用的基准							
样本大小	指标	$X_j \in$ 信号 $(j=1,2,5)$			$X_j \in$ 噪声 $(j=3,4,6,7,8)$		
		Min.	Median	Max.	Min.	Median	Max.
$n=500,\sigma=1$	选择次数	1000	1000	1000	0	0	7
	选择比率	1	1	1	0	0	0.007
$n=500,\sigma=3$	选择次数	1000	1000	1000	0	2	12
	选择比率	1	1	1	0	0.002	0.012
$n=500,\sigma=6$	选择次数	996	1000	1000	0	1	27
	选择比率	0.996	1	1	0	0.001	0.027
$n=1000,\sigma=1$	选择次数	1000	1000	1000	0	0	11
	选择比率	1	1	1	0	0	0.011
$n=1000,\sigma=3$	选择次数	1000	1000	1000	0	0	3
	选择比率	1	1	1	0	0	0.003
$n=1000,\sigma=6$	选择次数	1000	1000	1000	0	0	12
	选择比率	1	1	1	0	0	0.012
高度相关的预测因子							
样本大小	指标	$X_j \in$ 信号 $(j=1,2,\cdots,6)$			$X_j \in$ 噪声 $(j=7,8,\cdots,40)$		
		Min.	Median	Max.	Min.	Median	Max.
$n=500,\sigma=6$	选择次数	1000	1000	1000	6	13	22
	选择比率	1	1	1	0.006	0.013	0.022
$n=1000,\sigma=6$	选择次数	1000	1000	1000	5	11	18
	选择比率	1	1	1	0.005	0.011	0.18

注：随着样本大小 n 的增加，SCCE 选择变量 (信号和噪声) 的最小、中间和最大次数 (1000 次模拟中)。

5.5.4 真实数据集实例

本节将提出的方法应用到四个真实数据集实例，即波士顿住房 (Boston housing) [105]、帕金森远程监护 (parkinsons telemonitoring)[106]、白葡萄酒质量 (white wine quality) 和红葡萄酒质量 (red wine quality)[107]。这些数据集可从 UCI 机器学习库 (http://archive.ics.uci.edu/ml/) 中获得。依据 Mkhadri 等的论文的试验设计，增加两类不相关变量可以验证提出方法的稀疏性。在本试验中，10 个变量从均匀分布 $U(0,1)$ 随机抽取，其余的变量是由原始协变量的随机排列生成[108]。这些真实数据集的详细描述如表 5.4 所示。

为了比较两种具有竞争力的集成学习方法，把 ST2E 和 SCCE 应用到上述四个真实数据实例的变量选择问题中。集成的尺寸设为 $B=100$。为了评估选择方法的性能，数据集在每个集成中被随机地分为两部分，即 ST2E 和 SCCE。波士顿住房、帕金森远程监护、白葡萄酒质量和红葡萄酒质量四个数据集的训练数据子集尺寸分别为 400、1000、4000 和 1400。然后，将相应的剩余观测数据设置为测试数据子集。表 5.5 ～ 表 5.7 给出原始自变量和两类无关变量的两种集成方法 ST2E 和 SCCE 的试验选择结果。以波士顿住房数据集为例，可以得到以下结论：对于 13 个协变量，ST2E 和 SCCE(集成尺寸 $B = 100$) 的平均选择比率分别为 0.8484615 和 0.9507692。显然，SCCE 比 ST2E 具有更高的重要变量选择频率，这表明 SCCE 在寻找真实信号变量方面具有良好的性能。对于均匀分布

表 5.4　仿真试验中的真实数据集

序号	数据集	变量数	样本数	训练子集大小
1	波士顿住房	13(原始协变量) + 10(从均匀分布随机抽取) + 13(原始协变量随机排列)	506	400
2	帕金森远程监护	21(原始协变量) + 10(从均匀分布随机抽取) + 21(原始协变量随机排列)	1319	1000
3	白葡萄酒质量	11(原始协变量) + 10(从均匀分布随机抽取) + 11(原始协变量随机排列)	4898	4000
4	红葡萄酒质量	11(原始协变量) + 10(从均匀分布随机抽取) + 11(原始协变量随机排列)	1599	1400

表 5.5　原始自变量的试验选择结果

数据集	方法	指标	选择结果
波士顿住房 (变量号: 1 ⟶ 13)	ST2E	选择次数	(92, 93, 12, 96, 100, 100, 11, 100, 100, 99, 100, 100, 100)
		选择比率	(0.92, 0.93, 0.12, 0.96, 1, 1.11, 1, 1, 0.99, 1, 1, 1)
	SCCE	选择次数	(100, 98, 100, 50, 100, 100, 88, 100, 100, 100, 100, 100, 100)
		选择比率	(1, 0.98, 1, 0.5, 1, 1, 0.88, 1, 1, 1, 1, 1, 1)
帕金森远程监护 (变量号: 1 ⟶ 21)	ST2E	选择次数	(39, 10, 3, 0, 100, 98, 100, 100, 100, 20, 100, 38, 100, 92, 99, 100, 88, 31, 100, 78, 100)
		选择比率	(0.39, 0.1, 0.03, 0, 1, 0.98, 1, 1, 1, 0.2, 1, 0.38, 1, 0.92, 0.99, 1, 0.88, 0.31, 1, 0.78, 1)
	SCCE	选择次数	(91, 0, 0, 0, 100, 3, 100, 100, 100, 100, 100, 100, 100, 99, 100, 100, 100, 100, 100, 100, 100)
		选择比率	(0.91, 0, 0, 0, 1, 0.03, 1, 1, 1, 1, 1, 1, 1, 0.99, 1, 1, 1, 1, 1, 1, 1)
白葡萄酒质量 (变量号: 1 ⟶ 11)	ST2E	选择次数	(100, 100, 0, 100, 60, 100, 38, 100, 100, 100, 100)
		选择比率	(1, 1, 0, 1, 0.6, 1, 0.38, 1, 1, 1, 1)
	SCCE	选择次数	(100, 100, 0, 100, 100, 10, 100, 100, 100, 100, 100)
		选择比率	(1, 1, 0, 1, 1, 0.1, 1, 1, 1, 1, 1)
红葡萄酒质量 (变量号: 1 ⟶ 11)	ST2E	选择次数	(92, 100, 89, 1, 100, 63, 100, 33, 100, 100, 100)
		选择比率	(0.92, 1, 0.89, 0.01, 1, 0.63, 1, 0.33, 1, 1, 1)
	SCCE	选择次数	(75, 100, 100, 0, 100, 0, 100, 80, 18, 100, 100)
		选择比率	(0.75, 1, 1, 0, 1, 0, 1, 0.8, 0.18, 1, 1)

表 5.6 无关变量 Uniform (0, 1) 的试验选择结果

数据集	方法	指标	选择结果
波士顿住房 (变量号: 14 ⟶ 23)	ST2E	选择次数	(8, 4, 7, 9, 5, 4, 11, 2, 5, 11)
		选择比率	(0.08, 0.04, 0.07, 0.09, 0.05, 0.04, 0.11, 0.02, 0.05, 0.11)
	SCCE	选择次数	(0, 0, 0, 0, 1, 0, 0, 0, 0, 0)
		选择比率	(0, 0, 0, 0, 0.01, 0, 0, 0, 0, 0)
帕金森远程监护 (变量号: 22 ⟶ 31)	ST2E	选择次数	(4, 10, 6, 15, 10, 5, 10, 10, 6, 14)
		选择比率	(0.04, 0.1, 0.06, 0.15, 0.1, 0.05, 0.1, 0.1, 0.06, 0.14)
	SCCE	选择次数	(0, 0, 0, 0, 0, 0, 0, 0, 0, 0)
		选择比率	(0, 0, 0, 0, 0, 0, 0, 0, 0, 0)
白葡萄酒质量 (变量号: 12 ⟶ 21)	ST2E	选择次数	(9, 10, 8, 7, 8, 7, 6, 4, 6, 17)
		选择比率	(0.09, 0.1, 0.08, 0.07, 0.08, 0.07, 0.06, 0.04, 0.06, 0.17)
	SCCE	选择次数	(0, 1, 0, 1, 1, 0, 0, 0, 1, 0)
		选择比率	(0, 0.01, 0, 0.01, 0.01, 0, 0, 0, 0.01, 0)
红葡萄酒质量 (变量号: 12 ⟶ 21)	ST2E	选择次数	(10, 10, 13, 12, 5, 8, 10, 6, 10, 8)
		选择比率	(0.1, 0.1, 0.13, 0.12, 0.05, 0.08, 0.1, 0.06, 0.1, 0.08)
	SCCE	选择次数	(0, 0, 1, 0, 1, 0, 0, 1, 0, 0)
		选择比率	(0, 0, 0.01, 0, 0.01, 0, 0, 0.01, 0, 0)

表 5.7 基于随机置换的无关变量的试验选择结果

数据集	方法	指标	选择结果
波士顿住房 (变量号: 24 ⟶ 36)	ST2E	选择次数	(10, 14, 9, 3, 10, 13, 6, 6, 12, 13, 10, 6, 9)
		选择比率	(0.1, 0.14, 0.09, 0.03, 0.1, 0.13, 0.06, 0.06, 0.12, 0.13, 0.1, 0.06, 0.09)
	SCCE	选择次数	(0, 0, 0, 0, 0, 1, 0, 0, 0, 0, 0, 0, 1)
		选择比率	(0, 0, 0, 0, 0, 0.01, 0, 0, 0, 0, 0, 0, 0.01)
帕金森远程监护 (变量号: 32 ⟶ 52)	ST2E	选择次数	(8, 9, 5, 9, 4, 7, 8, 4, 9, 8, 7, 7, 10, 8, 10, 10, 9, 8, 11, 8, 7)
		选择比率	(0.08, 0.09, 0.05, 0.09, 0.04, 0.07, 0.08, 0.04, 0.09, 0.08, 0.07, 0.07, 0.1, 0.08, 0.1, 0.1, 0.09, 0.08, 0.11, 0.08, 0.07)
	SCCE	选择次数	(0, 0, 0, 0, 0, 0, 0, 0, 0, 0, 0, 0, 0, 0, 0, 0, 0, 0, 0, 0, 0)
		选择比率	(0, 0, 0, 0, 0, 0, 0, 0, 0, 0, 0, 0, 0, 0, 0, 0, 0, 0, 0, 0, 0)
白葡萄酒质量 (变量号: 22 ⟶ 32)	ST2E	选择次数	(12, 7,13, 8, 7, 5, 2, 9, 9, 7, 8)
		选择比率	(0.12, 0.07, 0.13, 0.08, 0.07, 0.05, 0.02, 0.09, 0.09, 0.07, 0.08)
	SCCE	选择次数	(0, 1, 0, 0, 1, 3, 3, 0, 2, 1, 0)
		选择比率	(0, 0.01, 0, 0, 0.01, 0.03, 0.03, 0, 0.02, 0.01, 0)
红葡萄酒质量 (变量号: 22 ⟶ 32)	ST2E	选择次数	(7, 4, 7, 8, 9, 7,15, 5, 7, 8,12)
		选择比率	(0.07, 0.04, 0.07, 0.08, 0.09, 0.07, 0.15, 0.05, 0.07, 0.08, 0.12)
	SCCE	选择次数	(0, 0, 0, 0, 0, 0, 0, 0, 0, 0, 0)
		选择比率	(0, 0, 0, 0, 0, 0, 0, 0, 0, 0, 0)

$U(0,1)$ 的 10 个无关变量，ST2E 和 SCCE(集成尺寸 $B = 100$) 的平均选择率分别为 0.066 和 0.001。对于随机置换的 13 个无关变量，ST2E 和 SCCE(集成尺寸 $B = 100$) 的平均选择率分别为 0.093 076 92 和 0.001 538 462。显然，SCCE 比

ST2E 具有更低的不重要变量的选择频率，这表明 SCCE 在排除噪声变量方面提供了良好的性能。其余三个数据集的类似结果再次表明，所提出的 SEEC 是一种较好的改良变量选择方法。

在本节中，先利用线性模型对训练数据进行建模，再在测试数据上计算预测误差。如表 5.8 所示，目标变量的平均绝对误差 (MAE) 被用于评价每个集成的性能，再计算出所有单个集成 (尺寸 $B = 100$) 的平均 MAE。SEEC 具有更小的平均 MAE，这表明 SEEC 的性能是具有竞争力的。另外，模型的变量规模代表模型的复杂度，而 SEEC 更趋向于选择一个更小的变量规模。因此，四个真实数据集实例很好地说明了 SCCE 具有更好的性能。

表 5.8 ST2E 和 SCCE 对四个真实数据集的预测误差和模型大小

数据集	方法	所选数据集的模型大小的均值	预测性能 (MAE 的均值)
波士顿住房	ST2E	12.9	3.810574
	SCCE	12.39	3.543478
帕金森远程监护	ST2E	17.52	0.03108527
	SCCE	16.93	0.02999938
白葡萄酒质量	ST2E	10.67	0.6027901
	SCCE	9.25	0.5886977
红葡萄酒质量	ST2E	10.59	0.5288599
	SCCE	7.76	0.5105446

5.6 本章小结

本章提出了一种基于随机相关系数集成 (SCCE) 的变量选择方法。该 SCCE 的算法思想是基于线性回归模型的一种新颖的最大相关最小共同冗余准则。通过对权衡参数 β 重复执行随机性 (而不是确定性) 的优化，利用随机相关系数算法和随机逐步算法，本章提出的变量选择集成方法有效地减轻了最大相关最小冗余的两个可能限制。理论上，SCCE 方法可以更有效地选择相关变量、排除不重要的变量。仿真研究表明，所提出的 SCCE 方法比大量相关的对比方法具有更好的性能。

本章的研究工作仅限于线性模型的范围，这是开发有效选择算法的重要基础。后期工作可以将选择准则推广到非线性模型，同时考虑信息引导下子空间变量选择是提升变量选择集成算法效率的有效方法。另一个应该考虑的问题是权衡参数 β 的随机分布。目前工作使用的是非常简单的均匀分布，未来期望截断正态分布可能给变量选择带来更高的质量。然而，估计均值参数 μ 是一项困难的工作，这也是该方面未来研究的难点。

第 6 章　基于非线性模型的复杂数据变量选择

针对复杂数据的高度相关性、非线性等特征，本章提出一种基于信息度量准则的变量选择算法，并在此基础上构建基于非线性模型的变量选择集成模型。在该部分研究中，利用熵、互信息理论来分析数据特征，研究数据内在结构及非线性模型的变量选择，构建不依赖回归方程的变量选择准则，探索无模型假设的数据内在关联性度量；对于构建的变量选择集成模型，给出相关性度量和算法性能分析理论。数值模拟实验中，这一算法被应用到含冗余特征的非线性问题、含高相关特征的非线性问题，均取得很好的效果。

6.1 引　　言

变量选择 (在非线性回归中常被称为特征选择) 在回归问题中起着至关重要的作用，特别是对于非线性模型的准确建模 [109-110]。如果非线性预测模型选择无关变量或者过多的冗余变量来进行建模，预测过程将会变得不必要的复杂或者产生过学习。因此，为了处理大规模数据，设计一种能够选择相关变量、排除无关和冗余变量的变量选择方法变得尤为重要[111]。为此，本节主要研究非线性数据的变量选择，包括非线性分类和回归问题。

很多学者从不同角度深入地研究了线性回归或简单参数模型的变量选择问题[112-114]。经典元启发式方法将变量选择视为一个离散优化问题，其解空间是 m 个候选变量所生成的 2^m 个可能子集、其目标函数会因各自的评价标准而不同 (例如回归的最小平方误差和)，而元启发式方法被用于寻找最优变量子集 [79,115-116]。通过反复地重新训练一个神经网络 (neutral network，NN)，Setiono 和 Lui[117] 提出了一种决策树方法来逐个排除无关或冗余变量。该方法需要重新训练 NN 来探索变量子集的几乎每种组合。因为变量子集的总候选数是 2^m，当 m 的取值较大时，利用该方法来穷举搜索整个变量子集将变得极其困难。同时，在提取紧致且有效的模型时也会带来时间复杂度上的挑战[79]。为了克服这个挑战，一个常用的方法就是基于信息度量的技术 (例如特征子集选择)。

在概率论与信息论中，两个随机变量间的依赖性度量是一个重要的研究主题[118]，其中相关系数和互信息是两个主要指标。事实上，两个变量 X 和 Y 之间的互信息 (MI) 测量了联合分布 $p(X,Y)$ 与被分解的边际分布的乘积 $p(X)p(Y)$ 的相似程度，这提供了变量相互依赖的广义度量 [119-120]。具体而言，这种依赖性度量不仅限于线性相关关系 (如相关系数仅限于线性相关关系)，它还适用于非线性情况。因此，基于 MI 的算法是基于相关系数的方法的一个有吸引力的替代方案。

对于变量选择问题，其目标是将所有候选变量分为三类子集[121]：相关变量子集是任何建模工具所需要的；无关变量子集是无用的特征，对数据分析有不良影响，且会增加建模的复杂性；冗余变量子集是有用的特征，但却依赖于相关变量。例如，倘若在测量相关变量时犯了一些错误，则预测器可能工作得很差，但是如果预测器选择了这些相关变量的高度相关的冗余变量，这些错误即可纠正。基于上述分析，预测器可选择某些冗余变量，以提高预测的鲁棒性。因此，期望任何变量选择问题都应该考虑三个方面[103]，即选择相关变量、排除无关变量和使用冗余变量。

为了减少组合数，Battiti[94] 引入了一种互信息特征选择器 (mutual information feature selection, MIFS)，利用输入与输出之间的互信息，证明了互信息在特征选择中的有效性。此后，学者们提出了许多基于最大相关最小冗余准则的特征选择方法，如 NMIFS[95]、MIFS-U[96] 和 mRMR[13]，以改善特征选择的性能，但这些方法也有一定的局限性。例如，在大多数情况下，只有一部分冗余项包含在相关项中。此外，NMIFS 可能产生一个在区间 $[0,1]$ 之外的数值。

为此，条件互信息被引入变量选择问题中，它将相关项和冗余项结合起来，比如联合互信息 (joint mutual information, JMI)[122]、双输入对称相关性 (double input symmetric correlation, DISR)[123]、条件互信息最大化 [124-125]、JMIM 和 NJMIM[126]。然而，上述方法面临两个困难：第一，条件互信息的准确计算是困难的，因为三维概率密度函数的评估不仅要求样本量足够大而且其计算量也较大；第二，为了将 $I(X_i, X_j, Y)$ 的计算扩展到 $I(X_i, S, Y)$，这些方法使用累计求和近似或者最大最小近似，这两种近似都可能排除相关变量、选择无关变量。

最近，学者们为了进一步使用相关和冗余的信息，提出了一些基于最大相关最小冗余 (mRMR) 准则的改进变量选择方法。Wang 等[127] 通过考虑最大相关和最小冗余这两个目标，建立了一个多目标优化问题，引入了一种进化算法来执行变量选择过程。通过使用已经选择变量的信息，Chernbumroong 等[128] 考虑一个候选变量如何与已选择变量形成互补，然后依据最大相关最大互补来建立变量选择算法。

受到这些工作的启发，本节提出了一种新的滤波器框架，它引入一种新颖的最大相关和最小共同冗余 MRMCR 准则，并得到“最大最小”非线性方法。它可以同时正确地选择相关变量，控制冗余变量的使用，丢弃无关变量。更具体地说，为了使相关项和冗余项具有可比性，本节计算出共同冗余，用于评估候选变量、已选择变量和目标变量的公共信息。那么，对于本节研究的非线性优化问题，本节提出一种新颖的正则化最大相关最小共同冗余 (N-MRMCR-MI) 变量选择方法，它在区间 $[0,1]$ 内产生标准化值，同时也将 NMIFS 方法延拓到回归问题。

6.2 基本知识

在提出改进的框架之前先介绍互信息和几种用到的预测器。

6.2.1 互信息 (MI)

从候选变量评价的角度来看，互信息 (MI) 是变量选择问题中变量相互依赖性的一种度量。对于两个离散的变量 X 和 Y，其互信息定义如下：

$$I(X;Y)=\sum_{y\in Y}\sum_{x\in X}p(x,y)\log\frac{p(x,y)}{p(x)p(y)} \tag{6-1}$$

式中：$p(x,y)$ 为联合分布；$p(x)$ 和 $p(y)$ 为边际分布。

对于连续变量，求和需用一个二重积分来代替。本节使用 R 软件的 entropy 工具包来计算 MI[129]。

MI 也可以被条件化，条件互信息的定义如下：

$$I(X;Y|Z)=\sum_{z\in Z}p(z)\sum_{y\in Y}\sum_{x\in X}p(x,y|z)\log\frac{p(x,y|z)}{p(x|z)p(y|z)} \tag{6-2}$$

然而，条件互信息的计算比 MI 需要更多的样本，因为涉及三维概率密度函数的估算问题。

6.2.2 几种预测器

为了验证改进的变量选择方法的鲁棒性，用多种预测模型来评估所选择的变量。为了测试，本节考虑了一些广泛使用的预测器，即贝叶斯累加回归树 (Bayesian additive regression trees, BART)，树高斯过程 (treed Gaussian process, TGP)[130]，1-最近邻 (1-nearest neighbor，1NN) 和支持向量机 (SVM)。

BART 是一种集成模型，它将贝叶斯 CART 决策树模型的求和看作是目标变量 Y 的一个灵活和有效的估计量[131]。本节使用 R 软件的 bartMachine 包来实施 BART[132]。

在树高斯过程 (TGP) 中，输入空间中的每个点都有一个联合高斯分布。通过引入贝叶斯划分模型的思想，TGP 成为一个灵活的非参数模型，可以用来处理非平稳性、异方差性和数据集尺寸的问题。本节使用 R 软件的 tgp 包来实施 TGP[133]。

6.3 相关工作

对于变量选择问题，假设 $X_i, i=1,2,\cdots,p$ 是自变量，Y 是目标变量。现在，如果采用变量选择算法来逐步地选择变量，任何自变量在某一阶段要么是选择的状态、要么是非选择的状态。

定义 6.1　如果 $S\bigcup T=\{X_i, i=1,2,\cdots,p\}$ 且 $S\bigcap T=\{\varnothing\}$，其中所有被选择的变量都含于 S 中，所有不被选择的变量都含于 T 中，则集合 S 被称为一个选择的变量子集，集合 T 被称为一个非选择的变量子集。

6.3.1 MI 变量子集选择方法综述

变量相关性分析和冗余性分析一直是变量 (特征) 选择领域的两个挑战性问题[100,134-136]。近年来，针对分类问题，学者们提出了多种基于最大相关最小冗余准则的 MI 变量子集选择方法。上述方法都是利用 MI 方法来测量最大相关项和最小冗余项：左侧项计算待选择的变量相关性，而右侧项计算关于先前已选择变量子集的变量冗余性。

假设 $X_i\in T$ 是一个候选变量，Y 是类属性变量，S 是已选择的变量子集，$f(X_i)$ 是测量候选变量 X_i 在分类模型中潜在作用的评分标准函数[137]。Battiti[94] 首次利用最大相关最小冗余的启发式 MI 逼近 (MIFS) 来选择一个变量子集。

$$f(X_i)=I(X_i;Y)-\beta\sum_{X_j\in S}I(X_i;X_j) \tag{6-3}$$

式中：β 调整相关项和冗余项的减法可比性；f 用于估计变量 X_i 的优良性。

通过考虑输入特征和输出类之间的互信息，Kwak 和 Chong[96] 提出了一种改进版本的 MIFSU，当信息均匀分布时，该算法可以实现理想贪婪选择算法的性能。

$$f(X_i)=I(X_i;Y)-\beta\sum_{X_j\in S}\frac{I(X_j;Y)}{H(X_j)}I(X_i;X_j) \tag{6-4}$$

式中：$H(X_j)$ 是随机变量 X_j 的熵。尽管后来的工作有所改进，但是参数 β 的选择仍然是困难的。当 β 较大时，这两种算法都倾向于基于最小冗余性来选择变量，而当 β 较小时，它们倾向于基于最大相关性来选择变量。为此，Yu 和 Liu[138] 提出了一种解耦相关分析和冗余分析的新框架。首先，它基于一个设定的阈值来选择一个相关变量子集；然后，它从相关变量中选择占主导地位的变量. 基于以上研究工作，Garcia-Torres 等[139] 引入变量分组，提出了一种新颖的搜索策略。它的优点主要是为高维情景的变量选择问题提供了一种快速搜索方法。然而，设定阈值的选择也是一个难题。另外，近似马尔科夫过程 (Markov process，MP) 的定义不能准确提供候选变量、已选择变量和目标变量之间的共同冗余信息。因此，冗余项和相关项不具有可比性。为了避免一个设定阈值的选择问题，Peng 等[13]提出以下准则 (mRMR)：

$$f(X_i) = I(X_i;Y) - \frac{1}{|S|}\sum_{X_j \in S} I(X_i;X_j) \tag{6-5}$$

利用 MI 的定义，Estevez 等[95] 得到 MI 的如下区间：

$$0 \leqslant I(X_i;X_j) \leqslant \min\{H(X_i);H(X_j)\} \tag{6-6}$$

除以熵的最小值，得到区间 $[0,1]$ 上的一个标准化值，有学者再次提出如下的一种标准化选择策略 (NMIFS)：

$$f(X_i) = I(X_i;Y) - \frac{1}{|S|}\sum_{X_j \in S} \frac{I(X_i;X_j)}{\min\{H(X_i);H(X_j)\}} \tag{6-7}$$

Vinh 等[14] 对上述选择准则的左边项进行标准化，重写为如下式：

$$f(X_i) = \frac{I(X_i;Y)}{\min\{H(X_i);H(Y)\}} - \frac{1}{|S|}\sum_{X_j \in S} \frac{I(X_i;X_j)}{\min\{H(X_i);H(X_j)\}} \tag{6-8}$$

NMIFS 的一个问题就是右边互信息项仅有一部分包含在左边互信息项中：式 (6-8) (NMIFS) 中减式的两项都在区间 $[0,1]$ 中，但是式 (6-8) (NMIFS) 的取值可能超出区间 $[0,1]$。一般来说，仅右边互信息项的一部分包含在左边互信息项中。比如，如果对于任何 $X_j \in S$ 都有 $I(X_i;X_j) \geqslant I(X_i;Y)$，那么 $f(X_{(i)}) \leqslant 0$。另外，基于互信息的选择算法主要用于分类问题。本节将它们扩展到回归问题。

MIFS 准则由相关项和冗余项组成。与其不同的是，Yang 和 Moody[122] 利用联合互信息 (JMI) 来结合相关项和冗余项，先提出了这一替代方法，后来 Meyer 等[140]、Bennasar 等[126] 陆续研究这一方法。变量 X_i 的 JMI 得分函数定义如下：

$$f(X_i) = \sum_{X_j \in S} I(X_i, X_j; Y) \tag{6-9}$$

其中

$$\begin{aligned} I(X_i, X_j; Y) &= H(Y) - H(Y/X_i, X_j) \\ &= \left[-\sum_{y \in Y} p(y)\log(p(y))\right] - \left[-\sum_{y \in Y}\sum_{x_i \in X_i}\sum_{x_j \in X_j} p(x_i, x_j, y)\log(p(y/x_i, x_j))\right] \end{aligned}$$

变量 X_i 的 JMIM 得分函数定义如下：

$$f(X_i) = \max \sum_{X_j \in S} I(X_i, X_j; Y) \tag{6-10}$$

MIFS 和 JMI 方法是众多准则中首次尝试利用多种启发式项来管理相关-冗余权衡的框架。然而，可以清楚地看到它们有着非常不同的研究动机[137]。通过将管理相关-冗余权衡视为总目标，所有这些准则都可从信息理论角度总结为一些框架，每个新框架发展出不同的研究方向[137]。那么，问题出现了，应该相信哪个框架？它们对数据作了什么假设？是否还有其他待发现的有用框架？后面的阐述会提供一个新颖视角，为变量选择提出一个新框架。

6.3.2 现有变量选择方法的局限性

对于含 p 个变量的变量选择问题，以下定义将变量分为三组。

定义 6.2 假设 Y 是目标变量 (因变量)，$I(X_i, Y)$ 是如式 (6-1) 所示的总体互信息，$I(X_i, S, Y)$ 是 (X_i, S, Y) 之间的公共冗余信息。

(1) 相关变量子集 (记为 RL) 由回归方程中的真实变量组成，即对于任意 $X_i \in RL$ 都有 $I(X_i, Y) > 0$ 且 $I(X_i, Y) > I(X_i, S, Y)$。

(2) 无关变量子集 (记为 IR) 由无关变量组成，即对于任意 $X_i \in IR$ 都有 $I(X_i, Y) = 0$。

(3) 冗余变量子集 (记为 RD) 由依赖于一些相关变量的有用变量组成，即对于任意 $X_i \in RD$ 都有 $I(X_i, Y) > 0$ 且 $I(X_i, Y) \leqslant I(X_i, S, Y)$。

任何变量选择问题的目标都应选择相关变量，排除无关变量。关于冗余变量，它们也可以看作是有用的变量，因为它们与某些相关变量是相互依赖的[103]。因此，如果在测量相关变量时出错，预测器则可能提供较差的预测。另外，如果预测器选择了高度相关的冗余变量，当一些测量误差发生在其中的一个相关变量时，该预测模型很可能会纠正错误。基于上述分析，不需要选择所有冗余变量，仅需要一些冗余变量即可解决问题。总的来说，任何变量选择问题的目标应该是：选择相关变量；排除不良或无关变量；控制冗余变量的使用。因此，提出的方法应该对相关项进行精确计算，以选择相关变量并排除无关变量，同时，不高估冗余项以控制冗余变量的使用。

本节将变量选择方法分为三类：第一类 (type-1) 使用条件互信息，其选择方法的框图如图 6.1 所示；第二类 (type-2) 使用最大相关最小冗余准则，其选择方法的框图如图 6.2 所示；第三类 (type-3) 是本节提出的基于最大相关最小共同冗余准则的变量选择框架，其选择方法的框图如图 6.3 所示。

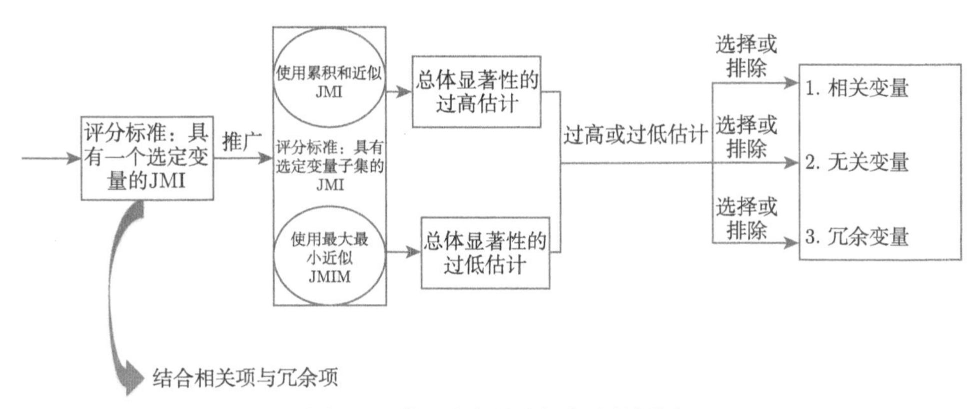

图 6.1 第一类变量选择方法的框图

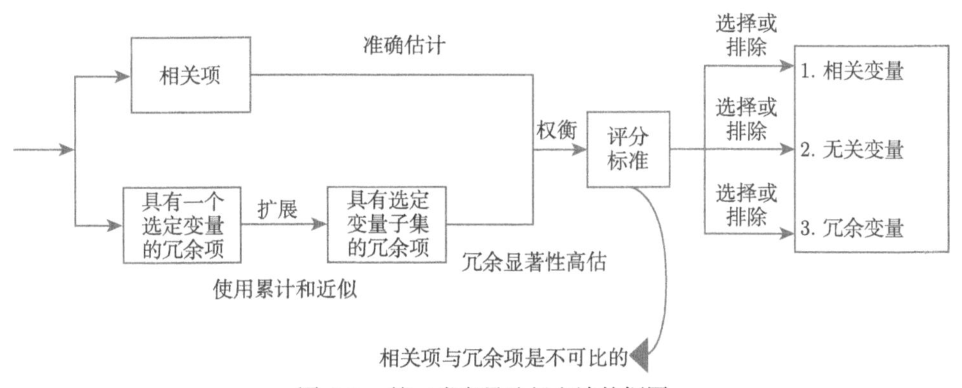

图 6.2 第二类变量选择方法的框图

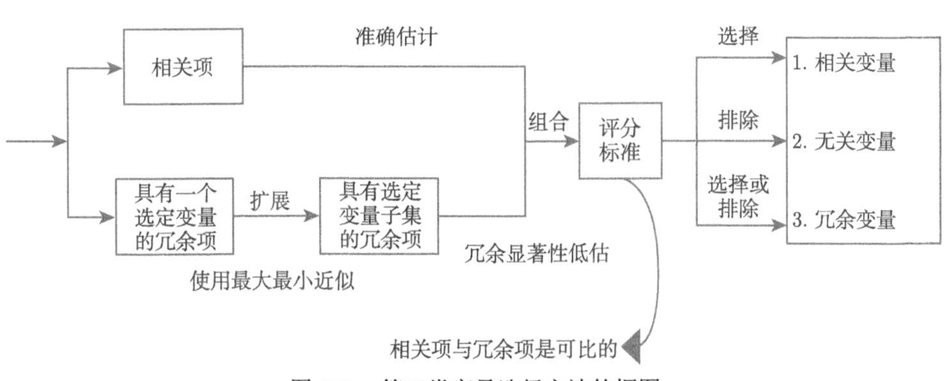

图 6.3 第三类变量选择方法的框图

第一类方法的局限性：近期的一些学者 (如 Bennasar[126]) 尝试使用条件互信息来估计候选变量 X_i 对一个已选择变量子集 S 的信息量贡献。这类变量选择可被视为一个框架如图 6.1 所示。然而，这类方法有如下两个困难：第一，由于计算复杂度以及可用于计算三维概率密度函数的有限样本数，条件互信息的精确计算是一项困难的任务；第二，为了将 $I(X_i, X_j, Y)$ 的计算扩展到 $I(X_i, S, Y)$，使用累积和近似或最大最小近似，这两种近似都是相关项和冗余项的整体近似。综上，这种变量选择方法存在变量显著性的过高或过低估计的问题。所以，这种类型的变量选择可能会排除相关变量或选择无关变量。

第二类方法的局限性：从另外一个角度看，基于最大相关和最小冗余的变量选择方法由两个元素组成：相关项和冗余项. 这种类型的变量选择可视为另一个框架，如图 6.2 所示。这类方法对相关项提供了准确的计算。但是，它们总是过高估计冗余项。因此，NMIFS 方法的一个问题是左侧互信息中仅包含右侧互信息的一部分：式 (6-8) (NMIFS) 减式的两项都在区间 $[0,1]$ 内取值，但式 (6-8) (NMIFS) 的取值可能在区间 $[0,1]$ 之外。比如，如果对于任意 $X_j \in S$ 都有 $I(X_i;X_j) \geqslant I(X_i;Y)$，那么 $f(X_{(i)}) \leqslant 0$。通常，左侧互信息中仅包含右侧互信息的一部分。使用累积和近似的变量选择方法总是会遇到类似的问题，如联合互信息 (JMI)，双输入对称相关性 DISR、MIFS、mRMR、MIFS-ND 和 IGFS。

当冗余项被低估时，则相关项不会被削弱/影响。然而，如果冗余项被高估，则相关项会被削弱/影响。2 型框架 (type-2 framework) 通过设置一个折中参数来调节相关项和冗余项；因此，它可能低估某些变量、并高估其他变量。

然而，标准化方法如 NMIFS、NJMIM 的另一个问题是，只是基于候选变量和 S 来计算局部标准化，而不从响应/目标变量的全局来考虑。因此，相比采用局部标准化 MI 的方法 (如 NJMIM 和 DISR) 和非标准化方法 (如 JMIM 和 JMI) 的表现更好[126]。

6.4 改进的 MI 变量选择方法

如前面所指出的，现有方法虽然有显著的改进，但仍有一些局限性。在实践中，上述每种方法的意义都与每个特定数据集的特性有关[126]。本节提出回归模型的一种新颖的最大相关最小共同冗余变量选择方法，该方法的设计思路是：提供相关项的精确计算以选择相关变量和排除无关变量，并且避免冗余项的过高估计以控制冗余变量的使用。此外，现有的基于互信息的选择算法主要集中在分类问题上，本节将其扩展到回归问题。

6.4.1 新的变量选择框架

通过分析现有框架的缺点，可以得出一个改进的框架，该框架应该提供相关项的精确估计，并且需要避免冗余项的过高估计 (尽可能低估)。为此，引入一种新颖的最大相关最小共同冗余准则和最大最小非线性方法，提出一种变量选择的新思路。这种类型的变量选择可以看作是一种新框架，如图 6.3 所示，在最大最小非线性方法下，该框架对冗余项进行了过低估计，它会选择相关变量、排除无关变量而不损害相关项。对于冗余变量，由于冗余项的过低估计，该框架可能会选择其中的一些冗余变量。因此，这个框架可以达到预期的目标：选择相关变量；排除无关变量；控制冗余变量的使用。

具体而言，该框架避免了条件互信息的计算，考虑了目标 (响应) 变量的全局归一化，提供了相关项的精确计算，以便选择相关变量、排除无关变量。同时避免了冗余项的过高估计，控制了冗余变量的使用。进一步使用了相关项和冗余项的组合，而并非权衡方法，使得相关性和冗余性具有可比性。

基于该新框架的思想，可能会提出一些新的变量选择算法。以下的阐述将提出该新框架下的最大相关最小共同冗余变量选择算法。当然，基于该框架的其他变量选择算法也是以后的研究工作的方向。

6.4.2 回归模型的标准化 MI

在一个回归问题中，变量选择的目标是通过选择自变量的最优子集来推断目标变量 Y 的不确定性。基于此，可以依据以下定理来定义回归模型的标准化 MI，定理 6.1 的证明见文献 [101]。

定理 6.1 对于任意离散随机变量 X 和 Y，$I(X,Y)\geqslant 0$。另外，$I(X,Y)=0$，当且仅当 X 和 Y 无关。

从定理 6.1 可以得出：$I(X,Y)$ 的值能够代表 X 对于目标变量 Y 的不确定性的推理能力，即 $I(X,Y)$ 的数值越大，X 的推理能力越强。然而，$I(X,Y)$ 可因不同 X 而异。通过找到关于 Y 信息量的上确界来标准化这个指标。$I(X,Y)=0$ 表示观察 X 并不能推断 Y 的任何不确定性；相反，如果可以观察 Y，就可以推理 Y 的所有不确定性。因此，$I(X,Y)$ 是以 $I(Y,Y)$ 为上界的：

$$0\leqslant I(X,Y)\leqslant I(Y,Y) \tag{6-11}$$

上述不等式也可以利用互信息理论来证明。本节利用目标变量 Y 的自信息 $I(Y,Y)$ 作为测量 Y 中不确定性比率的标准。为此，对 $I(X,Y)$ 项除以自信息 $I(Y,Y)$ 来标准化，得到如下标准化公式：

$$NI(X,Y)=\frac{I(X,Y)}{I(Y,Y)} \tag{6-12}$$

如果目标变量 Y 可完全被自变量 X 推断，则 $I(X,Y)=I(Y,Y)$, $NI(X,Y)=1$。如果 X 和 Y 完全独立，则 $I(X,Y)=0$, $NI(X,Y)=0$。因此，$NI(X,Y)$ 的取值区间为 $[0,1]$，且 $NI(X,Y)$ 取值代表自变量与目标变量之间的相互依赖程度。

6.4.3 利用 MI 测量共同冗余信息

对于一个变量 $X_j \in S$(其中 S 是已选变量子集)，X_j 和一个候选变量 X_i 之间的冗余信息可以用 $I(X_j, X_i)$ 测量，因而变量 X_i 相应的冗余信息率可定义如下：

$$RI(X_i, X_j) = \frac{I(X_i; X_j)}{\max\{I(X_i; X_j), I(X_i; Y), I(X_j; Y)\}} \tag{6-13}$$

大多数基于 MI 的方法仅计算 $I(X_i; X_j)$，而没有计算候选变量、S 中的已选变量以及目标变量 Y 之间的冗余信息。作为要被选择的变量，它应该不能由 S 中的已选变量来预测，且对于目标变量 Y 必须是有信息的。为此，本节关注目标变量 Y 的那部分共同冗余。为了使本节式 (6-7) 的左边项和右边项具有可比性，通过乘以 $\min\{I(X_i; Y), I(X_j; Y)\}$，引入共同互信息 $CI(X_i, X_j, Y)$，即

$$\begin{aligned} CI(X_i, X_j, Y) &= RI(X_i; X_j) \times \min\{I(X_i; Y), I(X_j; Y)\} \\ &= \frac{I(X_i; X_j) \times \min\{I(X_i; Y), I(X_j; Y)\}}{\max\{I(X_i; X_j), I(X_i; Y), I(X_j; Y)\}} \end{aligned} \tag{6-14}$$

正如上式所定义的，X_i, X_j 和 Y 之间的互信息可以测量这些变量中的共同信息量。对于一个变量集 $T = \{X_1, X_2, \cdots, X_p\}$，变量选择过程可识别 T 的一个子集，该子集记为 $S = \{X_1, X_2, \cdots, X_k\}$，它的维数为 k，其中 $k \leqslant p$。类似地，可扩展共同互信息 $CI(X_i, X_j, Y)$ 到 $CI(X_i, S, Y)$，定义如下：

$$CI(X_i, S, Y) = \frac{I(X_i; S) \times \min\{I(X_i; Y), I(S; Y)\}}{\max\{I(X_i; S), I(X_i; Y), I(S; Y)} \tag{6-15}$$

其中

$$I(S; Y) = I(X_1, X_2, \cdots, X_k; Y)$$

但是，由于高维概率密度函数所涉及的计算量和可用样本的有限性，$I(S; Y)$ 的精确计算是难以实现的。因此，许多研究人员采用启发式方法来逼近理想解。首先，本节提供 $CI(X_i, S, Y)$ 的分析；其次，本节提出 $I(S; Y)$ 的近似计算。函数 $CI(X_i, S, Y)$ 的性质在以下定理中给出了总结。

定理 6.2　对于如式 (6-15) 所示的共同互信息 $CI(X_i, S, Y)$，我们有

(1) $CI(X_i, S, Y) \leqslant \min\{I(X_i; S), I(X_i; Y), I(S; Y)\}$。

(2) $CI(X_i, S, Y)$ 是关于 $I(X_i; S)$ 单调递增的。

证明　(1) 一方面，

$$\frac{I(X_i; S)}{\max\{I(X_i; S), I(X_i; Y), I(S; Y)\}} \leqslant 1$$

因此，可以得到

$$CI(X_i, S, Y) \leqslant \min\{I(X_i; Y), I(S; Y)\}$$

另一方面，

$$\frac{\min\{I(X_i; Y), I(S; Y)\}}{\max\{I(X_i; S), I(X_i; Y), I(S; Y)\}} \leqslant 1$$

因此，可以得到

$$CI(X_i, S, Y) \leqslant I(X_i; S)$$

综合以上两个方面，可以得到

$$CI(X_i, S, Y) \leqslant \min\{I(X_i; S), I(X_i; Y), I(S; Y)\}$$

(2) 由式 (6-15) 中 $CI(X_i, S, Y)$ 的定义，计算其关于 $I(X_i; S)$ 的导数：

$$\frac{\mathrm{d}CI(X_i, S, Y)}{\mathrm{d}I(X_i; S)} = \begin{cases} 0, & I(X_i; S) \geqslant \max\{I(X_i; Y), I(S; Y)\} \\ \dfrac{\min\{I(X_i; Y), I(S; Y)\}}{\max\{I(X_i; Y), I(S; Y)\}} & I(X_i; S) < \max\{I(X_i; Y), I(S; Y)\} \end{cases} \tag{6-16}$$

如果 $I(X_i; S) < \max\{I(X_i; Y), I(S; Y)\}$，式 (6-16) 中的导数显然是正的。因此，可以得到 $\dfrac{\mathrm{d}CI(X_i, S, Y)}{\mathrm{d}I(X_i; S)} \geqslant 0$，结论得证。

显然，可以得到两个结论：首先，由公共互信息 $CI(X_i, S, Y)$ 测量 $I(X_i; S)$，$I(X_i; Y)$ 和 $I(S; Y)$ 之间的公共信息,可以得到 $CI(X_i, S, Y)$ 必须小于等于 $I(X_i; S)$，$I(X_i; Y)$ 和 $I(S; Y)$ 中的最小值；其次，由 $I(X_i; S)$ 测量冗余信息，$CI(X_i, S, Y)$ 测量公共冗余信息，可以得到 $CI(X_i, S, Y)$ 通常关于 $I(X_i; S)$ 是单调递增的。这些结论与定理 6.2 中所研究的性质一致。

大多相关方法尝试对 $I(X_i; S)$ 和 $I(S; Y)$ 求近似值。一种典型的方法是采用累积和近似法。考虑到累积和 $\sum\limits_{X_j \in S} \{I(X_i; X_j)\}$ 包含了 S 中的重叠和随机信息，可以得到如下不等式：

$$\sum_{X_j \in S} \left\{ \frac{I(X_i; X_j) \times \min\{I(X_i; Y), I(X_j; Y)\}}{\max\{I(X_i; X_j), I(X_i; Y), I(X_j; Y)\}} \right\} \gg CI(X_i, S, Y) \tag{6-17}$$

因此，该方法过高估计了公共冗余项。在这项研究工作中，前面所述的目标是要实现对公共冗余项的过低估计。为此，另一种方法是由流行的“最大最小”非线性方法来构造估计量[141]，它从理论和实验两方面解决了变量显著性过高估计的问题[126]。接下来，本节考虑冗余项的最小估计。

为了简单起见，$\max\limits_{X_j \in S}\left\{\dfrac{I(X_i;X_j)}{\max\{I(X_i;X_j),I(X_i;Y),I(X_j;Y)\}}\right\}$ 记为 R_i。R_i 取值越大，则 X_i 和子集 S 之间的相互依赖性越强。$R_i=0$ 表示 X_i 和已选子集 S 是独立的；$R_i=1$ 表示 X_i 与 S 高度相关。基于以上分析，提出使用最大公共互信息 $\max\limits_{X_j \in S}\{CI(X_i,X_j,Y)\}$ 来度量候选变量 X_i 与已选变量子集 S 关于 Y 的冗余性，即

$$CI(X_i,S,Y)=\max_{X_j \in S}\left\{\frac{I(X_i;X_j)\times\min\{I(X_i;Y),I(X_j;Y)\}}{\max\{I(X_i;X_j),I(X_i;Y),I(X_j;Y)\}}\right\} \tag{6-18}$$

6.4.4 改进的标准化互信息方法

在 6.4.3 节中，利用互信息 $I(X_i,Y)$ 度量了 X_i 和 Y 之间的相关信息，利用 $CI(X_i,S,Y)$ 项度量了候选变量 X_i 和已选变量子集 S 关于 Y 的冗余信息。依据最大相关最小共同冗余准则 (MRMCR)，互信息量由下式给出：

$$f(X_i)=I(X_i;Y)-CI(X_i,S,Y) \tag{6-19}$$

对于式 (6-19) 利用标准化方法，产生的函数 (N-MRMCR-MI) 可写为

$$\begin{aligned}f(X_i)&=\frac{I(X_i;Y)}{I(Y;Y)}-\frac{CI(X_i,S,Y)}{I(Y;Y)}\\&=\frac{I(X_i;Y)}{I(Y;Y)}-\max_{X_j \in S}\left\{\frac{I(X_i;X_j)\times\min\{I(X_i;Y),I(X_j;Y)\}}{\max\{I(X_i;X_j),I(X_i;Y),I(X_j;Y)\}\times I(Y;Y)}\right\}\end{aligned} \tag{6-20}$$

因此，可以求得具有最大信息度量的候选变量：

$$X_{(k)}=\arg\max_{X_i \in T}[f(X_i)] \tag{6-21}$$

在该项研究中，N-MRMCR-MI 中提出的选择准则选择最大化上述式 (6-20) 的变量。

下面来证明式 (6-20) 是一个相关度量，即函数式 (6-20) 在 $[0,1]$ 取值。这种类型的选择算法被认为是一种标准化的算法，有以下定理。

定理 6.3　对于任意候选变量 X_i，以及最终目标函数 $f(X_i)$ 如式 (6-20) 所示，有

$$0 \leqslant f(X_i) \leqslant 1 \tag{6-22}$$

此外，$f(X_i)=0$ 当且仅当 X_i 和 Y 完全独立；$f(X_i)=1$ 当且仅当目标变量 Y 可完全由 X_i 推断出来。

证明 类似于定理 6.2 的证明，有

$$0 \leqslant \max_{X_j \in S}\left\{\frac{I(X_i;X_j)\times \min\{I(X_i;Y),I(X_j;Y)\}}{\max\{I(X_i;X_j),I(X_i;Y),I(X_j;Y)\}}\right\} \leqslant I(X_i;Y)$$

依据 $f(X_i)$ 的定义，有

$$0 \leqslant f(X_i) \leqslant 1$$

因此，式 (6-22) 得证。

由式 (6-22) 可知：$f(X_i)=0$ 当且仅当 $I(X_i;Y)=0$；$f(X_i)=1$ 当且仅当 $I(X_i;Y)=I(Y;Y)$，以及 $I(X_i;S)=0$。因此，定理的第二个结论成立。

显然，标准化方法将最终目标函数的取值限制在 $[0,1]$ 内。正因为如此，我们把该项 $\max\limits_{X_j \in S}\left\{\dfrac{I(X_i;X_j)}{\max\{I(X_i;X_j),I(X_i;Y),I(X_j;Y)\}}\right\}$ 称为冗余因子。

采用贪婪选择方法，改进的标准化互信息方法 N-MRMRCR-MI 的基本步骤如下。

(1) 初始化：变量全集为 $T=(X_1,X_2,\cdots,X_p)$，已选变量集合为 $S=\{\varnothing\}$。

(2) 选择第一个变量: 计算 $f(X_i)=\dfrac{I(X_i;Y)}{I(Y;Y)}$ 其中 $i=1,2,\cdots,p$, 以及 $X_{i^*}=\underset{i=1,2,\cdots,p}{\operatorname{argmax}}\{f(X_i)\}$。

(3) 更新变量集: $T=T-\{X_{i^*}\}$，以及 $S=\{X_{i^*}\}$。

(4) 贪婪选择：重复执行以下步骤直到被选择的变量数达到设定数量。

① 计算关于输出变量的 N-MRMCR-MI：对于所有候选变量，计算 $f(X_i)=\dfrac{I(X_i;Y)}{I(Y;Y)}-\dfrac{CI(X_i,S,Y)}{I(Y;Y)}$，以及 $X_{i^*}=\underset{X_i \in T}{\operatorname{argmax}}\{f(X_i)\}$。

② 更新变量集：$T=T-\{X_{i^*}\}$，以及 $S=S\bigcup\{X_{i^*}\}$。

(5) 输出已选变量集合 S。

6.4.5 基于随机正则化最大相关最小共同冗余 (MRMCR) 的变量选择

在实践中，概率密度函数通常是未知的，需要从观察到的样本计数中来估计熵。因此，有如下样本互信息的定义。

定义 6.3 对于来自总体 (X,Y) 的独立同分布样本 $(x_1,y_1),(x_2,y_2),\cdots,(x_n,y_n)$，样本互信息 $SI(X;Y)$ 定义如下：

$$SI(X;Y) = SH(Y) - SH(Y|X)$$

其中

$$SH(Y) = \sum_{j=1}^{m_2} f_j(y_1, y_2, \cdots, y_n)\log\frac{1}{f_j(y_1, y_2, \cdots, y_n)},$$

$$SH(Y|X) = \sum_{i=1}^{m_1}\sum_{j=1}^{m_2} f_{ij}((x_1, y_1), (x_2, y_2), \cdots, (x_n, y_n))$$

$$\log\frac{1}{f_{j|i}((x_1, y_1), (x_2, y_2), \cdots, (x_n, y_n))}$$

式中：$SH(Y)$ 为样本熵；$SH(Y|X)$ 为样本条件熵；f 为概率 p 的对应频率估计。

假设 S 是已选变量子集，Y 是目标变量，X_i 是候选变量。为了使冗余项与相关项具有可比性，引入了共同冗余信息项的定义如下。

定义 6.4　对于任意变量 $X_j \in S$，变量 X_i 和 X_j 关于 Y 的共同冗余信息 (CI) 记为 $CI(X_i; X_j, Y)$，它是 $I(X_i; X_j)$、$I(X_i; Y)$ 和 $I(X_j; Y)$ 之间的共同信息部分。该共同冗余信息是一个正实数，可以定义为

$$CI(X_i, X_j, Y) = H(Y) - H(Y|X_i) - H(Y|X_j) + H(Y|(X_i, X_j)) \tag{6-23}$$

为了方便起见，将 $CI(X_i, X_j, Y)$ 表示为 $I(X_i; X_j)$、$I(X_i; Y)$ 和 $I(X_j; Y)$ 的隐函数，记为 $T(I(X_i; X_j), I(X_i; Y), I(X_j; Y))$。

类似地，我们可以给出共同冗余样本信息 (CSI) 的定义如下。

定义 6.5　共同冗余样本信息 (CSI) 记为 $CSI(X_i, X_j, Y)$，它是共同冗余信息对应的统计量 $CI(X_i, X_j, Y)$。该共同冗余样本信息是一个正实数，可以定义为

$$CSI(X_i, X_j, Y) = SH(Y) - SH(Y|X_i) - SH(Y|X_j) + SH(Y|(X_i, X_j)) \tag{6-24}$$

同理，$CSI(X_i, X_j, Y)$ 也可表示为 $SI(X_i; X_j)$、$SI(X_i; Y)$ 和 $SI(X_j; Y)$ 的隐函数，记为 $T(SI(X_i; X_j), SI(X_i; Y), SI(X_j; Y))$. 与 $I(X_i; X_j)$ 不同，一个候选变量 X_i 的共同冗余信息计算关于目标变量 Y 的冗余信息。换句话说，关于 X_i、X_j 和 Y 共同冗余信息 $CI(X_i, X_j, Y)$ 是用于度量 $I(X_i; X_j)$、$I(X_i; Y)$ 和 $I(X_j; Y)$ 之间的共同信息。根据上面共同冗余信息的定义，易得

$$0 \leqslant CI(X_i, X_j, Y) \leqslant \min\{I(X_i; X_j), I(X_i; Y), I(X_j; Y)\} \tag{6-25}$$

由于函数 $T(I(X_i; X_j), I(X_i; Y), I(X_j; Y))$ 的表达式复杂，很难准确地求出 $CI(X_i, X_j, Y)$ 的表达式。如上所述，可以很容易地证明 $CI(X_i, X_j, Y)$ 是在上述区间中取值的。比如，当 $I(X_i; X_j)$、$I(X_i; Y)$ 和 $I(X_j; Y)$ 之间没有共同交叉信

息时，$CI(X_i, X_j, Y) = 0$；当 $I(X_i; X_j)$、$I(X_i; Y)$ 和 $I(X_j; Y)$ 之间的共同交叉信息等于 $\min\{I(X_i; X_j), I(X_i; Y), I(X_j; Y)\}$ 时，$CI(X_i, X_j, Y) = \min\{I(X_i; X_j), I(X_i; Y), I(X_j; Y)\}$。然而，上述两种极端情况的发生概率非常小。基于此，我们重点研究共同冗余样本信息 $CSI(X_i, X_j, Y)$ 的分布。

类似地，将共同 MI $CI(X_i, X_j, Y)$ 扩展到 $CI(X_i, S, Y)$，其定义如下：

$$0 \leqslant CI(X_i, S, Y) \leqslant \min\{I(X_i; S), I(X_i; Y), I(S; Y)\} \tag{6-26}$$

考虑到累计和项 $\sum\limits_{X_j \in S} \{I(X_i; X_j)\}$ 包含了 S 的重叠信息和随机信息，使用最大的单个 MI 来近似 $I(X_i; S)$，即

$$I(X_i; S) = \max_{X_j \in S}\{I(X_i; X_j)\} \tag{6-27}$$

因此，通过优化如下目标函数，提出了新颖的最大相关最小共同冗余准则：

$$F(X_i) = I(X_i; Y) - CI(X_i, S, Y) = I(X_i; Y) - \max_{X_j \in S}\{CI(X_i, X_j, Y)\} \tag{6-28}$$

通过使用归一化方法，得到：

$$F(X_i) = \frac{I(X_i; Y)}{I(Y; Y)} - \frac{\max\limits_{X_j \in S}\{CI(X_i, X_j, Y)\}}{I(Y; Y)} \tag{6-29}$$

并具有以下结论。

定理 6.4 对于任意候选变量 X_i，上式所示的最终目标函数 $F(X_i)$ 是归一化的，即

$$0 \leqslant F(X_i) \leqslant 1 \tag{6-30}$$

证明 因为

$$0 \leqslant CI(X_i, X_j, Y) \leqslant \min\{I(X_i; X_j), I(X_i; Y), I(X_j; Y)\}$$

可以得到：

$$0 \leqslant CI(X_i, S, Y) \leqslant \max_{X_j \in S}\{\min\{I(X_i; X_j), I(X_i; Y), I(X_j; Y)\}\}$$

因此，

$$0 \leqslant I(X_i; Y) - CI(X_i, S, Y) \leqslant I(X_i; Y)$$

易得

$$0 \leqslant F(X_i) \leqslant 1$$

得证。

6.4.6 随机正则化最大相关最小共同冗余 (MRMCR) 准则

假设 n 表示独立同分布样本 (X_i, X_j, Y) 的样本量大小，X_i、X_j 和 Y 有有限方差。这里引入由文献 [142] 证明的极限命题如下。

命题 6.1 假设一个随机向量 $\boldsymbol{u} = (u_1, \cdots, u_m)^{\mathrm{T}}$ 具有有限二次矩。记

$$\begin{cases} E(\boldsymbol{u}) = \mu_{m\times 1} \\ \Sigma(\boldsymbol{u}) = H_{m\times m} \doteq (\eta_{ij}) \end{cases}$$

$\boldsymbol{u}$ 的一个尺寸为 n 的样本表示 n 个相互独立的随机向量系统，$\boldsymbol{u}(\alpha) = (u_{1\alpha}, \cdots, u_{m\alpha})^{\mathrm{T}}, \alpha = 1, \cdots, n,$ 其中，每个的部分与 u 相同，即

$$\sqrt{n}\left(\frac{1}{n}\sum_{\alpha=1}^{n} u(\alpha) - \mu\right) \to_L N(0, \Sigma), \Sigma = (\eta_{ij})_{m\times m}$$

记 $\bar{u} = \sum_{\alpha=1}^{n} u(\alpha)$ (即 $\bar{u}_i = \sum_{\alpha=1}^{n} u_{i\alpha}, i = 1, \cdots, m$) 为样本平均值. 考虑 m 个实变量的函数 $h(x_1, \cdots, x_m)$ 定义在 m-维空间，且具有二阶或三阶的连续导数，记

$$\begin{cases} h = h(x_1, \cdots, x_m) \doteq h(x) \\ a_{m\times 1} = (a_1, \cdots, a_m)^{\mathrm{T}}, a_i = \dfrac{\partial h}{\partial x_i}|_{x=\mu}, i = 1, \cdots, m \end{cases}$$

当 $n \to \infty$，那么得到以下渐近正态性结论：

$$\sqrt{n}(h(\bar{u}_1, \cdots, \bar{u}_m) - h(\mu)) \to_L N(0, \sigma^2)$$

其中

$$(\sigma^2) = a^{\mathrm{T}} \sum(u) a$$

即

$$(\sigma^2) = \sum\sum\left(\frac{\partial h}{\partial x_i} \cdot \frac{\partial h}{\partial x_j}\right)\eta_{ij}$$

基于上述命题 6.1，可以建立共同冗余样本信息 $CSI(X_i, X_j, Y)$ 的如下极限定理。

定理 6.5 假设共同冗余信息 $CI(X_i, X_j, Y) = T(I(X_i; X_j), I(X_i; Y), I(X_j; Y))$ 的函数 $T(x_1, x_2, x_3)$ 具有二阶或三阶的连续导数。当 n 逼近无穷时，则共同冗余样本信息 $CSI(X_i, X_j, Y)$ 依分布收敛到一个正态分布的随机变量，且几乎处

处界于 0 和 $\min\{I(X_i;X_j),I(X_i;Y),I(X_j;Y)\}$ 之间。即当 $n\to\infty$ 时，那么可以得到以下渐近正态性：

$$\sqrt{n}(CSI(X_i,X_j,Y)-CI(X_i,X_j,Y))\to_D N(0,\sigma^2)$$

$$P\{0<\sqrt{n}(CSI(X_i,X_j,Y)-CI(X_i,X_j,Y))$$
$$<\min\{I(X_i;X_j),I(X_i;Y),I(X_j;Y)\}\}=1$$

证明 利用大数定律，当 $n\to\infty$ 时，有

$$(f_j,f_{ij},f_{j|i})\to_P (p_j,p_{ij},p_{j|i}),\quad i=1,\cdots,m_1;j=1,\cdots,m_2$$

依据 $SI(X,Y)$ 的定义，易得 $SI(X,Y)$ 关于 $(f_j,f_{ij},f_{j|i})$ 具有二阶或三阶的连续导数；因此，利用命题 6.1，有

$$SI(X_i,X_j)\to_D I(X_i,X_j)$$

$$SI(X_i,Y)\to_D I(X_i,Y)$$

$$SI(X_j,Y)\to_D I(X_j,Y)$$

因为关于共同冗余信息 $CI(X_i,X_j,Y)=T(I(X_i;X_j),I(X_i;Y),I(X_j;Y))$ 的函数 $T(x_1,x_2,x_3)$ 具有二阶或三阶的连续导数；因此，利用命题 6.1，有

$$CSI(X_i,X_j,Y)\to_D CI(X_i,X_j,Y)$$

利用式 (6-25)，该定理得证。

下面给出一种具体的示例。

1) 具有截断正态模型的随机归一化互信息

依据上述定理，并在区间 $[0,\min\{I(X_i;X_j),I(X_i;Y),I(X_j;Y)\}]$ 内使用截断正态分布。其概率密度函数 (PDF) g 为

$$g(x;\mu,\sigma,0,\min\{I(X_i;X_j),I(X_i;Y),I(X_j;Y)\})$$
$$=\frac{\dfrac{1}{\sigma}\phi\left(\dfrac{x-\mu}{\sigma}\right)}{\varPhi\left(\dfrac{\min\{I(X_i;X_j),I(X_i;Y),I(X_j;Y)\}-\mu}{\sigma}\right)-\varPhi\left(\dfrac{-\mu}{\sigma}\right)}\tag{6-31}$$

当 $0\leqslant x\leqslant \min\{I(X_i;X_j),I(X_i;Y),\ I(X_j;Y)\}$ 时否则，$g=0$。其中，ϕ 表示标准正态分布的 PDF，而 $\varPhi$ 表示它的累积分布函数 (CDF)。

为了估计参数 μ，需要构建一个满足以下两个条件的函数 $\hat{\mu}(X_i, X_j, Y)$。

(1) $0 \leqslant \hat{\mu}(X_i, X_j, Y) \leqslant \min\{I(X_i; X_j), I(X_i; Y), I(X_j; Y)\}$。

(2) 它是一个关于 $I(X_i; X_j)$, $\hat{\mu}(X_i, X_j, Y)$ 的单调递增函数。

在上述两个条件的指导下，提出以下函数来逼近截断正态模型的参数 μ:

$$\hat{\mu}(X_i, X_j, Y) = \frac{\min\{SI(X_i; X_j), SI(X_i; Y), SI(X_j; Y)\}}{\max\{SI(X_i; X_j), SI(X_i; Y), SI(X_j; Y)\}} \times SI(X_i; X_j) \tag{6-32}$$

易得 $\hat{\mu}(X_i, X_j, Y)$ 满足上述两个条件。为了简化模型，用平均方差来估计截断正态模型的参数 σ。

基于新颖的随机归一化最大相关最小共同冗余准则，通过引入截断正态模型，可以得到非线性回归中变量选择的相以下度量目标:

$$F(X_i) = \frac{SI(X_i, Y)}{SI(Y, Y)} - \frac{CSI(X_i, S, Y)}{SI(Y, Y)} \tag{6-33}$$

其中，随机相关系数 $CSI(X_i, S, Y)$ 由如下截断正态分布随机产生:

$$g(x; \hat{\mu}(X_i, S, Y), \hat{\sigma}, 0, \min\{SI(X_i; S), SI(X_i; Y), SI(S; Y)\})$$

上述信息度量函数式 (6-33) 被称为随机正则化互信息 (SNMI)。该目标函数提取所有可以精确估计的信息，并通过引入随机项来保持其多样性。因此，SNMI 是一种构造变量选择集成 (VSEs) 的新方法。

适应度函数由信息度量项和对大量变量的惩罚项构成，因此，候选变量的适应度[142] 可以表示为

$$J(X_i) = F(X_i) - \lambda \left(\frac{\parallel S \parallel}{p} \right) \tag{6-34}$$

式中：$F(X_i)$ 表示 X_i 关于已选变量集 S 和目标变量 Y 的有用信息；$\parallel \cdot \parallel$ 代表变量数量，$\parallel S \parallel / p$ 定义了对已选变量数的惩罚。可以看到，总有用信息关于 λ 递减。另外，冗余信息关于 λ 递增。因此，$J(X_i)$ 的参数 λ 能够控制有用信息项和惩罚项之间的权衡。此外，对于给定的样本大小，两个独立变量之间的相互信息 RI 有助于确定此参数 λ，比如，可以利用等式 $\lambda(1/p) = RI$ 来确定该参数。

采用类似于第 2 章的方法，可以建立由 SNMI 诱导的集成变量选择方法，其集成方法的得分公式为

$$R(j) = \frac{1}{B} \sum_{b=1}^{B} \boldsymbol{E}(b, j) \tag{6-35}$$

2) 理论分析

类似于第 5 章的理论分析，同样给出三类变量的定义，并给出变量选择性能的结论。对于一个含 p 个变量的变量选择问题，将变量分为如下三组。

定义 6.6 假设 Y 是目标变量，$I(X_i, Y)$ 是总体互信息，$CI(X_i, S, Y)$ 是 (X_i, S, Y) 之间的共同冗余信息，定义如下。

(1) 相关变量子集，记为 RL，由回归方程中包含的真实变量组成。即 $X_i \in RL$ 当且仅当 $I(X_i, Y) > 0$ 且 $I(X_i, Y) > CI(X_i, S, Y)$。

(2) 无关变量子集，记为 IR，由无关变量组成。即 $X_i \in IR$ 当且仅当 $I(X_i, Y) = 0$。

(3) 冗余变量子集，记为 RD，由有用的变量组成，但这些有用的变量依赖于一些相关变量。即 $X_i \in RD$ 当且仅当 $I(X_i, Y) > 0$ 且 $I(X_i, Y) \leqslant CI(X_i, S, Y)$。

任何变量选择问题的目标应该选择相关变量，并且排除无关变量。对于冗余变量，可以看作是存在相依性的有用变量，比如两个相关变量[103]。在这个层面上，如果在测量一个相关变量时出现一个错误，预报器的预测效果可能会比较糟糕。另外，如果预测器考虑选择上述相关变量的一个高度相关的冗余变量，则很可能纠正上述错误。基于上述分析，希望使冗余变量具有可选择性。因此，没有必要选择所有的冗余变量，但也许选择某些冗余变量有助于解决问题。为了证明 SCCE 的有效性，给出了以下理论结果。

定理 6.6 假设 $f(\cdot)$ 是如式 (6-33) 所示的最终目标函数。当样本尺寸 (n) 变大时，对于上述三类变量，有以下两个结论。

(1) 对于任意无关变量 $X_i' \in IR$，有

$$F(X_i') \to_{a.s.} 0 \tag{6-36}$$

此外，对于任意相关变量 $X_i \in RL$，存在序列空间 $\Theta_1, \cdots$ 上的概率为 0 的一个集合 C，使得该集合 C 外，都有 $F(X_i') < F(X_i)$。

(2) 给定任意相关变量 $X_i \in RL$，以及相应的最终目标函数 $F(X_i)$。对于任意冗余变量 $X_i'' \in RD$。那么，在共同冗余样本信息的极限分布上以概率 min

$$\left\{1, 1-\frac{\Phi\left(\dfrac{I(X_i'', Y)-F(X_i)\cdot I(Y,Y)-\hat{\mu}(X_i'', S, Y)}{\hat{\sigma}(X_i'')}\right)-\Phi\left(\dfrac{-\hat{\mu}(X_i'', S, Y)}{\hat{\sigma}(X_i'')}\right)}{\Phi\left(\dfrac{\min\{I(X_i''; S), I(X_i''; Y), I(S; Y)\}-\hat{\mu}(X_i'', S, Y)}{\hat{\sigma}(X_i'')}\right)-\Phi\left(\dfrac{-\hat{\mu}(X_i'', S, Y)}{\hat{\sigma}(X_i'')}\right)}\right\}$$

有如下结论：

$$F(X_i'') \leqslant F(X_i) \tag{6-37}$$

式中：$\Phi(\cdot)$ 是标准正态分布的累积分布函数。

证明 (1) 对于 $\forall X_i \in RL$，根据定义，得到 $I(X_i, Y) > 0$。因此，当样本尺寸 $n \to \infty$ 时，根据大数定律，有

$$SI(X_i, Y) \to_{a.s.} I(X_i, Y) > 0$$

即当 $n \to \infty$ 时，$F(X_i) > 0$。

对于 $\forall X_i' \in IR$，根据定义，得到 $I(X_i', Y) = 0$。因此，当样本尺寸 $n \to \infty$ 时，根据大数定律，有

$$SI(X_i', Y) \to_{a.s.} I(X_i', Y) = 0$$

即当 $n \to \infty$ 时，$F(X_i') \to 0$。

结合上述两个方面，得证。

(2) 等价于证明：在共同冗余样本信息的极限分布上至少以概率 $\min\left\{1, 1 - \dfrac{\varPhi\left(\dfrac{I(X_i'', Y) - F(X_i) \cdot I(Y, Y) - \hat{\mu}(X_i'', S, Y)}{\hat{\sigma}(X_i'')}\right) - \varPhi\left(\dfrac{-\hat{\mu}(X_i'', S, Y)}{\hat{\sigma}(X_i'')}\right)}{\varPhi\left(\dfrac{\min\{I(X_i''; S), I(X_i''; Y), I(S; Y)\} - \hat{\mu}(X_i'', S, Y)}{\hat{\sigma}(X_i'')}\right) - \varPhi\left(\dfrac{-\hat{\mu}(X_i'', S, Y)}{\hat{\sigma}(X_i'')}\right)}\right\}$ 有

$$F(X_i'') = \frac{SI(X_i'', Y)}{SI(Y, Y)} - \frac{CSI(X_i'', S, Y)}{SI(Y, Y)} \leqslant F(X_i)$$

即

$$CSI(X_i'', S, Y) \geqslant SI(X_i'', Y) - F(X_i) \cdot SI(Y, Y)$$

当样本尺寸 $n \to \infty$ 时，根据大数定律，有

$$SI(X_i'', Y) - F(X_i) \cdot SI(Y, Y) \to_P I(X_i'', Y) - F(X_i) \cdot I(Y, Y)$$

如果 $F(X_i) \cdot I(Y, Y) \geqslant I(X_i'', Y)$，则有

$$P\{F(X_i'') \leqslant F(X_i)\} \geqslant P\{CSI(X_i'', S, Y) \geqslant 0\} = 1$$

否则，

$$\begin{aligned}
&P\{F(X_i'') \leqslant F(X_i)\} \\
=& P\{CSI(X_i'', S, Y) \geqslant I(X_i'', Y) - F(X_i) \cdot I(Y, Y)\} \\
=& 1 - \frac{\varPhi\left(\dfrac{I(X_i'', Y) - F(X_i) \cdot I(Y, Y) - \hat{\mu}(X_i'', S, Y)}{\hat{\sigma}(X_i'')}\right) - \varPhi\left(\dfrac{-\hat{\mu}(X_i'', S, Y)}{\hat{\sigma}(X_i'')}\right)}{\varPhi\left(\dfrac{\min\{I(X_i''; S), I(X_i''; Y), I(S; Y)\} - \hat{\mu}(X_i'', S, Y)}{\hat{\sigma}(X_i'')}\right) - \varPhi\left(\dfrac{-\hat{\mu}(X_i'', S, Y)}{\hat{\sigma}(X_i'')}\right)}
\end{aligned}$$

综合上述两种情况，定理得证。

上述定理确保所提出的 SNMI-VSE 可以选择相关变量，排除无关变量，并控制冗余变量的使用。

6.5 试 验

现有基于互信息的选择算法主要聚焦于分类问题，该研究将其扩展到回归问题。通过 6.4.1 节和 6.4.2 节的仿真和真实回归任务对提出方法的有效性进行经验评价。为了与现有方法进行广泛对比，在 6.4.3 节也讨论了真实分类任务的结果。

6.5.1 仿真研究

为了展示提出的 N-MRMCR-MI 方法的有效性，提出了两个仿真数据集的仿真结果：即冗余变量和高度相关变量。选择这两个例子有以下三个原因：①非线性仿真数据被用于测试提出的 N-MRMCR-MI 方法的表现，且使用该方法时变量的真实类别识别对设计者保持未知[130]；②在第一个例子中，可以对比三种类型的变量，即相关变量、无关变量和冗余变量；③在第二个例子中，可以对比更复杂的案例，即三种类型的变量之间存在着高度相关性。

1. 冗余变量

第一个模拟数据集由以下函数来描述：

$$Y = 10\sin(\pi X_1 X_3) + 1.5(X_5 - 0.5)^2 + 1.3(X_7 + 0.5)^2 + 2.5X_{11} \tag{6-38}$$

在这个仿真数据集中，$p = 14$ 个变量和 150 个观测样本由标准正态分布生成，其配对相关系数为 $\rho(X_4, X_5) = \rho(X_6, X_7) = \rho(X_{10}, X_{11}) = 0.5$，其他配对相关系数为 $\rho(X_i, X_j) = 0.1^{|i-j|}$ $(i, j = 1, 2, 3, 5, 7, 8, 9, 11, 12, 13, 14)$，$\rho(X_i, X_j) = 0.01$ $(i \neq j, i, j = 4, 6, 10)$。那么，目标变量 Y 可由以上函数生成。为了研究复杂回归函数本身，该试验数据不添加噪声数据。在训练阶段，当使用算法时，真实变量的标识对学习器保持未知。

2. 高度相关变量

具有高度相关特征的第二个数据集由以下函数来描述：

$$\begin{aligned} Y = {} & X_1^3 - 3\sin(5\pi X_3) - 2.8\sin(\pi X_5) \\ & - 3.5(X_7 + 0.1) \times (X_{11} + 0.2) \times (X_{15} + 0.3) + 2X_{19} \end{aligned} \tag{6-39}$$

在这个仿真数据集中，$p = 20$ 个变量和 150 个观测样本由标准正态分布生成，其配对相关系数为 $\rho(X_i, X_j) = 0.65^{|i-j|}$ $(i, j = 1, 2, \cdots, 20)$。那么，目标变量 Y 可由以上函数生成。

3. 试验结果

在表 6.1 和表 6.2 中，对 mRMR 和 NMIFS 方法的选择结果都进行了对比和汇总 (黑体字用于显著地标出相关变量)，其任务之一就是识别真正的相关变量。对于冗余变量数据集，N-MRMCR-MI 方法比其他两个对比方法具有更强的过滤冗余和非信息变量的能力 [变量 $(6,10)$ 是冗余的，而变量 $(9,12)$ 是弱冗余的]。对于高度相关变量数据集，变量 3 和 11 难以发现有以下两个原因：①变量 3 的一阶效应为 0；②变量 $(7,11,15)$ 中的每个变量只有较小的总效应，因为它只是与其他两个变量的三路交互作用的一部分。总体来说，可以观察到，所提出的 N-MRMCR-MI 方法能够排除不重要的变量和识别几乎所有重要的变量，并具有比 mRMR 和 NMIFS 方法更好的性能。

表 6.1　第一个模拟数据集的结果

方法	特征的排序和排名 (高 → 低)													
N-MRMCR-MI	**5**	**7**	**3**	**1**	**11**	9	12	10	6	13	2	4	8	14
mRMR	**5**	**1**	12	6	9	10	**7**	13	**3**	**11**	14	8	2	4
NMIFS	**5**	**1**	12	6	9	10	**7**	**3**	13	**11**	14	8	2	4

表 6.2　第二个模拟数据集的结果

方法	特征的排序和排名 (高 → 低)																			
N-MRMCR-MI	**1**	**19**	**5**	10	**15**	**7**	2	**3**	4	6	8	9	**11**	12	13	14	16	17	18	20
mRMR	**1**	**19**	**5**	10	20	2	**15**	6	**11**	12	17	9	**7**	**3**	14	4	16	8	13	18
NMIFS	**1**	**19**	**5**	10	20	2	**15**	6	**11**	12	9	17	**7**	**3**	14	4	16	8	13	18

6.5.2　波士顿住宅数据集分析

本节展示了该方法在波士顿住房数据集的主要部分，该数据集可从 UCI 机器学习库 (http://archive.ics.uci.edu/ml/datasets.html) 获得。在这个数据集中，房价的中位数值是预测的变量。该数据有 506 个观测值和 13 个自变量，这可能有助于描述中位数值房价。受到 Mkhadri 等思想的启发，引入 30 个不相关变量来证明该方法的稀疏性，其中 10 个是从均匀分布 $U(0,1)$ 中随机抽取的，其中 13 个是由原来的 13 个自变量的随机排列生成的，其余的是由原来的 13 个自变量的随机线性组合生成的[143]。波士顿住宅数据集的描述如表 6.3 所示。

通过使用 mRMR、NMIFS 和 N-MRMCR-MI 方法，表 6.4 总结了所有变量的顺序。请注意，粗体字是原来的 13 个自变量。从 N-MRMCR-MI 方法的结果，可以很容易地看出，13、11、6、1、7、12 和 3 的变量是显著的。以下是这七个变量的社会含义。

表 6.3　波士顿住宅数据集的描述

特征编号	特征类型
1 → 13	最初的 13 个协变量
14 → 23	从 (0, 1) 均匀分布独立采样的 10 个无关特征
24 → 36	随机排列产生的不相关 (可能冗余) 13 个特征
37 → 43	随机线性组合产生的不相关 (可能冗余) 7 个特征

表 6.4　波士顿住宅数据集的结果

方法	特征的排序和排名 (高 → 低)
N-MRMCR-MI	**13**, **11**, **6**, **1**, **7**, **12**, **3**, 33, 35, 24, 16, 28, 29, **4**, 17, 20, 31, 30, 32, 14, 25, 27, 36, 34, 26, 19, 22, **2**, **5**, **8**, **9**, **10**, 15, 18, 21, 23, 37, 38, 39, 40, 41, 42, 43
mRMR	**13**, **6**, **3**, 37, **11**, **5**, 43, **7**, 38, 39, **10**, **2**, **1**, **8**, **12**, 42, 17, 27, **9**, 25, 15, 18, 29, 26, 31, 35, **4**, 14, 19, 20, 33, 30, 21, 36, 16, 24, 28, 22, 32, 34, 23, 41, 40
NMIFS	**13**, **6**, **3**, 37, **5**, **11**, 43, **7**, 39, 38, **10**, **2**, 42, **8**, 17, 40, 15, 18, 14, 19, 20, 21, 22, 16, 23, 27, **4**, 25, 41, 35, 29, 26, 31, 30, 36, 24, 34, 28, 33, 32, **9**, **12**, **1**

13 表示 LSTAT：人口下降状况%；

11 表示 PTRATIO：城镇师生比例；

6 表示 RM：每个住宅的平均房间数；

1 表示 CRIM：城镇人均犯罪率；

7 表示 AGE：1940 年以前建造的业主自用单位的比例；

12 表示 B：$1000(Bk-0.63)^2$ 其中，Bk 是按城镇划分的黑人比例；

3 表示 INDUS：每个城镇的非零售商业用地比例。

然而，从 mRMR 和 NMIFS 方法的结果，只能看出 13、6 和 3 变量是明显显著的。

如果所有原始的 13 个自变量逐步地选为解释变量，表 6.5 计算了平均 RMSE 及其变化情况，其中预测结果通过运行 BART 工具包来得到。依据上面结果能够观察到 6、13 和 3 变量是明显显著的。这个结论与表 6.4 中的结果相一致。然而，一些其他的弱相关变量将受到冗余和交互效应的影响，因而很难被检测出来。从这个分析中，可以看到 N-MRMCR-MI 方法显著地检测了四个弱相关变量。

在本章中，提出的变量选择方法没有与具体的预测方法对应。为了评价选择方法的表现，对两个常用的预测方法，即 TGP 和 BART 工具包，进行了 10-折交叉验证，那么，就有 10 次模拟的平均 RMSE 被用于测量其表现。

在分析中，假如缩减输入变量为上述列出的前七个变量，表 6.6 展示了其表现结果。对于 N-MRMCR-MI 方法，TGP 和 BART 预测的平均 RMSE 分别为 5.723688 和 4.35747；然而，对于 mRMR 和 NMIFS 方法，TGP 和 BART 预测的平均 RMSE 分别为 7.064677 和 5.578657。因此，提出的 N-MRMCR-MI 方法在选择带有潜在非线性效应的显著变量表现更好。

表 6.5　解释变量增加时的平均 RMSE 及其变化情况

序号	选定的子集特征	平均 RMSE	改进量 △ RMSE
1	(1, 2)	8.197068	
2	(1, 2, 3)	7.683548	0.51352
3	(1, 2, 3, 4)	7.554714	0.128834
4	(1, 2, 3, 4, 5)	7.747633	−0.192919
5	(1, 2, 3, 4, 5, 6)	5.691232	2.056401
6	(1, 2, 3, 4, 5, 6, 7)	5.567678	0.123554
7	(1, 2, 3, 4, 5, 6, 7, 8)	5.501213	0.066465
8	(1, 2, 3, 4, 5, 6, 7, 8, 9)	5.295971	0.205242
9	(1, 2, 3, 4, 5, 6, 7, 8, 9, 10)	5.091774	0.204197
10	(1, 2, 3, 4, 5, 6, 7, 8, 9, 10, 11)	4.805814	0.28596
11	(1, 2, 3, 4, 5, 6, 7, 8, 9, 10, 11, 12)	4.870304	−0.06449
12	(1, 2, 3, 4, 5, 6, 7, 8, 9, 10, 11, 12, 13)	4.066018	0.804286

表 6.6　不同变量选择方法与预测方法组合下波士顿住宅数据集的平均 RMSE

工具包	N-MRMCR-MI	mRMR	NMIFS
TGP	5.723688	7.064677	7.064677
BART	4.35747	5.578657	5.578657

6.5.3　与现有方法的对比

在本节中，该 N-MRMCR-MI 方法的表现与其他三种方法 JMI、JMIM 和 NMIFS 产生的结果进行对比。这些方法的选择有以下三个原因：①JMI 方法被报道可以在分类精度和稳定性方面提供优良表现[137]，而 JMIM 方法被报道比其他方法 (比如 CMIM、DISR、mRMR 和 IG) 在大多数测试公共数据集上表现更佳；与次优方法相比，JMIM 方法在相对平均误差上缩减了将近 6%[126]。② 允许比较第一类框架 (type-1 框架) 累积求和方法和“最大最小值”方法的效果，这两种方法分别在 JMI 和 JMIM 中使用。③这允许比较第二类框架 (type-2 框架) 的效果，它在 NMIFS 中被采用。NMIFS 是第二类框架 (type-2 框架) 的典型代表，而 mRMR 和 NMIFS 在上述仿真中具有相似的表现。

在表 6.7 中，上述四种方法被用于四个数据集中。为了展示它们的性质，在前两个数据集中引入了 30 个无关变量 (它们中有些是冗余变量)。类似于 Mkhadri 等的思想，其中 10 个由均匀分布 $U[\min(X), \max(X)]$ 随机抽取生成，其中 10 个是由原来的 10 个自变量的随机排列生成的，而其余的是由原始自变量的随机线性组合生成的[143]。

表 6.7　扩展实验数据集的描述

序号	数据集	特征数	样本数	类别
1	Ionosphere	34(原始协变量) + 10(随即均匀) + 10(随机排列)+ 10(随机线性组合)	351	2
2	Lung cancer	56(原始协变量) + 10(随即均匀) + 10(随机排列)+ 10(随机线性组合)	32	3
3	Colon	2000(原始协变量)	62	2
4	Leukemia	7070(原始协变量)	72	2

两个分类器 1-最近邻 (1-NN) 和支持向量机 (SVM) 被用来评估选择子集的质量。5-折交叉验证 (5-fold CV) 被用来计算平均测试精度。在变量选择之前，所有数据都进行了离散化。

图 6.4 和图 6.5 分别展示了两个相对低维数据集 (Ionosphere 和 Lung cancer) 使用 1-NN 和 SVM 的平均测试精度。图 6.4 和图 6.5 显示对于 Ionosphere 数据集，四种方法的总体表现是类似的。当选择变量数接近原始自变量数量时，N-MRMCR-MI 方法在 20~29 这个区间段获得了稍微高的精度。总体而言，N-MRMCR-MI 获得了最高平均测试精度，在 1-NN 和 SVM 上分别为 95.14%

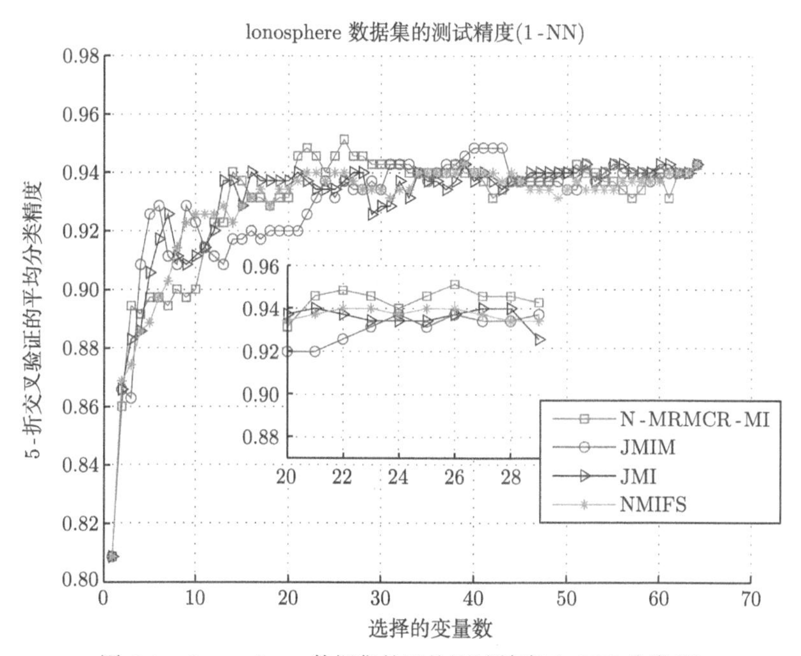

图 6.4　Ionosphere 数据集的平均测试精度 (1-NN 分类器)

和 95.43%；比 JMI (94.29%和 94.57%)、JMIM (94.86%和 95.14%) 和 NMIFS (94.29%和 94.57%) 的精度更高。如表 6.8 所示，第一类方法使用条件互信息 (比如 JMI 和 JMIM)，这类方法比使用互信息的 N-MRMCR-MI 和 NMIFS 方法具有更高的计算复杂度。因为对于所有数据集，条件互信息涉及三维概率密度函数的估计，需要大量的计算。值得注意的是，对于低维数据集，计算和存储所有变量的互信息矩阵会使得它们更快。

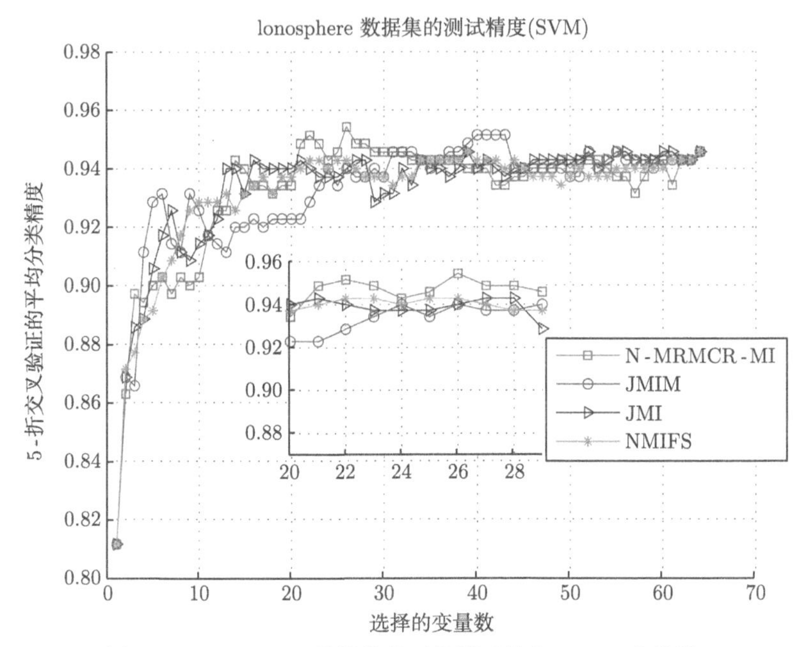

图 6.5　Ionosphere 数据集的平均测试精度 (SVM 分类器)

表 6.8　使用 5-折交叉验证时的平均运行时间

方法	N-MRMCR-MI	JMI	JMIM	NMIFS
Ionosphere	2.518	1012.628	1012.748	2.206
Lung cancer	2.964	868.124	868.644	2.17
Colon	4664.398	44331.86	45139.74	2380.608
Leukemia	2775.486	14728.37	16351.62	1202.802

图 6.6 和图 6.7 显示对于 Lung cancer 数据集，N-MRMCR-MI 和 NMIFS 比 JMI 和 JMIM 有更好的总体表现。总体而言，N-MRMCR-MI 的 1-NN 和 SVM 取得了最高平均测试精度，分别为 76.66667%和 80%；比 JMI (56.66667%和 66.66667%)，JMIM (53.33333%和 66.66667%) 和 NMIFS (73.33333%和 80%) 的精度都更高。

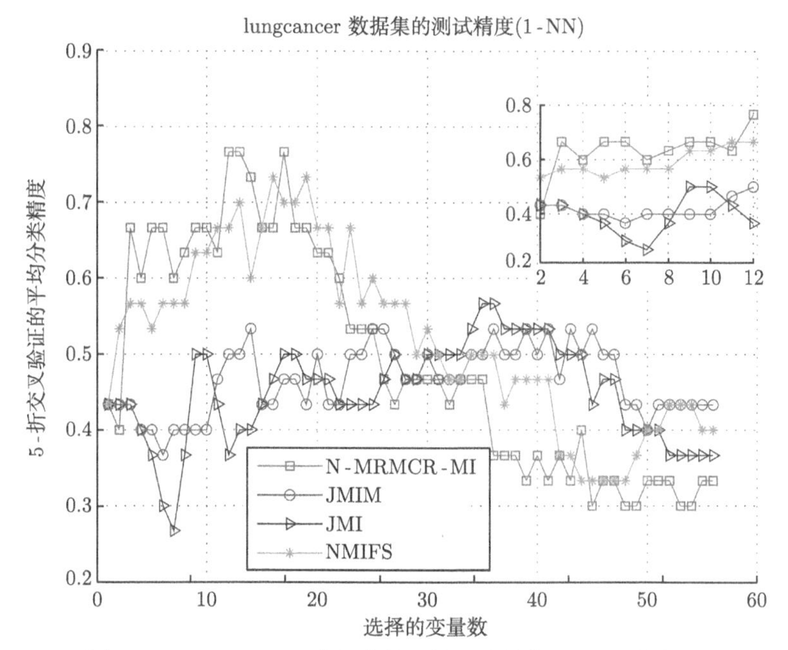

图 6.6 Lung cancer 数据集的平均测试精度 (1-NN 分类器)

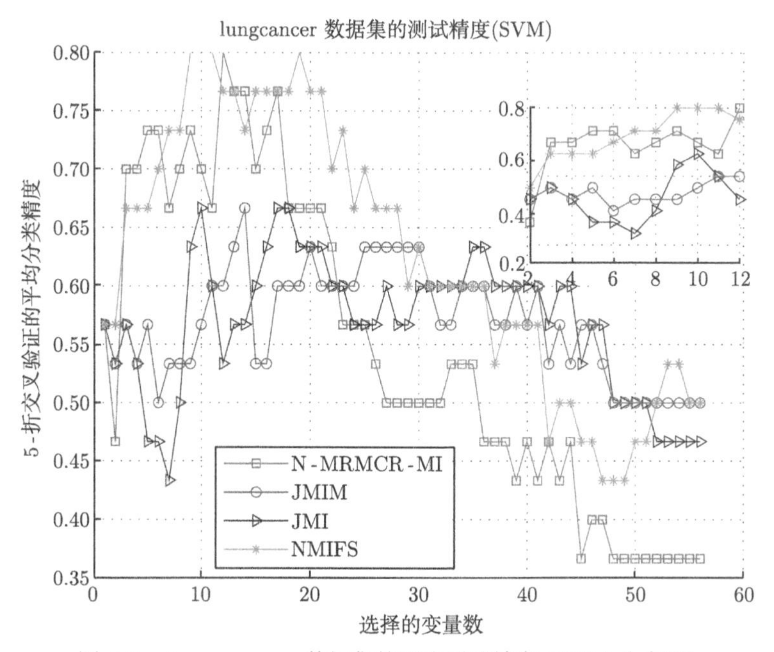

图 6.7 Lung cancer 数据集的平均测试精度 (SVM 分类器)

虽然 SVM 比 1-NN 有更好表现，但是两个数据集的精度曲线是一致的，这一点说明了评估的可信度。

对于高维微阵列数据集，使用 3-NN 来减少小样本的效应。图 6.8 和图 6.9 分别展示了使用 3-NN 和 SVM 的高维数据集 (colon) 平均测试精度。当变量数在 30~35 这个区间段时，N-MRMCR-MI 获得了稍微更高的精度。总体来看，N-MRMCR-MI 的 3-NN 和 SVM 取得了最高平均测试精度，分别为 85%和 85%；比 JMI (85%和 83.33%)，JMIM (85%和 83.33%)，和 NMIFS(83.33333%和 81.67%) 的精度都更高。图 6.10 和图 6.11 分别展示了使用 3-NN 和 SVM 的高维数据集 (Leukemia) 平均测试精度。对于这个微阵列数据集，我们可以看出所有的变量选择方法都是合理的，而 N-MRMCR-MI 对于 3-NN 和 SVM 分类器都取得了最高平均测试精度。

在上述一部分中，为了比较这些方法，进行了统计学显著性检验。

对于人工数据集和波士顿住房数据集的回归问题，每个候选变量的类型，因此不需要进行假设检验，而只需要分析选择结果。然而，对于具有很多变量的真实数据集分类问题 (比如高维数据集)，通常不知道每个候选变量的类型。因此，很难对这类选择结果进行直接的分析。为此，我们使用选择的变量子集的测试精度作为一个间接的评估，再执行一个假设检验来展示变量选择算法的有效性。

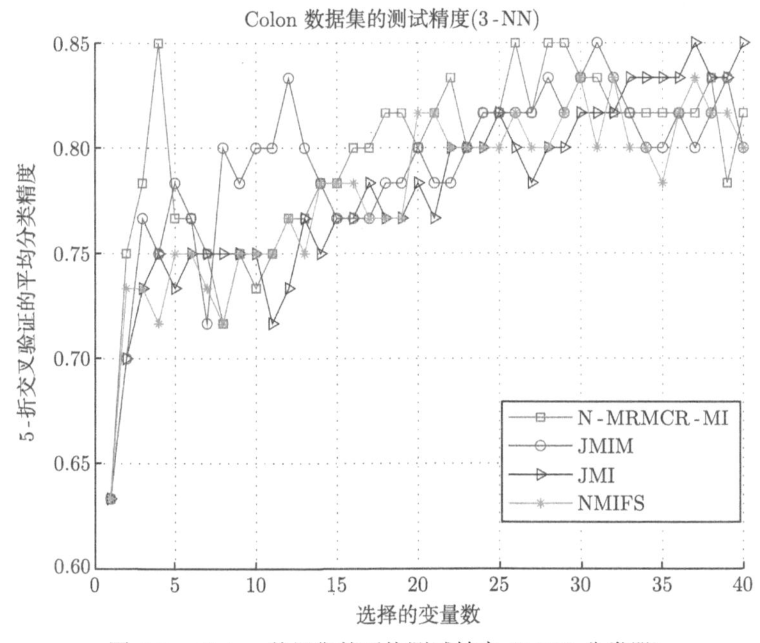

图 6.8　Colon 数据集的平均测试精度 (3-NN 分类器)

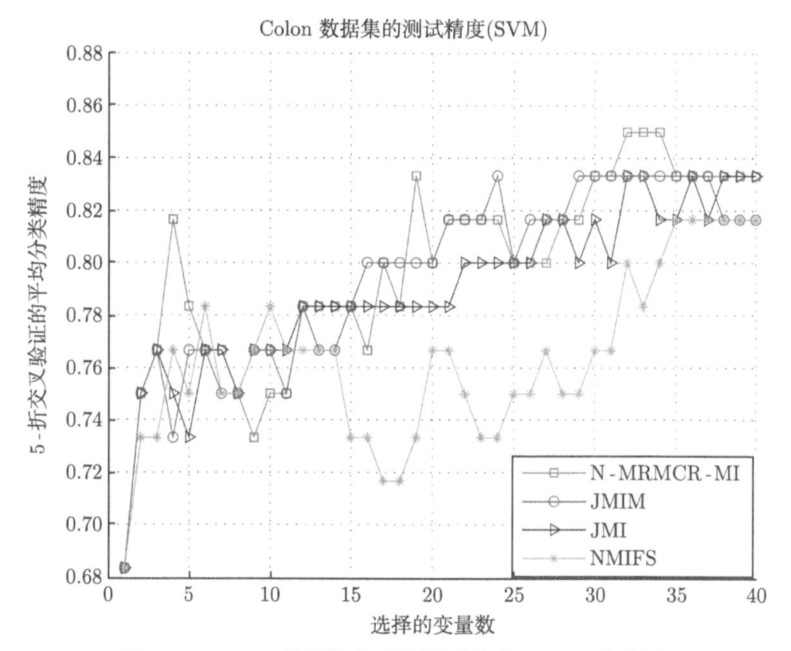

图 6.9 Colon 数据集的平均测试精度 (SVM 分类器)

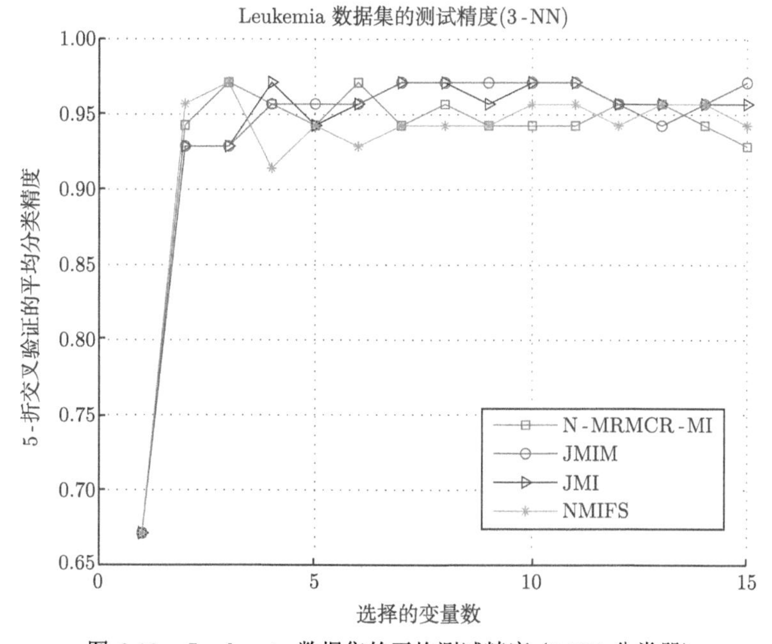

图 6.10 Leukemia 数据集的平均测试精度 (3-NN 分类器)

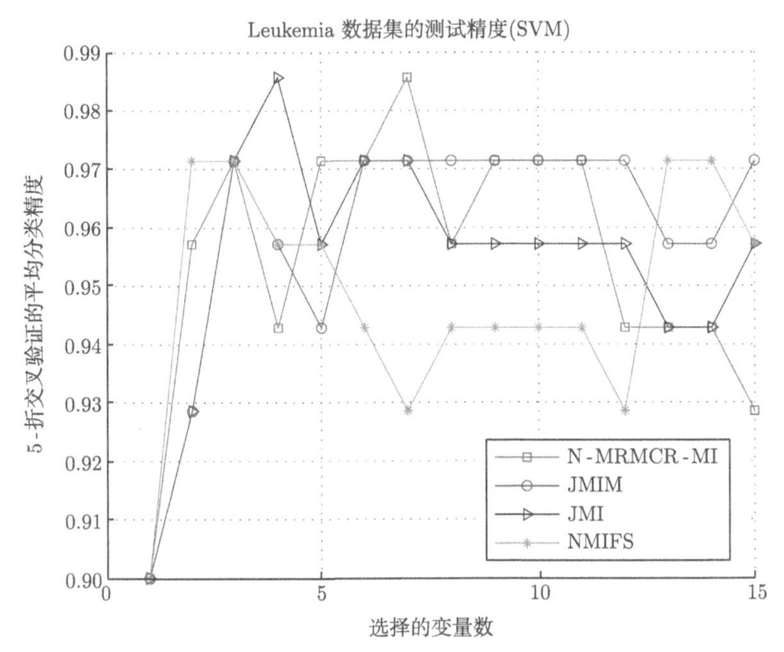

图 6.11　Leukemia 数据集的平均测试精度 (SVM 分类器)

表 6.9 和表 6.10 分别展示了 NN 和 SVM 的最高 5-折交叉验证 (5-CV) 平均精度。对于广泛对比实验，利用 R 软件进行了一个配对双边 t 检验，来评估两个 5-CV 分类精度之间差异的统计显著性: 其中之一是 N-MRMCR-MI 方法，而另外一个则是 JMIM、JMI 或 NMIFS。这个假设检验的原假设是真实差异的平均值为 0。p 值所在列的每个值报告了关于学生配对双边 t 检验的概率。p 值越小，则两个 5-CV 分类精度之间差异越显著。在 0.1 的显著性水平上，表 6.9 和表 6.10 的最后一行 (L/W/T) 比较了多种变量选择方法与 N-MRMCR-MI 方法的 5-CV 分类精度，总结了分类任务的 losses/wins/ties (L/W/T)。可以看到，N-MRMCR-MI 方法一般都可以取得比上述三种对比方法更高或显著更高的精度。

表 6.9　不同变量选择方法的显著性分析 (基于 k-NN 方法)

标题	N-MRMCR-MI Acc	JMI Acc	p-Val	JMIM Acc	p-Val	NMIFS Acc	p-Val
Ionosphere	0.9514286	0.94	**0.0993**$^-$	0.9485714	**0.04019**$^-$	0.94	**0.0993**$^-$
Lung cancer	0.7666667	0.5666667	0.1087	0.5333333	**0.05161**$^-$	0.7333333	0.6213
Colon	0.85	0.85	1	0.85	1	0.8333333	0.3739
Leukemia	0.9714286	0.9714286	1	0.9714286	1	0.9714286	1
L/W/T	—	**1/0/3**		**2/0/2**		**1/0/3**	

注: ①**NN** 的准确度: Acc 表示 5-CV 平均准确率; ②p-Val 表示关于学生配对双侧 t 检验的概率; 符号 “+” 和 “−” 表示在 N-MRMCR-MI 上胜负比较的统计显著性 (在显著水平 0.1)。

表 6.10 不同变量选择方法的显著性分析 (基于 SVM 方法)

Title	N-MRMCR-MI Acc	JMI Acc	p-Val	JMIM Acc	p-Val	NMIFS Acc	p-Val
Ionosphere	0.9542857	0.9428571	**0.0993**$^-$	0.9514286	0.6213	0.9428571	**0.0993**$^-$
Lung cancer	0.8	0.6666667	0.2943	0.6666667	0.1778	0.8	1
Colon	0.85	0.8333333	0.6213	0.8333333	0.6213	0.8166667	0.1778
Leukemia	0.9857143	0.9857143	1	0.9714286	0.3739	0.9714286	0.3739
L/W/T	—	**1/0/3**		**0/0/4**		**1/0/3**	

注：①**SVM** 的准确度：Acc 表示 5-CV 平均准确率；②p-Val 表示关于学生配对双侧 t 检验的概率；符号 “+” 和 “−” 表示在 N-MRMCR-MI 上胜负比较的统计显著性 (在显著水平 0.1)。

6.6 本章小结

回归问题的变量选择是一个复杂的任务，尤其是当存在高度非线性时，它变得更加困难。本章提出了一种基于最大相关最小共同冗余 (N-MRMCR-MI) 归一化的变量选择新方法，该方法融合了基于最大相关最小冗余 (mRMR) 的现有优势和归一化互信息变量选择方法 (NMIFS)。对于所提出的最小共同冗余度量，归一化项测量了所选择变量的基本信息，其在 $[0,1]$ 范围内产生归一化值，并将 NMIFS 方法扩展到回归问题。分析了共同冗余项 $CI(X_i,S,Y)$ 的理论性质，其得到的函数式 (6-20) 被证明是一个相关度量，即这个“得分”标准在 $[0,1]$ 中取值。所提出的框架旨在克服现有的过滤变量选择方法的局限性，例如变量重要性的高估，这会导致选择冗余和无关变量的问题。通过使用仿真研究和真实数据集，以及分类和回归两个不同任务，对引入的框架的有效性进行了经验评估。同时，展示了所提出的方法在两个合成数据集 (回归任务) 和真实基准数据集 (波士顿住宅的回归任务) 上的优越性。

本章的未来研究工作可能包括以下方向：①可以通过改进冗余项的估计来获得进一步的改进。②如何将基于元启发式的策略[139] 与选择标准结合起来，这也是一个很有探索性的方向。③在当前大数据背景下，出现了一些基于数据驱动的算法[144-150]，分析这些数据驱动算法和基于 MI 的算法之间的某些共同特征，如何将这些数据驱动算法集成到基于 MI 的算法当中，以进一步改进其有效性。④为了降低计算成本，可以将一些分布式算法或并行技术[151-155] 引入变量选择过程中，以获得优越的计算性能。⑤面对高维数据，考虑信息引导下子空间变量选择是提升变量选择集成算法效率的有效方法。⑥通过分析“得分”函数的性质，如何自动控制最佳变量子集的大小。

第 7 章 基于支持向量回归的复杂数据预测方法

针对非线性、大量样本、不平衡数据等复杂数据特征，如果预测模型在学习过程中仍采用平等对待所有训练样本的策略，这会使预测模型存在难以权衡非线性时的高精度学习与大样本时的过学习、高计算复杂度的缺陷，而当遇到具有不平衡数据特征的数据集时，平等学习过程又会使预测模型对冗余数据的学习更加敏感。基于上述分析，本章利用统计学习理论、抽样理论、信息理论和启发式优化算法，提出一种改进的支持向量回归预测模型，该模型能有效结合训练数据选择和模型选择，并给出收敛性分析定理。同时，针对支持向量回归的模型选择研究，本章将参数选择视为一个参数回归曲面问题，利用序贯网格算法，提出一种新颖的参数回归曲面拟合方法。数值模拟实验中，这一模型取得了很好的效果；进一步，这一算法被应用到实际电网案例实验。通过模型对比实验，验证该模型能嵌套地获取最优训练数据子集和模型参数。

7.1 引　　言

20 世纪 90 年代中后期，支持向量机随着其理论的不断发展和成熟，也由于神经网络等学习方法在理论上缺乏实质性进展，统计学习理论得到广泛的重视，2000 年后，SVM 成为最流行的人工智能方法之一。它的核心思想是将输入样本集从低维输入空间变换到高维特征空间，以便使其分离性状况得到改善。SVM 方法的贡献在于，它使一些在原始空间高度复杂的非线性分类问题解决方案取得突破，人们可以在维度非常高的空间中构造出线性分类规则，解决上述原始空间高度复杂的非线性分类问题，为分类算法提供了统一的理论框架。基于已有理论，支持向量回归 (SVR) 将 SVM 学习算法从分类问题推广到回归问题，使其具有更广泛的适用范围。

传统的支持向量回归能够在小样本、非线性、高维数据上取得优越的表现，但是其算法复杂度随样本量指数式增长 (计算复杂度、空间复杂度)，导致算法不适用于大规模数据集。复杂数据的大样本、不平衡等特征不仅加剧了训练的复杂度，而且会导致知识理解性差和学习泛化能力差等问题。基于上述分析，复杂数据 (特别是大规模样本数据) 的支持向量回归成为信息处理与人工智能领域的一个公开问题，许多基础理论尚未建立完善。针对这些挑战，探索训练子集和模型的结合选择，提出一种改进的支持向量回归。

7.2 改进的支持向量回归：训练子集和模型的结合选择

支持向量回归 (SVR) 是基于统计学习理论的一种非常流行和优越的预测模型[32]，其核心是线性或非线性核技术 [127,156-157]。众所周知，SVR 的泛化性能关键取决于参数设置的良好选择[30,158]。因此，SVR 的参数选择问题成为一项根本但又至关重要的课题。设计一种有效且精确的选择算法是很有必要的，这会使回归和建模的工程应用者可以广泛应用 SVR 模型[137,159]。

SVR 的参数选择被称为模型选择问题，并且可以被公式化为多模态且仅模糊指定的函数的优化问题。处理模型选择的一种简单方法是在参数域上执行穷举网格搜索。一般来说，尤其是在大规模训练数据集时，穷举网格搜索具有较高的计算成本 (训练数据集的大小 N 是一个大数)：首先，SVR 参数域的候选区域很大，由于存在大量的参数组合，精细网格搜索效率将会很低，另外，如果参数域的维数很大，即使网格不太精细也变得不可行[160]。其次，上述问题的计算复杂度是 $O(K\times N^3)$ (其中 N 是训练数据集的大小，K 是搜索次数)。为了降低算法复杂度，群智能搜索算法 [如粒子群优化 (particle swarm optimization, PSO)] 成为调谐参数寻优的较好选择策略[161-162]。尽管如此，对于大型数据集，假如将搜索次数 K 和训练数据集大小 N 全部考虑进来，该问题的复杂度仍然很重要。基于上述合理性分析，如何同时降低 K 和 N 可以提供设计高效准确的选择算法的启示和启发。

一方面，许多研究者已经研究了如何减少参数组合中的试验次数，即 K。通过估计一些参数相关误差，计算参数选择准则的四种梯度，以便优化模型选择问题[163-166]。虽然这些算法可以有效减少 K，并在时间复杂度方面取得较大提升，但是它们很可能陷入不良的局部极小值。为了避免计算模型选择准则的导数，Momma 和 Bennett[167] 引入了一种模式搜索算法，该算法适合于不可能或难以获得关于导数的信息的 SVR 问题。Li 等[160] 提出了一种多目标均匀设计 (multi objective uniform design, MOUD) 搜索算法，使搜索方案具有更好的均匀性和空间填充性。这种选择算法可以显著降低 K，避免近距离模式的浪费功能评估，然后在计算时间约束下提供调整候选集大小的灵活性。结合均匀设计和随机优化方法，Jiménez 等[168] 提出一个聚焦网格搜索的随机版本，利用启发式搜索方法反复随机筛选和检查参数搜索空间中的更集中的集合。通过更新局部和全局最佳位置，可以期望 PSO 迭代地将群移动到最优解，并结合均匀设计思想来执行更有效的搜索[31,90,169-170]。

另一方面，支持向量回归 (SVR) 对大样本有高计算复杂度 $O(N^3)$。由于 SVR 的稀疏性，训练数据约简是减少 N 的一种有效方法。基于此，研究者提出了许多有效的解决方案：一种解决方案是将大数据集问题分解成若干个子问题。利用处理全核矩阵的低秩逼近方法，Platt 提出了一种简化的 SVR(RSVR) 方法。为了进一步提高计算效率。另一种解决方案是为原始数据集选择一个小规模的训练子集。Lee 和 Huang[171] 利用随机抽样方法获得一个小规模训练子集，然后基于训练子集训练 SVR。Brabanter 等[172] 通过构造二次 Rayi 熵的最大目标函数，提出一种改进的主动子集选择方法，并利用迭代法对随机训练子集进行优化，然后确定大数据集的一个优化的固定大小核模型。针对大规模数据的 SVR 仅限于固定大小的训练子集，Che[173] 构造近似凸优化框架来确定基于训练子集的 SVR(TS-SVR) 的最优尺寸，并通过 0.618 方法求解。文献 [163] 的工作结合了 APSO 和 TS-SVR，利用 APSO 来对每个 TS-SVR 进行模型选择。特别地，它是一种两步方法：第一阶段基于最优训练子集 (optimal training subset, OTS) 算法来选择第二阶段需用到的训练子集。对于具有该训练子集的 TS-SVR，然后采用 APSO 算法进行第二阶段 TS-SVR 的模型选择。然而，它的模型选择过程对训练子集的每一次迭代都反复执行。该方法没有考虑训练子集选择和模型选择之间的相互联系，这为我们获得更好的性能提供了如下动机：训练子集与模型选择之间的集成策略可望裁剪贴近模式的浪费参数空间，将使选择过程的空间更加具有填充性。据我们所知，在 SVR 建模过程中，没有研究真正集成训练子集和模型选择。

为了逐步探索广泛的候选搜索区域，本章尝试将 SVR 的训练子集和模型选择相结合，通过继承现有的基于训练子集 SVR 的模型选择，提出一种嵌套 PSO。这种改进的 SVR 可以使用上述集成策略来同时降低 K 和 N，这是一种适用于大规模训练数据的快速 SVR 模型。首先分析和应用了文献 [173] 中的基于训练子集的 SVR(TS-SVR) 迭代过程，来探索其参数域。然后，估计两个大小不同的 TSs 之间的最优参数设置的移动区域，从而形成嵌套机制和收缩搜索，以显著减少参数组合的候选集合空间。最后，通过嵌套粒子群算法 (nested particle swarm optimization, NPSO) 将 TS-SVRs 从小尺寸到最优尺寸连接起来，以便可以阶段性地搜索调谐参数。试验结果表明，所提出的结合 SVR 可以选择合适的训练子集和参数，训练后的 SVRs 的测试精度与标准模型的测试精度相匹配，而训练时间却可以显著缩短。在 TSs 的迭代过程中，该模型可以自适应地、动态地调整更新搜索区域。

本章简要介绍了基本模型，提出 SVR 的结合的训练子集与模型选择 (I-TSMS-SVR)，再证明 I-TSMS-SVR 模型的收敛性，在此基础上提出基于序贯网格方法的支持向量回归，最后给出数值模拟研究结果。

7.3 基本模型

7.3.1 支持向量回归 (SVR)

下面分别从 SVR 的模型建立、模型求解，以及模型参数域等三个方面来介绍该模型的基本思路。

1. SVR 的模型建立

给定 n 条训练数据记录 (x_i, y_i)，其中 $(x_i, y_i) \in \mathbb{R}^d \times \mathbb{R}$。对于构建一个回归模型和算法来说，首先需要考虑的是确定一个目标方程，比较典型的就是考虑损失函数和正则项两个方面来确定回归方程 f，即

$$\min_{f\in F}\left\{\frac{1}{n}\sum_{i=1}^{n}L(y_i, f(x_i)) + \lambda J(f)\right\}$$

式中：$\lambda > 0$ 是权衡损失函数与正则项之间的系数。经典的一元线性回归采用如下平方损失 (square loss) 函数：

$$L(y_i, f(x_i)) = (y_i - f(x_i))^2$$

当变量维数较高、样本数较少时，回归模型容易产生“过拟合”的问题。此时，有两个常见的处理方法：一是采用前面提到的变量选择方法来减少变量维数；二是引入正则化方法来减少变量参数 ω 的数量级。基于此，岭回归 (ridge regression) 通过引入如下 L_2 范数正则化方法，采用平方损失函数和 L_2 正则化来构建目标方程。

$$J(\omega) = \|\omega\|_2^2$$

为了得到更稀疏的解，最小绝对收缩选择算子 LASSO 通过引入如下 L_1 范数正则化方法，采用平方损失函数和 L_1 正则化来构建目标方程。

$$J(\omega) = \|\omega\|_1$$

而 Logistic 回归通过引入如下对数损失函数，采用对数损失函数和 L_1 正则化来构建目标方程。

$$L(y_i, f(x_i)) = y_i \ln(1 + \mathrm{e}^{-f(x_i)}) + (1 - y_i)\ln(1 + \mathrm{e}^{f(x_i)})$$

与岭回归、LASSO 回归等主流线性回归模型相比，岭回归、LASSO 回归只有当预测值与实际值完全相同时，训练损失才为零，而支持向量回归 (SVR) 假设可容忍预测值与实际值之间最多有的偏差，引入松弛因子“软边界”，以求获得更强的泛化能力。因此，SVR 采用了“软边界”损失函数和 L_2 正则化来构建目标方程。

$$\min_{\omega,b,\xi,\xi^*}\frac{1}{2}\|\omega\|_2^2 + C\sum_{i=1}^{n}(\xi_i + \xi_i^*) \tag{7-1}$$

$$\text{s.t.}\begin{cases} y_i-(\omega^{\mathrm{T}}\varPhi(x_i)+b)\leqslant\varepsilon+\xi_i\\ (\omega^{\mathrm{T}}\varPhi(x_i)+b)-y_i\leqslant\varepsilon+\xi_i^*\\ \xi_i,\xi_i^*\geqslant 0\end{cases}$$

式中：$\varPhi$ 是核方法的高维映射函数。

2. SVR 的模型求解

本节简要地描述 ε-不敏感支持向量回归 (ε-SVR)，更详细的内容可参见文献 [32]、[174]～[176]。具体而言，利用以下形式的一个回归函数，SVR 预测器将预测输入模式 $x\in\mathbb{R}^d$ 的输出。

$$f(x)=\sum_{i=1}^{n}(\alpha_i^*-\alpha_i)\boldsymbol{K}(x_i,x)+b \tag{7-2}$$

式中：$\boldsymbol{K}:\mathbb{R}^d\times\mathbb{R}^d\mapsto\mathbb{R}$ 是将输入空间映射到更高维特征空间的 SVR 核函数，而这个“核方法”可以使得原始输入空间的非线性回归等价于更高维特征空间的线性回归。针对上面建立的模型，通过求解以下盒约束和线性约束下的对偶二次问题，可找到系数 α_i^*,α_i：

$$\min\frac{1}{2}(\alpha-\alpha^*)(T)\boldsymbol{K}(\alpha-\alpha^*)-(\alpha-\alpha^*)^{\mathrm{T}}y+\varepsilon(\alpha+\alpha^*)^{\mathrm{T}}\mathbf{1} \tag{7-3}$$

$$\text{s.t.}\begin{cases}(\alpha-\alpha^*)^{\mathrm{T}}\mathbf{1}=0\\ 0\leqslant\alpha_i\leqslant C\\ 0\leqslant\alpha_i^*\leqslant C\\ i=1,2,\cdots,n\end{cases}$$

式中：$\boldsymbol{K}$ 是具有 $\boldsymbol{K}_{ij}=\boldsymbol{K}(x_i,x_j)$ 的完全核矩阵，$\boldsymbol{l}$ 是元素为 1 的向量，选择具有标准偏差的高斯核函数：

$$\boldsymbol{K}(x_i,x)=\exp\left[\frac{-(x-x_i)^2}{2\times\delta^2}\right] \tag{7-4}$$

一旦三个模型参数 (C, ε, δ^2) 确定下来，则上述 ε-SVR 模型也可被求解出来。为了最小化参数 ε, Schölkopf 等[177] 通过引入一个额外项 ν，从而提出了 ν-SVR。在本章中，对 ε-SVR 模型考虑训练子集和模型选择问题。

3. SVR 的模型参数域

众所周知，SVR 模型的泛化性能取决于三个参数 $(C, \varepsilon, \delta^2)$ 的良好选择，这也称为模型选择。然而，不能直接对每个 SVR 模型的参数设置 $(C, \varepsilon, \delta^2)$ 进行直接估价，因此很明显，除了某种类型的搜索之外，对于该参数选择不存在明确的赋值表达式。处理模型选择的一个标准策略是在参数域上采用或多或少的穷举网格搜索。显然，网格搜索的参数域应该包括一个大区域以便覆盖全局最优解，这使得网格搜索具有较高的计算成本。为此，使用一个随机元模型搜索替代方法，即粒子群优化 (PSO)，来逐渐定位参数搜索域。本章设置了如下参数搜索域的一个经验区域：$C \in [4^{-3}, 4^8]$, $\varepsilon \in [0.001, 1]$, $\delta^2 \in [4^{-3}, 4^8]$。SVR 的初始参数搜索域是一个比较大的范围，可以在 NPSO 迭代过程中自适应地调整该搜索区域。

7.3.2 训练子集选择

本节的主要内容是关于训练 SVR 的训练子集 (training subset, TS) 算法，该算法试图通过选定的训练子集从大数据集中提取具有代表性的信息。当面对的训练数据集不均匀 (或不平衡等) 时，训练的 SVR 可能会产生过学习的问题。为了解决上述问题，一个好的解决方案就是在训练阶段将不平衡训练数据集转化为一个平衡数据。因此，一些抽样技术被用来平衡化数据集[178]。

1. 选择规则：均匀设计思想

这里的目标是从训练数据全集 T 中选取一个小尺寸的，平衡的但有信息量的训练子集 TS。考虑到均匀设计试验是寻找均匀散布在可选域中的代表数据点，且此方法从 1980 年就已经开始流行[179-181]，借鉴均匀设计思想到训练子集选择当中。在准蒙特卡罗方法中最流行的非均匀性度量是 L_2-差异性：

$$D_2(\mathrm{TS}(m)) = \left[\int_{C_d} |\, F_m(x) - F(x) \,|^2 \,\mathrm{d}x\right]^{1/2} \tag{7-5}$$

式中：C_d 是 d 个参数上的一个域；$\mathrm{TS}(m) \subset C_d$ 是一个尺寸为 m 的已选训练子集；$F(x)$ 是 C_d 上的累积均匀分布；$F_m(x)$ 是 $\mathrm{TS}(m)$ 的经验累积分布函数[182]。直观地推断，对于具有更多差异性的 $\mathrm{TS}(m)$，其 $D_2(\mathrm{TS}(m))$ 取值也应该较小。

由于更分散的数据点比更集中的数据点包含更多的信息，受到这一灵感的启发，训练子集 (TS) 选择技术依据如下准则，从训练数据全集中选择具有最大差异性的一些数据点：

$$X^* = \underset{X_i \in T}{\operatorname{argmax}} \left\{ \sum_{X_j \in TS} |X_j - X_i| \right\} \tag{7-6}$$

注释 1：对于两个尺寸大小 m_1, m_2 ($m_1 < m_2$)，可以首先根据上面的准则生成 TS(m_1)，然后基于 TS(m_1) 生成 TS(m_2)。

注释 2：对于每个 TS(m) 的模型选择问题，提出了一个随机元模型搜索替代方案 (即嵌套粒子群优化 (NPSO)) 来执行模型选择问题。

注释 3：基于训练子集的支持向量回归 (TS-SVR) 相比基于训练数据全集的 SVR 具有明显的优势，因为它解决了大样本的计算和内存复杂度 $O(N^3)$ 的问题，并且防止了不平衡数据回归过程中的过度拟合。

2. 算法例证

在上述中，提出了一种新的技术，以确保所获得的训练子集可以从训练数据全集中提取最大信息。它可以从整个训练数据中选择一些具有最大差异的训练数据，并应用于寻找最优训练子集 (OTS)。假设 m 表示一个待定的训练子集的最佳尺寸大小，则 m-OTS 在所有训练子集中具有最大信息。本章提出的 m-OTS 方法是一种基于实例的算法，它每次将最不一样的数据点选入子集。在这里，欧几里得距离被用作为距离度量，而重叠度量 (或 Hamming 距离) 等其他度量也可以被使用。所以，距离更远的点包含的信息比近点多。在训练阶段，算法包括获取训练子集和训练 SVR 算法。在预测阶段，利用基于 OTS 的 SVR，对测试数据点进行预测。执行上面的简单伪代码，以获得代表训练集的最大信息的 m 个元素，这被称为 m-OTS 算法。

接下来，利用如下 6 维实例 Friedman #1 来详细地解释该理论：

$$y = 10\sin(\pi x_1 x_2) + 20\left(x_2 - \frac{1}{2}\right)^2 + 10x_4 + 5x_5 + \varepsilon \tag{7-7}$$

其中 $\varepsilon \sim N(0,1)$，$x_j \sim U[0,1], j = 1,2,3,4,5$，执行 50 个模拟，并在每个模拟中生成 300 个数据点 (生成 100 个数据点作为测试集)。在这个 6 维的例子中，选择 15 个逐渐增大的 TS 尺寸大小，即 [10, 15, 20, 25, 30, 35, 40, 45, 50, 55, 60, 65, 70, 75, 80]，并针对每个 TS-SVR 的测试集计算其 MSE 性能。为了进行公平的比较，使用 R 软件包 “e1071” 中 ε-SVR 的默认设置。图 7.1 为误差平方和 (SSE) 与样本量的关系，图中将 TS 的大小显示为关于这个 6 维实例的测试集的平方和误差 (squate sum of error, SSE) 的性能函数。最后一个框是完整训练集的 SSE 性能，并作为对比的基线。可以观察到，大小为 75 和 80 的 TS-SVR 比完整训练数据的 SVR 具有更好的测试性能，这表明：随着 TS(m) 的有用信息量增加，TS(m) 的冗余信息量也增加。换句话说，有用的信息在开始时占主导地位，随后反转。在海量数据集问题中，训练数据通常包含大量冗余信息。冗余信息不仅对 SVR 训练没有用处，而且会约束精度并导致计算负担。SVR 的研究表明，只有训练数据全集的一部分 (即支持向量) 对最终 SVR 模型有影响。如 Cherkassky 和 Ma[183] 所描述的，使用少于 50%的支持向量 (support vector, SV) 通常就可得到最佳的泛化性能。丢弃这些冗余信息可以加速 SVR 的训练过程。

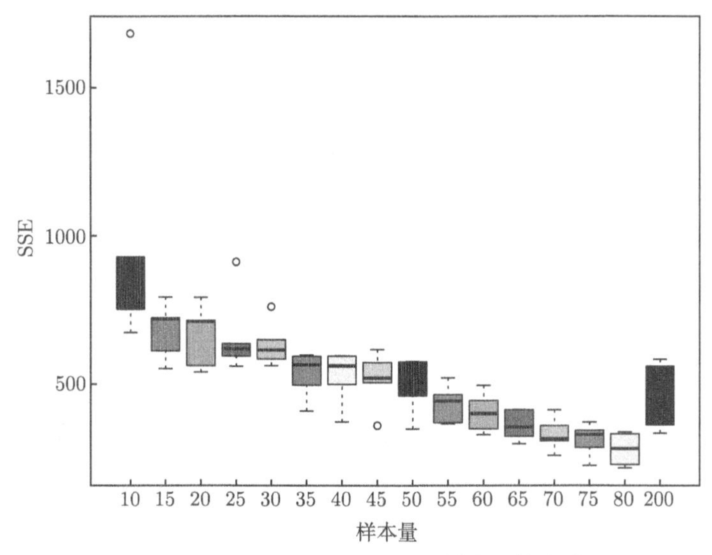

图 7.1 误差平方和 (SSE) 与样本量的关系

7.4 SVR 的训练子集和模型的结合选择

本节提出 SVR 的训练子集和模型的结合选择 (I-TSMS-SVR) 总体制定过程。首先，当训练子集的大小从 m_1 值变为稍大的 m_2 值时，最优参数设置的移动区域可以通过乘以一个乘法因子来估计。然后，提出嵌套粒子群优化算法 (NPSO)，将训练子集 (TS) 与模型选择过程相结合，并给出详细的步骤描述。

7.4.1 搜索区域估计

训练子集 (TS) 的成员具有均匀分散的特性，因此 TS 的代表性非常强。本节主要分析不同尺寸 TS 之间参数分布的关系。

1. 宽度参数 γ

对于参数 γ, Silverman[184] 和 Stone[185] 指出一个渐近最优窗口的阶数为 $\delta = O(m^{-1/(4+d)})$ 或 $\gamma = \dfrac{1}{2\times\delta^2} = O(m^{2/(4+d)})$(其中 m 是训练数据集的大小，d 为数据集的维数)。基于上述理论，我们可以很容易地得出结论：当 TS 的尺寸大小由一个值 m_1 变为一个稍微更大的值 m_2 时，可以通过乘以一个乘法因子

$(m_2/m_1)^{2/(4+d)}$ 来近似地调整参数设置。最佳参数设置的移动距离可由以下方程来估算：

$$\mathrm{MD}(m_1, m_2, \gamma) = \left[\left(\frac{m_2}{m_1}\right)^{2/(4+d)} - 1\right] \times \gamma(m_1) \tag{7-8}$$

通常，当差值 $m_2 - m_1$ 相对小或 d 是一个中等到大的值时，这个乘法因子接近 1，这表明上述移动距离是一个较小的值。由于上述移动距离是一个近似估计，在较小的收缩范围内可以通过更精细的搜索来找到新的最佳参数设置。为了简单起见，设置了 $\gamma(m_2)$ 的下界和上界，可表示为以下域：

$$\gamma(m_2) \subset [\gamma(m_1) - \lambda_1 \times (\Delta^1 - 1) \times \gamma(m_1), \gamma(m_1) + \lambda_1 \times (\Delta^1 - 1) \times \gamma(m_1)] \tag{7-9}$$

其中

$$\Delta^1 = (m_2/m_1)^{2/(4+d)}$$

式中：$\gamma(m_1)$ 和 $\gamma(m_2)$ 分别是基于 $\mathrm{TS}(m_1)$ 和 $\mathrm{TS}(m_2)$ 的 SVR 最优 γ 参数；$\lambda_1 > 1$ 是一个正的常数。当 $\lambda_1 \times (\Delta^1 - 1) > 1$ 时，其下界设为 0。

2. 容许误差 ε

对于噪声信息而言，它是不能通过自变量–因变量的模式建立来推理的，因此它的使用可能会限制 SVR 的预测性能[186]。为了提高 SVR 的稳健性，一个参数 ε 被引入：学习误差小于 ε 是可以接受的，而超出这个“ε-管”的数据点被称为“支持向量”。

Smola 等[32,187]、Kwok 和 Tsang[188] 从理论和试验角度提出了一个渐近最优 ε 设置规则：数据中最优 ε 与噪声之间的线性定标。众所周知，ε 的值应该被设置为标准偏差的比例常数，Cherkassky 和 Ma[183] 基于噪声和训练数据大小改进了这一设置规则：

$$\varepsilon = 3\sigma\sqrt{\frac{\ln m}{m}} \tag{7-10}$$

式中：σ 为加性噪声的标准差；m 为训练数据集的大小。

因为 ε 值决定了支持向量的数量，一个充分小的 ε 将使 TS 的所有数据点变为支持向量。在达到足够小的 ε 之后，其取值对最终的预测模型几乎没有影响。当 TS 的尺寸大小由一个值 m_1 改变到一个稍微大的值 m_2 时，参数设置可以通过乘以乘法因子 $(m_2/m_1)^{1/2} \times (\ln m_1/\ln m_2)^{1/2}$ 来近似调整。最优参数设置的移动距离可以通过如下公式来估计：

$$\mathrm{MD}(m_1, m_2, \varepsilon) = \left[\left(\frac{m_2}{m_1}\right)^{1/2} \times \left(\frac{\ln m_1}{\ln m_2}\right)^{1/2} - 1\right] \times \varepsilon(m_1) \tag{7-11}$$

一般地，当差值 m_2-m_1 相对小时，这个乘法因子接近 1，这表明上述移动距离是一个较小的值。由于上述移动距离是一个近似估计，在较小的收缩范围内可以通过更精细的搜索来找到新的最佳参数设置。为了简单起见，设置了 $\varepsilon(m_2)$ 的下界和上界，可表示为以下域：

$$\varepsilon(m_2)\subset[\varepsilon(m_1)-\lambda_2\times(\Delta^2-1)\times\varepsilon(m_1),\varepsilon(m_1)+\lambda_2\times(\Delta^2-1)\times\varepsilon(m_1)] \quad (7\text{-}12)$$

其中

$$\Delta^2=(m_2/m_1)^{1/2}\times(\mathrm{lnm}_1/\mathrm{lnm}_2)^{1/2}$$

式中：$\varepsilon(m_1)$ 和 $\varepsilon(m_2)$ 分别是基于 $\mathrm{TS}(m_1)$ 和 $\mathrm{TS}(m_2)$ 的 SVR 最优 ε 参数; $\lambda_2>1$ 是一个正的常数。当 $\lambda_2\times(\Delta^2-1)>1$ 时，其下界设为 0。

3. 折中参数 C

对于参数 C，它的值决定了最终回归方程的模型复杂度和大于 ε 的训练误差之间的折中。直观地说，小尺寸 TS 将减少模型的复杂度，这意味着一个更小的 C 值对应着更小尺寸的 TS。在假设 ε 已经被选定的情况下，Mattera 和 Haykin[189] 提出 C 的近似最优值等于 $\max(y)-\min(y)$ (其中 y 是训练数据的响应值)。根据 TS 的选择准则，当 TS 的尺寸大小由一个值 m_1 变为一个稍大值 m_2 时，C 的参数设置将只有一个很小的改变，而 $\max(y)-\min(y)$ 只与维数 d 负相关。由于计算最佳参数设置的精确移动距离是困难的，所以在较小的收缩范围内可以通过更精细的搜索找到新的最佳参数设置。为了简单起见，设置了 $C(m_2)$ 的下界和上界，可表示为以下域：

$$C(m_2)\subset[C(m_1)-\lambda_3\times(\Delta^3-1)\times C(m_1),C(m_1)+\lambda_3\times(\Delta^3-1)\times C(m_1)] \quad (7\text{-}13)$$

其中

$$\Delta^3=(m_2/m_1)^{0.5\times(1-1/d)}$$

式中：$C(m_1)$ 和 $C(m_2)$ 分别是基于 $\mathrm{TS}(m_1)$ 和 $\mathrm{TS}(m_2)$ 的 SVR 最优 C 参数; $\lambda_3>0$ 是一个正的常数。当 $\lambda_3\times(\Delta^3-1)>1$ 时，其下界设为 0。

因此，能够得到如下结论：对于尺寸大小差别不大的训练数据子集 (TS)，模型选择搜索空间的性能形状 (参数分布形状) 是相似的，但这个参数分布的位置将根据一个乘法因子整体移动。考虑到乘法因子是一个近似估计，最优参数设置的移动区域 $P_{\text{best}}[\mathrm{TS}(m_2)]=[\gamma_{\text{best}}(m_2),\varepsilon_{\text{best}}(m_2),C_{\text{best}}(m_2)]$ 可以通过如下搜索域来界定：

$$
\begin{aligned}
P_{\text{best}}[\text{TS}(m_1)] - \text{MR}(m_1, m_2) &\leqslant P_{\text{best}}[\text{TS}(m_2)] \\
&\leqslant P_{\text{best}}[\text{TS}(m_1)] + \text{MR}(m_1, m_2)
\end{aligned} \tag{7-14}
$$

其中

$$
\text{MR}(m_1,m_2)=[\lambda_1\times(\varDelta^1-1)\times\gamma(m_1),\lambda_2\times(\varDelta^2-1)\times\varepsilon(m_1),\lambda_3\times(\varDelta^3-1)\times C(m_1)]^{\text{T}}
$$

式中：$\text{MR}(m_1, m_2)$ 表示移动半径。由于乘法因子与训练数据集的大小和维数密切相关，且是一个近似估计，可以根据不同 TSs 的性能形状的阶 $P_{\text{best}} \pm O(g(m,d))$ 来估计该移动区域。值得注意的是: 当 $m_1 = m_2$ 时，利用 $m_1 = m_2 + 1$ 来保持对模型选择的更精密搜索，再计算移动区间 $\text{MR}(m_1, m_2)$。

7.4.2 算法例证

基于上述理论，可以推断，尺寸差异小的 TS 之间的结构具有相似的特征。当 TS 的大小被迭代地从一个小的尺寸大小更新到最优的尺寸大小时，可以逐步反映出训练数据全集的结构。TS 的尺寸大小开始时缓慢变化，使得搜索区域可以由所提出的 NPSO 自适应地收缩。这可以通过下面的 Friedman #1 仿真来验证。

SVR 建模非常依赖于参数设置 (γ, C, ε)。为了在二维框中画出我们的搜索区域，ε 设置为 ε-SVR 的用户预先指定的参数。由于穷举网格搜索具有很高的计算复杂度，对网格搜索进行了五次仿真，其中网格参数组合为 21×21(441 次试验)，并计算该网格搜索的平均 MAE。为了生动地演示在参数域中基于训练子集的 SVR(TS-SVR) 的性能，图 7.2 描述了四个训练子集尺寸 $[20, 45, 80, 200]$ 下的两个参数 $\left(\gamma = \dfrac{1}{2 \times \delta^2}, C\right)$ 的 TS-SVR 比较，其中 x 轴，y 轴和 z 轴分别为 $\log_2 C$、$\log_2 \gamma$ 和模型性能度量 MAE。很容易观察到，对于小尺寸 TS 存在许多局部极小值，因此梯度搜索算法可能陷入 (坏) 局部极小值。

如图 7.2 所示，可以很容易地观察到，基于小尺寸 TS 的 SVR 与基于训练数据全集的 SVR 具有相似的全局形状，而当接近最优尺寸 TS 时，越来越多的局部形状被显示，这表明小尺寸 TS 的价值。TS 的尺寸理论也在文献 [173] 中进行了分析。一般来说，SVR 的全局最优参数具有较大的搜索区域，因此使用基于训练数据全集的 SVR 传统方法进行参数搜索将需要很长时间。为此，使用基于小尺寸 TS 的 SVR 进行参数搜索是上述搜索方法的一个吸引人的替代方案。受 TS 的上述特点启发，希望通过以下逐步策略将训练子集和模型选择过程结合在一起：先在小尺寸 TS 的 SVR 中搜索非常可能的全局最优区域，随着迭代过程的推进，当接近最优尺寸 TS 的 SVR 时，逐步开始搜索越来越多的局部区域。

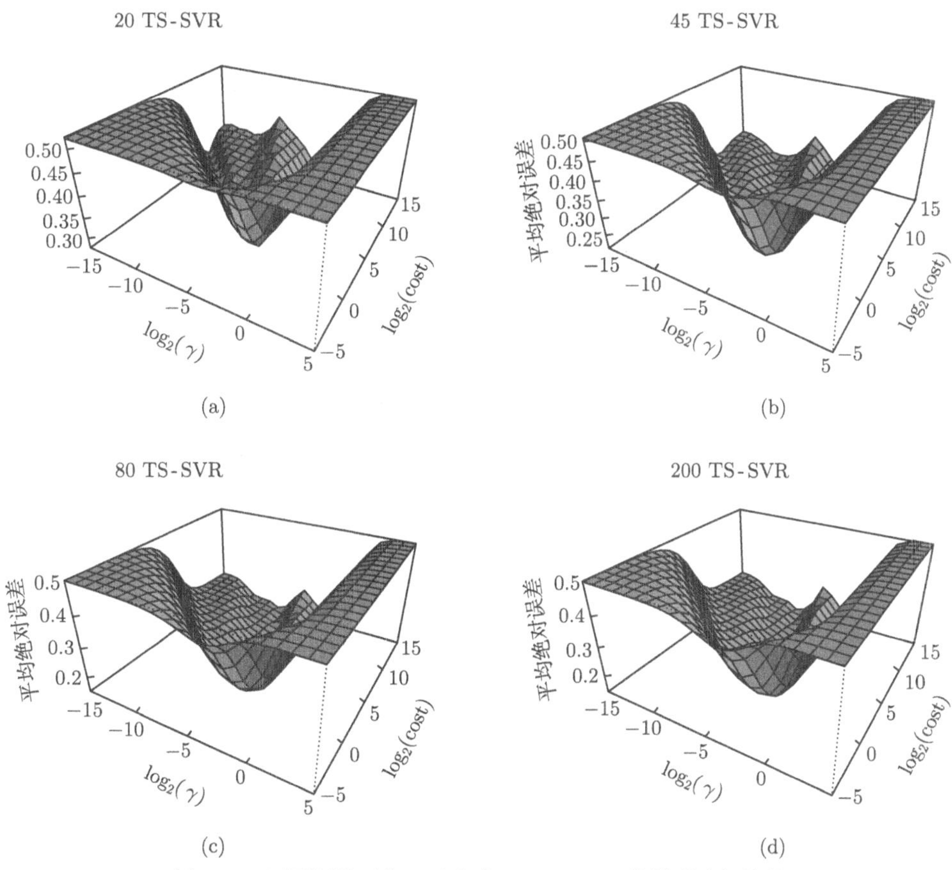

图 7.2 不同训练子集尺寸大小下 TS-SVR 的模型选择性能

7.4.3 嵌套粒子群优化算法

本节提出一种嵌套粒子群优化算法 (NPSO)，它将训练子集 (TS) 和模型选择集成到 SVR 中，并可以同时显著地降低 K 和 N。利用上述搜索区域估计，通过自适应和周期性地估计基于训练子集的 SVR(TS-SVR) 最优参数设置的搜索区域，来实现嵌套算法。

为了减少相邻模式的浪费性参数空间，通过嵌套粒子群优化 (NPSO) 迭代地将 TS-SVRs 从小尺寸到最优尺寸连接起来。在第一次迭代中，它通过一个小尺寸的 TS-SVR 来确定全局最优参数，并且为一个新尺寸的 TS-SVR 估计这个全局最优参数的移动乘法因子，然后下一次迭代在更新的搜索区域中执行越来越精细的无导数搜索。这种周期性选择策略是一个有效的微调过程，从而降低了计算复杂度，并产生了更好的泛化能力。下面将解释如何做到这一点。

1. 粒子群优化算法

粒子群优化算法 (PSO) 是一种群体智能方法，它是受到鸟群和鱼类觅食等群体行为驱动而提出的。它是 Kennedy 和 Eberhart[190] 于 1995 首次提出的。

对于 PSO 的第 t 次迭代，粒子 i 的运动 (记为 $x_i(t+1)$) 由以下速度矢量方程 $v_i(t+1)$ 决定：

$$v_i(t+1)=\omega \times v_i(t)+c_1 \times \text{rand}(\ )_1 \times (p_i-x_i) + c_2 \times \text{rand}(\ )_2 \times (p_g-x_i) \tag{7-15}$$

$$x_i(t+1) = x_i(t) + v_i(t+1) \tag{7-16}$$

式中：p_i 是自身之前的最好位置；p_g 是整个群体之前的最好位置；c_1 和 c_2 是权重因子，而 $\text{rand}(\ )_1$ 和 $\text{rand}(\ )_2$ 是抽取自 $U(0,1)$ 的随机数。

粒子群优化算法 (PSO) 可以有效进行搜索，以优化不可能或难以获得导数信息的 SVR 问题，也就是说，PSO 能够在候选区域中进行无导数信息获取的搜索。另外，PSO 是一种随机的元模型搜索，可以逐渐聚焦参数搜索域，因此比网格搜索具有更低的计算成本。然而，PSO 没有建立具有不同子集大小的 TS-SVRs 的最优参数设置之间的关系。为此，提出了一种嵌套 PSO 算法，如下所示。

一种改进的初始参数设置：为了在广泛的候选区域内进行有效的搜索，PSO 通过使用文献 [191] 中的均匀设计方法生成初始粒子的一部分。

2. 嵌套算法

在此提出了两个层次的嵌套算法：在第一个层次上，使用一个小尺寸的 TS-SVR，在宽广的对数刻度搜索区域中执行大量的 PSO 粒子，由于 TS 的小尺寸，它具有较低的计算复杂度；在第二个层次上，估计了新尺寸的 TS-SVR 的最优参数选择的移动范围，让早期的最佳参数成为新搜索区域的中心点。新搜索区域的更新方法在式 (7-9) 、式 (7-12) 和式 (7-13) 中给出，其中 $\lambda_1 = 3.5, \lambda_2 = 3.5, \lambda_3 = 3.5$。允许第二层次的所有搜索粒子落在规定的搜索区域之外，然后在新的区域中进行更精细的搜索。嵌套算法利用 TSs 的迭代过程来自适应地、动态地调整搜索区域，其具体步骤如下。

算法　嵌套粒子群算法。

第一步，对于三个初始尺寸 m_0^1，m_0^2 和 m_0^3 (一般地，$m_0^1 < m_0^2 < m_0^3 \ll n$)，生成如下的三个初始 SVR 模型。

(1) 使用大量 PSO 粒子对基于 $\text{TS}(m_0^1)$ 的 SVR 进行模型选择，并获得相应的最优参数 $P_{\text{best}}[\text{TS}(m_0^1)]$。

(2) 为基于 $\text{TS}(m_0^2)$ 的 SVR 确定以下搜索区域：

$$P_{\text{best}}[\text{TS}(m_0^2)] \subset [(\mathbf{1}-\Delta_0) \times P_{\text{best}}[\text{TS}(m_0^1)], (\mathbf{1}+\Delta_0) \times P_{\text{best}}[\text{TS}(m_0^1)]] \tag{7-17}$$

其中对于尺寸 m_0^1 和 m_0^2，$\varDelta_0 = [\lambda_1 \times (\varDelta_0^1 - 1), \lambda_2 \times (\varDelta_0^2 - 1), \lambda_3 \times (\varDelta_0^3 - 1)]^{\mathrm{T}}$，下标表示迭代次数，上标表示 TS 尺寸大小的顺序号。

利用 PSO 算法对基于 $\mathrm{TS}(m_0^2)$ 的 SVR 进行模型选择，得到最优参数 $P_{\mathrm{best}}[\mathrm{TS}(m_0^2)]$。

(3) 为基于 $\mathrm{TS}(m_0^3)$ 的 SVR 确定以下搜索区域：

$$P_{\mathrm{best}}[\mathrm{TS}(m_0^3)] \subset [(\mathbf{1} - \varDelta_0) \times P_{\mathrm{best}}[\mathrm{TS}(m_0^2)], (\mathbf{1} + \varDelta_0) \times P_{\mathrm{best}}[\mathrm{TS}(m_0^2)]] \tag{7-18}$$

其中对于尺寸 m_0^2 和 m_0^3，$\varDelta_0 = [\lambda_1 \times (\varDelta_0^1 - 1), \lambda_2 \times (\varDelta_0^2 - 1), \lambda_3 \times (\varDelta_0^3 - 1)]^{\mathrm{T}}$，下标表示迭代次数，上标表示 TS 尺寸大小的顺序号。

利用 PSO 算法对基于 $\mathrm{TS}(m_0^3)$ 的 SVR 进行模型选择，得到最优参数 $P_{\mathrm{best}}[\mathrm{TS}(m_0^3)]$。

(4) 计算相应的目标优化函数 $F(m_0^1), F(m_0^2), F(m_0^3)$，并生成如文献 [163] 的 m_1^1、m_1^2 和 m_1^3。

第二步，重复。

(1) 对于一个新的尺寸大小 m_k^i $(i = 1, 2, 3)$，从所有执行的尺寸大小中选择最接近的尺寸 (不失一般性假定 m_{k-1}^i)，并为基于 $\mathrm{TS}(m_k^i)$ 的 SVR 确定以下搜索区域：

$$P_{\mathrm{best}}[\mathrm{TS}(m_k^i)] \subset [(\mathbf{1} - \varDelta_{k-1}) \times P_{\mathrm{best}}[\mathrm{TS}(m_{k-1}^i)], (\mathbf{1} + \varDelta_{k-1}) \times P_{\mathrm{best}}[\mathrm{TS}(m_{k-1}^i)]] \tag{7-19}$$

其中，对于尺寸 m_{k-1}^i 和 m_k^i，$\varDelta_{k-1} = [\lambda_1 \times (\varDelta_{k-1}^1 - 1), \lambda_2 \times (\varDelta_{k-1}^2 - 1), \lambda_3 \times (\varDelta_{k-1}^3 - 1)]^{\mathrm{T}}$，下标表示迭代次数，上标表示 TS 尺寸大小的顺序号。

(2) 利用 PSO 算法对基于 $\mathrm{TS}(m_k^i)$ 的 SVR 进行模型选择，得到最优参数 $P_{\mathrm{best}}[\mathrm{TS}(m_k^i)]$。

(3) 计算相应的目标优化函数 $F(m_k^1), F(m_k^2), F(m_k^3)$, 并生成如文献 [163] 的 m_{k+1}^1、m_{k+1}^2 和 m_{k+1}^3。

第三步，直至 $\max(m_1, m_2, m_3) - \min(m_1, m_2, m_3) < 1$，或迭代次数大于最大迭代数，或泛化误差在七个连续的步骤内不改变。

在 NPSO 中，可以依据最优参数设置来自适应地调整 SVR 的上述参数域。

3. NPSO 的结构参数

通过结合训练子集和模型的选择过程，提出的 SVR 模型能够有效降低传统 SVR 的计算复杂度，并动态减少参数组合的候选集空间。通过切除相邻模式的浪费性参数空间，该结合策略使得探索过程更加具有空间填充性。

考虑到小尺寸 TS 能够初步地反映出训练数据全集的数据结构，通过估计不同尺寸的两个 TS 之间的最优参数设置的移动区域，形成了一种嵌套机制和收缩搜索策略来动态减少参数组合的候选集空间。基于前面的理论，具有小尺寸差异的 TS 的结构具有相似的特征。当 TS 的尺寸大小被迭代地从一个小的大小更新到最优的大小时，TS 可以逐步地反映训练数据全集的结构。在具有小尺寸 TS 的初始搜索阶段，NPSO 产生大量的粒子来对广泛的候选区域进行粗搜索，该过程由于 TS 的小尺寸而具有相对较低的计算复杂度。在下一次迭代中，候选区域收缩到越来越窄小的区域，并且 TS 趋向于接近最优尺寸大小，NPSO 只需要生成相对较少的粒子以对窄小候选区域进行精细搜索。这个特性可以由以下的调谐函数来定义。

基于第 k 个 TS 的 SVR 的 NPSO 是一个传统 PSO，而 NPSO 的上述性质可以由以下 PSO 系数来反映：粒子数 n_k，最小误差 e_k，最大迭代次数 $\max N_k$。它们定义如下：

$$n_k = \text{round}((n_0)^{\frac{1}{k^{\alpha_1}}}) \tag{7-20}$$

$$e_k = (e_0)^{(k^{\alpha_2})} \tag{7-21}$$

$$\max N_k = \text{round}((N_0)^{\frac{1}{k^{\alpha_3}}}) \tag{7-22}$$

式中：n_0、e_0、N_0 为 PSO 的初始参数；$\alpha_i \in (0,1)$ 为一个调整系数，$i=1,2,3$。当小尺寸 TS 的 SVR 具有较低计算复杂度时，n_0 能被设置为一个比传统 PSO 更大的数。参数 α 控制复杂性与精度之间的权衡：α 越小，粒子数越多，而获得的 SVR 的性能就更好。在本章中，$\alpha_1=0.2, \alpha_3=0.1$。接下来，将解释如何确定上述调谐函数。根据上述描述，得到这三个参数关于 k 单调递减，但它们不会减少得很快。这就是为什么调整系数 $0<\alpha<1$ 的原因。m_1-TS, m_2-TS 和 m_3-TS 的初始设置如下：m_1-TS 的设置为 $n_0=300, N_0=20$, m_2-TS 和 m_3-TS 的设置为 $n_0=40, N_0=10$。

在全局最优区域的收缩过程中，NPSO 通过不断添加局部信息，避免了不必要的相邻模式搜索，并且避免了“浪费性”局部极小值搜索，因此，该迭代程序总是执行比上一次迭代更精细的搜索过程。上面的过程可以用图 7.3 生动地描述。

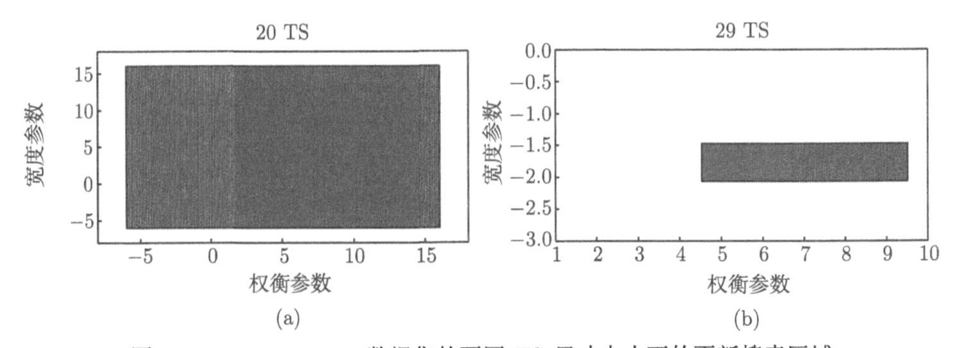

图 7.3　Friedman #1 数据集的不同 TS 尺寸大小下的更新搜索区域

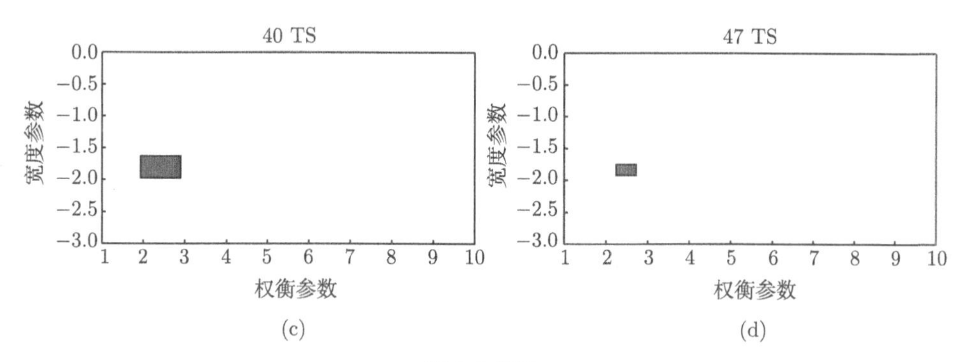

(c) (d)

图 7.3 (续)

为迭代过程的 $\mathrm{TS}(m_1^1)$、$\mathrm{TS}(m_3^1)$、$\mathrm{TS}(m_5^1)$ 和 $\mathrm{TS}(m_7^1)$ 选择了四个更新的搜索区域。图 7.3 展示了 Friedman #1 的不同 TS 尺寸的更新搜索区域：首先，可以很容易地观察到该算法在执行一个越来越精细的搜索过程；其次，从图 (b) 到图 (c)，的确允许图 (c) 的所有搜索粒子落在图 (b) 的指定搜索区域之外。因此，这个 TS 的迭代过程是一个自适应地和动态地调整搜索区域的过程。

7.5 模型的收敛性

本章提出支持向量回归的训练子集和模型结合选择 (称为 I-TSMS-SVR)。以下定理描述 I-TSMS-SVR 模型的收敛性。

定理 7.1 假设 T 是尺寸为 n 的训练数据全集，m_0^1、m_0^2 和 m_0^3 是三个初始尺寸 (一般的，$m_0^1 < m_0^2 < m_0^3 \ll n$)。假设 m_k^i 是第 k 次迭代第 i 个训练子集 (TS) 的尺寸，$P_{\text{best}}[\mathrm{TS}(m_k^i)]$ 是第 k 次迭代时基于 $\mathrm{TS}(m_k^i)$ 的 SVR 的最优参数设置，$i=1,2,3$，因此，可得出如下结论。

(1) 当 $k\to\infty$ 时，对于所有 $i=1,2,3$，有 $\parallel \varDelta_k^i - 1 \parallel \to 0$。这意味着移动半径是收敛的。

(2) 当 $k\to\infty$ 时，对于所有 $i=1,2,3$，有 $\parallel P_{\text{best}}[\mathrm{TS}(m_{k+1}^i)] - P_{\text{best}}[\mathrm{TS}(m_k^i)] \parallel \to 0$。这意味着最优参数序列 $P_{\text{best}}[\mathrm{TS}(m_k^i)]$ 对于 $\mathrm{TS}(m_k^i)$ 是收敛的。

证明 (1) 根据文献 [163] 可知，算法 2 实际是一种具有收敛性的 0.618 方法，当 $k\to\infty$ 时，有：

对于所有 $i=1,2,3$，$m_k^i \to m$。因此，对于所有 $i=1,2,3$，$(m_k^i/m_{k-1}^i)\to 1$。

易得：如果 $k\to\infty$，则有

$$\varDelta_k^1 = (m_k^1/m_{k-1}^1)^{2/(4+d)} \to 1$$

$$\varDelta_k^2 = (m_k^2/m_{k-1}^2)^{1/2} \times (\ln m_{k-1}^2/\ln m_k^2)^{1/2} \to 1$$

$$\varDelta_k^3 = (m_k^3/m_{k-1}^3)^{1/2} \to 1$$

即对于所有 $i=1,2,3, \| \varDelta_k^i - 1 \| \to 0$。

根据式 (7-14)，对于所有 $i=1,2,3$, $\mathrm{MR}(m_{k+1}^i, m_k^i) \to 0$。所以，移动半径是收敛的。

(2) 在指定的搜索区域中，最优参数设置 $P_{\text{best}}[\mathrm{TS}(m_k^i)]$ 是有界的，即

$$\forall k, i, \exists M > 0, \text{s.t.} \| P_{\text{best}}[\mathrm{TS}(m_k^i)] \|_2 < M$$

因此

$$\begin{aligned} & \| P_{\text{best}}[\mathrm{TS}(m_{k+1}^i)] - P_{\text{best}}[\mathrm{TS}(m_k^i)] \| \\ \leqslant & \| \varDelta_k^i - 1 \| \times P_{\text{best}}[\mathrm{TS}(m_k^i)] \\ \leqslant & \| \varDelta_k^i - 1 \| \times M \end{aligned}$$

从以上证明，很容易得出：

当 $k \to \infty$ 时，对于所有 $i=1,2,3$，有

$$\| P_{\text{best}}[\mathrm{TS}(m_{k+1}^i)] - P_{\text{best}}[\mathrm{TS}(m_k^i)] \| \to 0$$

所以，最优参数序列 $P_{\text{best}}[\mathrm{TS}(m_k^i)]$ 对于 $\mathrm{TS}(m_k^i)$ 是收敛的。

注意，根据 $P_{\text{best}}[\mathrm{TS}(m_k^i)]$ 更新的搜索区域，$P_{\text{best}}[\mathrm{TS}(m_k^i)]$ 是具有马尔可夫性质的随机变量序列，也就是说，给定当前状态，将来和过去的状态是独立的。

7.6 基于序贯网格方法的支持向量回归

通过对原始数据集进行子采样来得到一个子集，可以大幅减少训练数据集的尺寸大小。例如，训练数据的数量是 1000，即 $N=1000$，而子采样的样本尺寸大小是 20，可以很容易地看到 $K \times 20^3 \ll K \times 1000^3$。因此，基于子采样的支持向量回归 (SVR) 是降低 SVR 学习计算复杂度的有效方法。

1. 模型选择算法的评价指标

对于参数的一个固定网格点 (ε, C, γ)，假设 S 是由原始数据集 $D=\{x_i, y_i\}_{i=1}^n$ 通过子采样得到的一个子集，将以下平均绝对误差 (MAE) 定义为模型选择算法的评价指标。

$$F_{S,\varepsilon,C,\gamma}(D) = \frac{1}{n} \sum_{\{x_i, y_i\} \in D} |y_i - f_{S,\varepsilon,C,\gamma}(x_i)| \tag{7-23}$$

式中：$f_{S,\varepsilon,C,\gamma}$ 是在训练子集 S 和参数 (ε, C, γ) 的一个 SVR 估计。

2. 渐近正态性

最近，Mentch 和 Hooker[192] 得到了一个很好的结论：子抽样的预测是渐近正态的，即

当 $\lim_{n\to\infty}\dfrac{n}{B_n}=\infty$，且子抽样的尺寸大小为 $m_n=o(\sqrt{n})$ 时，那么，对于参数的一个固定网格点 (ε,C,γ) 和训练数据集 $D=\{x_i,y_i\}_{i=1}^n$，有

$$\frac{F_{S,\varepsilon,C,\gamma}(D)-E_S(F_{S,\varepsilon,C,\gamma}(D))}{\sqrt{\dfrac{1}{B_n}\delta}}\longrightarrow^D N(0,1) \tag{7-24}$$

式中：S 为 D 的子抽样子集；δ 为 $F_{S,\varepsilon,C,\gamma}(D)$ 的一个标准方差。

3. 统计推断

随着子采样尺寸的增大，上述分布的方差将越来越小，每个网格点参数的预测性能将越来越稳定，即网格搜索区域不断逼近最优值。利用子采样尺寸大小的这种统计特性，可以建立一个基于子采样的支持向量回归的统计推断算法。

此外，Che 等[193] 提出：当子采样的尺寸大小从一个值 m_1 变为一个更大的值 m_2 时，可以通过乘以一个乘法因子来估计最优参数的移动范围，这可以表示如下：

$$\gamma(m_2)\subset[\gamma(m_1)-\lambda_1\times(\varDelta^1-1)\times\gamma(m_1),\gamma(m_1)+\lambda_1\times(\varDelta^1-1)\times\gamma(m_1)] \tag{7-25}$$

$$\varepsilon(m_2)\subset[\varepsilon(m_1)-\lambda_2\times(\varDelta^2-1)\times\varepsilon(m_1),\varepsilon(m_1)+\lambda_2\times(\varDelta^2-1)\times\varepsilon(m_1)] \tag{7-26}$$

$$C(m_2)\subset[C(m_1)-\lambda_3\times(\varDelta^3-1)\times C(m_1),C(m_1)+\lambda_3\times(\varDelta^3-1)\times C(m_1)] \tag{7-27}$$

其中

$$\varDelta^1=(m_2/m_1)^{2/(4+d)},\varDelta^2=(m_2/m_1)^{1/2}\times(\ln m_1/\ln m_2)^{1/2},\varDelta^3=(m_2/m_1)^{0.5\times(1-1/d)}$$

当从原始数据集中随机抽取一些相同尺寸大小 m_1 的子样本时，利用网格搜索方法，估计相应的最优参数统计量。然后，将最优参数看作一个随机变量，利用这些最优参数统计量，可以自适应地动态地调整其参数分布曲面。

基于以上推理，可以使用基于小尺寸子采样的 SVR 进行粗分析，然后迭代更新网格区域和子采样大小。基于此，提出支持向量回归的一个序贯网格方法，着重分析其精度和稳健性。

在初始阶段，设置如下的一个大范围网格搜索区域。

$$l=(0.007,2^{-2},2^{-6}) \tag{7-28}$$

$$u=(0.2,2^8,2^3) \tag{7-29}$$

然后，在以下范围内搜索最优参数设置。

$$l \leqslant (\varepsilon, C, \gamma) \leqslant u \tag{7-30}$$

为了更好地分割搜索区域，将参数空间取对数，并以相等的间隔进行划分，然后得到下面的对数区间：

$$\text{Interval} = \frac{(\log_2 u - \log_2 l)}{(\text{Grid} - 1)} \tag{7-31}$$

在计算各个最优参数之后，使用分位数来更新它的下界和上界。如果最优网格点落在网格区域的边界上，则将网格区域向外延伸两个单元，即

$$l = 2^{\log_2 l + (\text{quantile}(OptimGrid, 0.1) - 3) \times Interval} \tag{7-32}$$

$$u = 2^{\log_2 l + (\text{quantile}(OptimGrid, 0.9) + 2) \times Interval} \tag{7-33}$$

否则，

$$l = 2^{\log_2 l + (\text{quantile}(OptimGrid, 0.1) - 1) \times Interval} \tag{7-34}$$

$$u = 2^{\log_2 l + (\text{quantile}(OptimGrid, 0.9) - 1) \times Interval} \tag{7-35}$$

式中：$OptimGrid$ 是所有基于子样本的 SVRs 的最优网格矩阵，quantile $(OptimGrid, \alpha)$ 是 $OptimGrid$ 的 α 分位数。对于子抽样的尺寸更新过程，当基于子抽样的 SVRs 的最优参数间的方差 (差异性) 相对大时，逐步增加子抽样尺寸。这种序贯学习策略使计算更加有效。

7.7 数值结果

下面将所提出的 I-TSMS-SVR 应用到四个不同的数据集，包括两个人工问题、一个 UCI 数据集和一个新南威尔士的实际电力负荷预测。I-TSMS-SVR 用 MATLAB 7.10.0 进行了编码，所有的试验都在 8GBRAM 和 2.9GHz 处理器的笔记本电脑上运行。

7.7.1 数据集描述

两个人工回归问题分别是由 Ridgeway 等[194] 提出的 Plane，以及由 Friedman 等[195] 提出的 Friedman #1，它们可用以下函数来描述。

1. Plane

$$y = 0.6x_1 + 0.3x_2 + \varepsilon \tag{7-36}$$

其中 $\varepsilon \sim N(0, 0.05)$, $x_j \sim U[0, 1], j = 1, 2$。

2. Friedman #1

$$y = 10\sin(\pi x_1 x_2) + 20\left(x_2 - \frac{1}{2}\right)^2 + 10x_4 + 5x_5 + \varepsilon \tag{7-37}$$

其中 $\varepsilon \sim N(0, 1)$, $x_j \sim U[0, 1], j = 1, 2, 3, 4, 5$。

根据上述两个方程，生成两个包含 1000 个实例的人工数据集。为了进一步验证所提出的模型的有效性，使用了两个真实世界的问题，即波士顿市住宅数据集和新南威尔士的电力负荷数据集，并对这些真实世界问题进行数据描述和预处理。

3. 波士顿市住宅数据集

这个数据集是由 Harrison 和 Rubinfeld[105] 在 1978 年提出的，可以从 UCI 机器学习库下载。在这个数据集中有 14 个属性和 506 个案例。波士顿市住宅价值的预测是一个非常复杂的回归问题，因此本研究引入适应度函数的一个容差系数 $r = 0.9$，以消除异常值的影响。

值得注意的是，波士顿房地产没有时间指标。采用简单随机抽样分割整个数据集可能会使训练集和测试集具有不同的模式。由于差异性的结果，预测模型所采用的测试集不能很好地表示待估计回归函数的分布[196]。因此，采用分层抽样分割整个数据集，以保持训练和测试集之间的“相似性”模式。

4. 新南威尔士的电力负荷数据集

在这个现实的情况下，由于电力需要同时完成生产、分配和消费的过程，管理者必须开发一个有效的决策系统来准确估计未来的电力负荷需求。在此基础上，它可以有效地控制价格和收入弹性、能源转移调度、机组组合和负荷调度。因此，应选择新南威尔士的电力负荷预测问题。

为了度量预测模型的泛化能力，需要采用训练和模型选择阶段未学习的测试集来评估预测能力。将上述四种情况下的每个数据集分解为训练集和测试集：训练集用于学习预测方程，并用测试集估计泛化误差。这四个回归数据集的概要综述如表 7.1 所示。

表 7.1 回归数据集的概要综述

数据集	规模		变量个数
	训练集	测试集	
Plane	500	300	3
Friedman #1	1000	300	6
波士顿市住宅	456	50	14
新南威尔士的电力负荷	382	300	1 (相空间维度为 3)

7.7.2 用于比较的 SVR 模型

为了比较 I-TSMS-SVR 模型，四种比较模型的简单描述如下。

(1) 标准 SVR 模型。这是一个传统的经典 SVR 模型，称为 S-SVR。根据一些实验规则，可以简单地确定参数的值，标准 SVR 模型通过使用所有训练数据来进行学习过程。设置参数的值如下: $C = 8, \varepsilon = 0.1, r = 2$。

(2) 基于训练数据子集的 SVR 模型。为了降低标准 SVR 模型的复杂度，从训练数据集 T 均匀地提取训练数据子集。在这项工作中，从 T 中提取 20%的样本，并且上面的模型被命名为 20%-SVR。

(3) 基于训练数据子集和 APSO 的 SVR 模型。为了确定参数的设置，采用 APSO 算法来选择基于随机选择的训练数据子集的最优 SVR 模型。在这项工作中，从 T 中提取 10%的样本，并且上面的模型被命名为 10%-APSO-SVR。

(4) 基于最优训练数据子集和 APSO 的 SVR 模型。为了加快训练过程，同时在 APSO 迭代的每个参数选择步骤中保持高精度预测，采用最优训练子集 (OTS) 方法来选择训练数据全集的代表性数据点，并将该模型命名为 APSO-OTS-SVR。

7.7.3 模型评价方法

三种不同的性能指标，即均方根误差 (RMSE)、平均绝对误差 (MAE) 和平均绝对百分比误差 (MAPE) 可以表示如下：

$$\mathrm{RMSE} = \sqrt{\frac{\sum\limits_{i=1}^{n}(P_i - A_i)^2}{n}} \tag{7-38}$$

$$\mathrm{MAE} = \frac{\sum\limits_{i=1}^{n}|(P_i - A_i)|}{n} \tag{7-39}$$

$$\mathrm{MAPE} = \frac{\sum\limits_{i=1}^{n}\left|\frac{(P_i - A_i)}{A_i}\right|}{n} \tag{7-40}$$

式中：P_i 和 A_i 分别为第 i 个预测和实际值；n 为预测总数。

为了近似测量预测模型的泛化误差，可以在测试和训练数据集之间来定义 MAPE 差值 (DMAPE)，其公式如下：

$$\mathrm{DMAPE} = \mathrm{MAPE(P)} - \mathrm{MAPE(T)} \tag{7-41}$$

式中：MAPE(T) 和 MAPE(P) 分别是预测模型对于训练数据集 T 和测试数据集 P 的 MAPE 度量。

7.7.4 参数选择过程

表 7.2 展示了在试验中使用的 I-TSMS-SVR 的结构参数。由于小尺寸 TS 时 SVR 具有较低的计算复杂度，可以将小尺寸 TS 时的 n_0 设置为比传统 PSO 更大的一个数。参数 α_1 控制了复杂性和准确性之间的折中：α_1 越小，粒子的数量越多，获得的 SVR 的性能越好。

表 7.2 I-TSMS-SVR 的结构参数

	TS 的初始规模	n_0	α_1	N_0	α_3
m_1	20	300	0.3	20	0.3
m_2	max(28,round(length(T(:,1))./20))	40	0.1	10	0.1
m_3	max(36,round(length(T(:,1))./12))	40	0.1	10	0.1

为了在 m_1-TS 下搜索全局最优区域，将初始粒子数和 PSO 迭代次数分别设置为相对大的 300 和 20。在这个搜索过程中，NPSO 生成大量的粒子在一个宽广的候选区域中执行粗搜索，由于 m_1-TS 的小尺寸，其具有相对低的计算复杂度。然后，可以估计具有不同尺寸的两个 TS 之间的最优参数设置的移动区域。在接下来的迭代中，候选区域根据获得的最优粒子向一个越来越狭窄的区域收缩，而当 TS 趋向于接近最优尺寸时，NPSO 只需在一个狭窄的候选区域中生成相对少量的粒子来执行精确搜索。因此，对 m_1-TS 设置一个指数衰退系数 $\alpha_1 = \alpha_3 = 0.3$。当 m_1、m_2、m_3 之间的差异性较小时，m_2-TS 的搜索过程可以基于 m_1-TS 的最好结果来执行，而 m_3-TS 的搜索过程可以基于 m_2-TS 的最好结果来执行。所以，为 m_2-TS 和 m_3-TS 设置一个相对小的数: $n_0 = 40$、$N_0 = 10$ 和 $\alpha_1 = \alpha_3 = 0.1$。

对于 SVR 的模型选择，即三个参数 C、ε 和 δ^2 的设置，基于试错和用户先验知识的方法是广泛使用的方法。然而，这对于大样本数据集是一个非常耗时的过程。为了减少计算复杂度和提高模型选择的性能，使用基于训练子集 (TS) 和粒子群优化 (PSO) 的模型选择算法。因为 TS 是训练数据全集 T 的一部分，集合 T-TS 的最小测试误差被看成评估准则，以避免 k-折交叉验证的高计算成本。

通过运行 I-TSMS-SVR 模型，表 7.3 给出了四个数据集的最终参数设置。如表 7.3 所示，最优训练子集 (OTS) 的所有数据基本是最终模型的支持向量 (SVs)。这是因为 OTS 具有很强的代表性。因此，可以依据 SVR 的稀疏性得出如下结论：如果 OTS 的尺寸相对较小，那么 OTS 的所有数据点能够代表训练数据集，这可降低计算复杂度，且提升泛化能力。

表 7.3 四个数据集的最终参数设置

参数	I-TSMS-SVR 模型			
	Plane	Friedman #1	波士顿市住宅	新南威尔士的电力负荷
C	300.2457	4.7684	636.934	5.0475e+008
ε	0.0336	0.98	0.0892	0.0019
δ^2	39.7863	0.2857	81.2446	3.9892e+003
训练点个数	500	1000	456	382
OTS 的规模 (SVs 的数量)	22	56	19	40

7.7.5 训练子集和模型选择过程

为了生动地说明训练子集和模型选择的结合过程，表 7.4～表 7.9 展示能够反映上述过程的主要指标。通过结合训练子集和模型选择过程，所提出的 I-TSMS-SVR 模型能够有效地降低传统 SVR 的计算复杂度，并显著减少参数组合的候选集空间。该结合策略通过减少近距离模式的浪费性参数空间，使得探索过程更加具有空间填充性。为了避免陷入 (坏) 局部极小，共享三个最佳参数组合来训练三个 TS-SVR。

考虑到小尺寸 TS 可以逐步反映完整训练数据的数据结构，使用一个小尺寸的 TS-SVR，在宽广的搜索区域范围内执行大量的 PSO 粒子，由于 TS 的小尺寸而具有较低的计算复杂度。在全局最优区域的搜索阶段，NPSO 产生大量的粒子来对广泛的候选区域进行粗搜索。如表 7.4 ~ 表 7.7 所示，这个过程只需要相当少量的时间。然后，如这些表的第 6 列中所示，估计在两个不同尺寸的 TS 之间的最佳参数设置的移动区域，可以很容易地观察到，移动半径 $\mathrm{MR}(m_k^i, m_{k-1}^i)$ 是收敛的。在迭代过程中，候选区域缩小到越来越窄小的区域，并且 TS 趋向于接近最优大小，因此 NPSO 只需要生成相对较少的粒子来对窄小的候选区域进行精细搜索。NPSO 的结构参数通过调整函数定义了上述特征。在这个层次上，估计了新尺寸大小 TS-SVR 的最优参数选择的运动范围，并使最佳参数从早期阶段成为新搜索区域的中心点。

注意，当 $m_k^i = m_{k-1}^i$ 时，使用 $m_k^i = m_{k-1}^i + 1$ 对模型选择保持更精细搜索，以计算移动范围 $\mathrm{MR}(m_k^i, m_{k-1}^i)$。在该状态下，实现了 I-TSMS-SVR 模型的收敛性。在 “Plane” 数据集中，第一阶段的粗搜索就达到了 I-TSMS-SVR 模型的收敛性。这是因为这个数据集是由线性模型生成的，这表示了 I-TSMS-SVR 模型的强建模能力。以波士顿市住房数据集为例，图 7.4 显示了波士顿市住宅数据集的优化过程曲线。

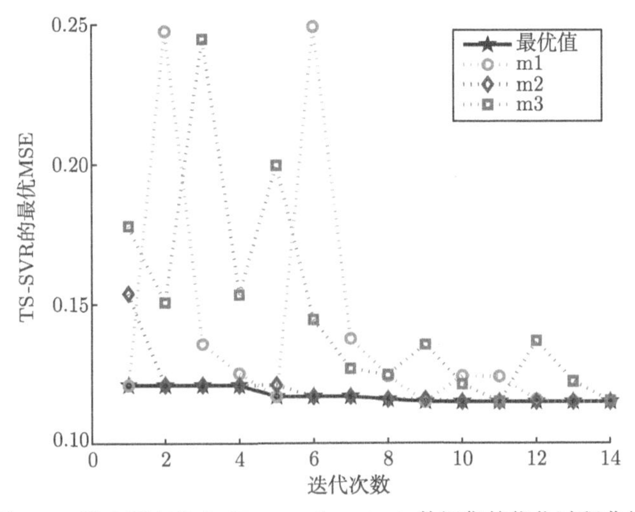

图 7.4　波士顿市住宅 (Boston housing) 数据集的优化过程曲线

表 7.4 Plane 数据集的训练子集与模型选择过程

迭代次数	TS 的规模	结构参数		模型选择	移动半径	运行时间	
k	m_k^1 m_k^2 m_k^3	n_k	$\text{Max}N_k$	$\log_2(C,\ \varepsilon,\ \delta^2)$	$2\times\text{MR}(m_k^1, m_{k-1}^1)$ $2\times\text{MR}(m_k^2, m_{k-1}^2)$ $2\times\text{MR}(m_k^3, m_{k-1}^3)$	$t(m_k^1)$ $t(m_k^2)$ $t(m_k^3)$	适应度值
	20	300	20	(8.6756 −4.5976 4.7925)	(22.0000 9.9658 22.0000)	34.8869	0.0024
1	28	40	10	(9.4993 −5.5172 6.3964)	(8.2375 4.4831 3.8688)	9.7283	0.0024
	36	40	10	(10.2161 −7.0390 5.7532)	(6.6404 4.1229 3.8094)	13.9978	0.0023
	22	300	20	(8.6756 −4.7470 4.9248)	(1.9603 1.0804 0.9517)	50.7027	0.0022
2	36	40	10	(10.2161 −7.0390 5.7532)	(6.6404 4.1229 3.8094)	13.481	0.0023
	40	40	10	(10.2161 −7.3130 5.9290)	(2.5562 1.9929 1.2684)	20.51	0.0022
	17	103	12	(8.1081 −4.4369 4.8775)	(4.6741 2.5413 2.4247)	9.5017	0.0024
3	22	32	9	(8.1081 −4.8323 5.2504)	(1.9603 1.0804 0.9517)	4.9059	0.0022
	39	32	9	(10.4717 −7.4434 6.2641)	(0.6160 0.4780 0.3160)	16.0983	0.0022
	18	61	9	(5.7710 −5.8147 4.1164)	(0.7771 0.7638 0.4744)	6.1757	0.0024
4	22	28	8	(8.1081 −4.8323 5.2504)	(1.9603 1.0804 0.9517)	4.2077	0.0022
	35	28	8	(10.7386 −7.0506 6.0836)	(2.6632 1.8932 1.2965)	11.1068	0.0023
	19	43	8	(6.0943 −5.5812 3.9947)	(0.7758 0.7003 0.4353)	5.829	0.0023
5	22	25	8	(8.1081 −4.8323 5.2504)	(1.9603 1.0804 0.9517)	3.9314	0.0022
	32	25	8	(9.4070 −7.7450 5.2979)	(1.9379 1.7096 0.9375)	9.6816	0.0022
	20	34	7	(6.0389 −5.5243 3.8959)	(0.7290 0.6635 0.4026)	4.6435	0.0023
6	22	24	8	(8.1081 −4.8323 5.2504)	(1.9603 1.0804 0.9517)	3.6219	0.0022
	30	24	8	(8.4381 −8.4054 5.1535)	(1.2571 1.3304 0.6591)	8.5132	0.0023
	21	28	6	(6.2211 −5.4466 4.0526)	(0.7140 0.6272 0.3982)	4.3363	0.0023
7	22	22	7	(8.2300 −4.8944 5.3142)	(1.9603 1.0804 0.9517)	3.3546	0.0022
	28	22	7	(9.0667 −8.8533 4.8256)	(1.4429 1.4847 0.6593)	7.7755	0.0023
	22	25	6	(6.3782 −5.7423 4.0523)	(0.6977 0.6351 0.3795)	4.4061	0.0023
8	22	21	7	(8.2300 −4.8944 5.3142)	(1.9603 1.0804 0.9517)	3.1778	0.0022
	26	21	7	(8.3452 −9.3512 4.4017)	(1.4254 1.6678 0.6455)	6.7498	0.0023
	22	22	5	(8.2300 −4.8944 5.3142)	(0.8473 0.5130 0.4695)	2.7601	0.0022
9	22	21	7	(8.2300 −4.8944 5.3142)	(1.9603 1.0804 0.9517)	3.2523	0.0022
	25	21	7	(8.3452 −9.2253 4.3527)	(0.7587 0.8694 0.3395)	6.281	0.0026
	22	20	5	(8.2300 −4.8944 5.3142)	(0.8473 0.5130 0.4695)	2.5283	0.0022
10	22	20	7	(8.2300 −4.8944 5.3142)	(1.9603 1.0804 0.9517)	3.0893	0.0022
	24	20	7	(8.2300 −4.8262 5.2525)	(0.7786 0.4707 0.4263)	3.1909	0.0023
	22	18	5	(8.2300 −4.8944 5.3142)	(0.8473 0.5130 0.4695)	2.2526	0.0022
11	22	19	7	(8.2300 −4.8944 5.3142)	(1.9603 1.0804 0.9517)	2.8969	0.0022
	23	19	7	(8.0137 −4.5761 5.2124)	(0.7902 0.4623 0.4410)	2.3562	0.0023
	22	17	5	(8.2300 −4.8944 5.3142)	(0.8473 0.5130 0.4695)	2.259	0.0022
12	22	19	7	(8.2300 −4.8944 5.3142)	(1.9603 1.0804 0.9517)	2.8963	0.0022
	22	19	7	(8.2300 −4.8211 5.2471)	(0.8473 0.5053 0.4635)	2.4829	0.0023

表 7.5　Friedman #1 数据集的训练子集与模型选择过程

迭代次数	TS 的规模	结构参数		模型选择	移动半径	运行时间	
k	m_k^1 m_k^2 m_k^3	n_k	$\mathrm{Max}N_k$	$\log_2(C,\ \varepsilon,\ \delta^2)$	$2\times\mathrm{MR}(m_k^1, m_{k-1}^1)$ $2\times\mathrm{MR}(m_k^2, m_{k-1}^2)$ $2\times\mathrm{MR}(m_k^3, m_{k-1}^3)$	$t(m_k^1)$ $t(m_k^2)$ $t(m_k^3)$	适应度值
	20	300	20	(7.0426 −0.0548 −1.6317)	(22.0000 9.9658 22.0000)	437.8744	6.8358
1	31	40	10	(2.5276 −0.0312 −2.0586)	(11.2874 0.0714 1.1958)	43.926	6.0862
	50	40	10	(2.1100 −0.0253 −1.7972)	(4.4568 0.0474 1.6523)	120.5846	5.0937
	23	300	20	(7.0426 −0.0574 −1.6780)	(2.9561 0.0194 0.3330)	281.1585	6.8737
2	50	40	10	(2.1100 −0.0253 −1.7972)	(4.4568 0.0474 1.6523)	118.8083	5.0937
	56	40	10	(2.1100 −0.0264 −1.8384)	(0.7142 0.0080 0.2950)	159.3397	4.4499
	29	103	12	(7.0260 −0.0519 −1.7701)	(4.9872 0.0304 0.5880)	108.612	6.0791
3	56	32	9	(2.1814 −0.0272 −1.7499)	(0.7142 0.0080 0.2950)	98.4068	4.4425
	60	32	9	(2.1814 −0.0279 −1.7742)	(0.4453 0.0052 0.1726)	117.675	4.4464
	35	61	9	(2.2290 −0.0268 −1.8578)	(1.2717 0.0130 0.4984)	74.9726	5.2865
4	56	28	8	(2.2290 −0.0251 −1.7892)	(0.7142 0.0080 0.2950)	76.1479	4.428
	59	28	8	(2.1832 −0.0263 −1.7860)	(0.1066 0.0012 0.0420)	87.0816	4.4456
	40	43	8	(2.4186 −0.0291 −1.8024)	(0.9686 0.0101 0.3415)	58.29	5.425
5	56	25	8	(2.2377 −0.0235 −1.8041)	(0.7142 0.0080 0.2950)	67.9224	4.428
	58	25	8	(2.1985 −0.0258 −1.7888)	(0.1092 0.0012 0.0427)	73.1464	4.4326
	44	34	7	(2.3542 −0.0315 −1.7388)	(0.6676 0.0078 0.2342)	48.0231	4.9595
6	56	24	8	(2.2377 −0.0235 −1.8041)	(0.7142 0.0080 0.2950)	64.41	4.428
	57	24	8	(2.1811 −0.0256 −1.7755)	(0.1102 0.0012 0.0432)	66.0029	4.4428
	47	28	6	(2.4793 −0.0328 −1.8361)	(0.4836 0.0057 0.1707)	35.1474	4.9875
7	56	22	7	(2.2377 −0.0235 −1.8041)	(0.7142 0.0080 0.2950)	50.2196	4.428
	56	22	7	(2.2377 −0.0233 −1.7977)	(0.1151 0.0011 0.0445)	52.5961	4.4271
	49	25	6	(2.6697 −0.0309 −1.8463)	(0.3273 0.0034 0.1082)	38.4433	5.0071
8	56	21	7	(2.2646 −0.0238 −1.8200)	(0.1151 0.0011 0.0445)	50.2051	4.4264
	58	21	7	(2.2646 −0.0242 −1.8328)	(0.2335 0.0022 0.0904)	50.5723	4.468
	51	22	5	(2.2412 −0.0252 −1.8202)	(0.2637 0.0026 0.1024)	27.9622	5.1547
9	56	21	7	(2.2445 −0.0231 −1.8061)	(0.1151 0.0011 0.0445)	47.7988	4.4264
	57	21	7	(2.2412 −0.0247 −1.7994)	(0.1133 0.0011 0.0437)	50.3784	4.4296
	52	20	5	(2.3589 −0.0267 −1.8786)	(0.1341 0.0014 0.0512)	30.5748	4.9324
10	56	20	7	(2.2445 −0.0231 −1.8061)	(0.1151 0.0011 0.0445)	44.6538	4.4237
	56	20	7	(2.2445 −0.0229 −1.7997)	(0.1154 0.0011 0.0445)	44.5151	4.4314
	53	18	5	(2.2535 −0.0235 −1.8145)	(0.1257 0.0012 0.0485)	23.2946	4.9163
11	56	19	7	(2.2535 −0.0233 −1.8076)	(0.1151 0.0011 0.0445)	40.5677	4.4237
	56	19	7	(2.2535 −0.0233 −1.8076)	(0.1159 0.0011 0.0447)	41.1498	4.4237
	54	17	5	(2.3071 −0.0232 −1.8115)	(0.1263 0.0011 0.0475)	22.6938	4.5756
12	56	19	7	(2.2535 −0.0233 −1.8076)	(0.1151 0.0011 0.0445)	40.8993	4.4237
	56	19	7	(2.2535 −0.0233 −1.8076)	(0.1159 0.0011 0.0447)	40.8754	4.4237
	55	15	5	(2.2860 −0.0236 −1.8261)	(0.1228 0.0011 0.0470)	20.9703	4.5986
13	56	18	7	(2.2535 −0.0233 −1.8076)	(0.1151 0.0011 0.0445)	39.7097	4.4237
	56	18	7	(2.2535 −0.0233 −1.8076)	(0.1159 0.0011 0.0447)	38.6054	4.4237
	56	15	5	(2.2860 −0.0237 −1.8327)	(0.1206 0.0011 0.0463)	21.4076	4.4257
14	56	18	6	(2.2535 −0.0233 −1.8076)	(0.1151 0.0011 0.0445)	33.459	4.4237
	56	18	6	(2.2535 −0.0233 −1.8076)	(0.1159 0.0011 0.0447)	33.5349	4.4237

表 7.6 Boston Housing 数据集的训练子集与模型选择过程

迭代次数	TS 的规模	结构参数		模型选择	移动半径	运行时间	
k	m_k^1 m_k^2 m_k^3	n_k	$\mathrm{Max}N_k$	$\log_2(C,\,\varepsilon,\,\delta^2)$	$2\times\mathrm{MR}(m_k^1, m_{k-1}^1)$ $2\times\mathrm{MR}(m_k^2, m_{k-1}^2)$ $2\times\mathrm{MR}(m_k^3, m_{k-1}^3)$	$t(m_k^1)$ $t(m_k^2)$ $t(m_k^3)$	适应度值
	20	300	20	(10.8732 −3.1063 6.9520)	(22.0000 9.9658 22.0000)	37.7147	0.121
1	28	40	10	(7.1042 −2.2860 6.4688)	(14.7078 3.0290 2.1186)	55.3817	0.1538
	36	40	10	(10.6211 −3.1402 5.9080)	(7.0338 1.7083 1.4654)	91.3456	0.1779
	16	300	20	(10.8732 −2.8880 6.7818)	(7.4907 1.4207 1.1625)	272.9324	0.2477
2	20	40	10	(10.8732 −3.1063 6.9520)	(6.8372 1.5193 0.8718)	4.6784	0.121
	34	40	10	(10.6211 −3.0763 5.8706)	(1.9471 0.4378 0.2602)	98.4454	0.1507
	17	103	12	(9.0623 −3.6693 7.1553)	(1.8109 0.5057 0.3385)	65.2685	0.1358
3	20	32	9	(10.8732 −3.1063 6.9520)	(3.7450 1.5545 0.5267)	4.0872	0.121
	31	32	9	(9.8513 −3.1885 5.6819)	(2.8950 0.7227 0.4061)	49.419	0.2449
	18	61	9	(9.9678 −3.9957 7.0305)	(1.8764 0.5249 0.3135)	8.5775	0.1252
4	20	28	8	(10.8732 −3.1063 6.9520)	(2.8225 0.8889 0.4236)	3.178	0.121
	28	28	8	(9.9678 −3.7840 6.9075)	(3.2206 0.9327 0.5437)	30.9875	0.1534
	19	43	8	(10.7183 −4.1742 6.9467)	(1.9072 0.5238 0.2930)	7.7525	0.1169
5	20	25	8	(10.8732 −3.1063 6.9520)	(2.0965 0.6279 0.3073)	2.6609	0.121
	26	25	8	(8.6052 −3.8624 6.8301)	(2.0373 0.6888 0.3921)	21.0589	0.1997
	16	34	7	(10.2188 −3.7234 6.7264)	(5.4856 1.4159 0.8905)	9.3975	0.2493
6	19	24	8	(10.2188 −3.9372 6.8560)	(1.9072 0.5238 0.2930)	3.7004	0.1169
	24	24	8	(7.5865 −4.0924 6.6934)	(1.9373 0.7794 0.4149)	16.7079	0.1445
	17	28	6	(9.1850 −4.5186 7.2201)	(1.8354 0.6227 0.3416)	7.916	0.1376
7	19	22	7	(10.2188 −3.9372 6.8560)	(1.9072 0.5238 0.2930)	3.795	0.1169
	23	22	7	(10.2188 −3.8804 6.8237)	(1.3996 0.3921 0.2253)	4.8207	0.1268
	18	25	6	(10.0793 −3.7809 6.7657)	(1.8974 0.4967 0.3017)	3.6153	0.1241
8	19	21	7	(10.0793 −3.7113 6.7229)	(1.9072 0.5238 0.2930)	3.2502	0.1159
	22	21	7	(10.0793 −3.6557 6.6897)	(1.4412 0.3832 0.2307)	4.2585	0.1245
	19	22	5	(10.3074 −3.7270 6.7854)	(1.8341 0.4677 0.2862)	3.7572	0.115
9	19	21	7	(9.6322 −3.4800 6.5767)	(1.9072 0.5238 0.2930)	3.2985	0.1159
	21	21	7	(9.6322 −3.4258 6.5428)	(1.4407 0.3730 0.2361)	10.5404	0.1354
	17	20	5	(9.9406 −3.4135 6.5890)	(3.5022 0.8532 0.5665)	2.0044	0.1241
10	19	20	7	(9.9406 −3.5399 6.6709)	(1.8341 0.4677 0.2862)	3.0241	0.115
	20	20	7	(9.6322 −3.3704 6.5075)	(1.5102 0.3818 0.2463)	2.9439	0.1213
	18	18	5	(10.0435 −3.7554 6.6496)	(1.8907 0.4933 0.2966)	3.0109	0.1239
11	19	19	7	(9.9406 −3.5399 6.6709)	(1.8341 0.4677 0.2862)	3.2757	0.115
	19	19	7	(10.0866 −3.2920 6.4730)	(1.6616 0.3887 0.2575)	2.7199	0.115
	19	17	5	(9.9385 −3.6832 6.5737)	(1.7685 0.4622 0.2773)	2.3286	0.1157
12	19	19	7	(9.3150 −3.4864 6.3442)	(1.6616 0.3887 0.2575)	2.9908	0.115
	21	19	7	(9.3150 −3.6045 6.4152)	(3.1014 0.8551 0.5022)	9.661	0.1368
	19	15	5	(9.3150 −3.4864 6.3442)	(1.5345 0.4116 0.2524)	2.2518	0.115
13	19	18	7	(9.3150 −3.4864 6.3442)	(1.6616 0.3887 0.2575)	2.8616	0.115
	20	18	7	(9.3150 −3.5462 6.3805)	(1.4605 0.4018 0.2415)	2.7266	0.1222
	19	15	5	(9.3150 −3.4864 6.3442)	(1.5345 0.4116 0.2524)	3.4367	0.115
14	19	18	6	(9.3150 −3.4864 6.3442)	(1.6616 0.3887 0.2575)	2.7109	0.115
	19	18	6	(9.6723 −3.4467 6.2745)	(1.5934 0.4070 0.2496)	2.88	0.1153

表 7.7　新南威尔士电力负荷数据集的训练子集与模型选择过程

迭代次数	TS 的规模	结构参数		模型选择	移动半径	运行时间	
k	m_k^1 m_k^2 m_k^3	n_k	$\mathrm{Max}N_k$	$\log_2(C,\ \varepsilon,\ \delta^2)$	$2*\mathrm{MR}(m_k^1, m_{k-1}^1)$ $2\times\mathrm{MR}(m_k^2, m_{k-1}^2)$ $2\times\mathrm{MR}(m_k^3, m_{k-1}^3)$	$t(m_k^1)$ $t(m_k^2)$ $t(m_k^3)$	适应度值
1	20	300	20	(15.7684 −8.1824 6.2737)	(22.0000 9.9658 22.0000)	37.0600	0.0158
	28	40	10	(22.4362 −7.2481 8.9003)	(14.9723 7.9788 5.0645)	12.8999	0.0103
	36	40	10	(30.2782 −8.7421 11.0371)	(15.6839 5.4164 5.3006)	17.2345	0.0084
2	22	300	20	(15.7684 −8.4485 6.4469)	(3.5630 1.9228 1.2458)	74.2915	0.0131
	36	40	10	(30.2782 −8.7421 11.0371)	(15.6839 5.4164 5.3006)	16.7669	0.0084
	40	40	10	(30.2782 −9.0824 11.3744)	(7.5759 2.4751 2.4333)	19.1874	0.0072
3	25	103	12	(17.5499 −9.8297 6.0406)	(5.3479 3.0703 1.5729)	34.6167	0.01
	20	32	9	(28.1050 −10.3199 12.5910)	(7.5759 2.4751 2.4333)	14.6301	0.0072
	43	32	9	(28.1050 −10.5966 12.8539)	(4.8003 1.9883 1.8785)	15.7677	0.0086
4	28	61	9	(15.7204 −10.8127 6.4532)	(4.2365 3.0388 1.4866)	21.0349	0.011
	40	28	8	(28.1050 −10.3199 12.5910)	(2.8225 0.8889 0.4236)	14.78	0.0072
	42	28	8	(28.8733 −11.4911 13.7008)	(1.5791 0.6910 0.6426)	13.5151	0.0077
5	31	43	8	(17.1661 −10.5311 6.3772)	(4.1468 2.6905 1.3172)	16.4062	0.0151
	40	25	8	(28.1050 −10.3199 12.5910)	(1.61 0.7013 0.6112)	11.5813	0.0072
	41	25	8	(28.9340 −11.6274 13.4349)	(1.6204 0.7143 0.6453)	11.5185	0.0089
6	33	34	7	(15.4876 −11.0954 6.4603)	(2.2831 1.7466 0.8151)	13.569	0.0159
	40	24	8	(28.1050 −10.3199 12.5910)	(1.6127 0.6422 0.6153)	10.9302	0.0071
	40	24	8	(28.1050 −10.2273 12.5025)	(1.6127 0.6422 0.6153)	10.7044	0.0074
7	35	28	6	(27.5918 −10.1769 12.5723)	(3.8256 1.5174 1.4920)	11.1141	0.0094
	40	22	7	(27.6218 −8.4355 12.3395)	(1.5849 0.5297 0.6072)	10.0506	0.0071
	40	22	7	(27.6218 −8.4355 12.3395)	(1.5849 0.5297 0.6072)	9.8396	0.0071
8	36	25	6	(27.7390 −10.8112 12.2689)	(1.8319 0.7712 0.6940)	10.2832	0.0089
	40	21	7	(27.6218 −8.4355 12.3395)	(1.5849 0.5297 0.6072)	9.5239	0.0071
	40	21	7	(27.6218 −8.4355 12.3395)	(1.5849 0.5297 0.6072)	9.4061	0.0071
9	37	22	5	(28.2900 −10.9082 12.1787)	(1.8169 0.7590 0.6700)	9.2187	0.0073
	40	21	7	(27.6218 −8.4355 12.3395)	(1.5849 0.5297 0.6072)	9.3747	0.007
	40	21	7	(27.6218 −8.4355 12.3395)	(1.5849 0.5297 0.6072)	9.3514	0.0071
10	38	20	5	(28.3609 −10.9164 12.2077)	(1.7727 0.7414 0.6536)	8.3909	0.0078
	40	20	7	(28.9110 −9.0353 11.9619)	(1.8341 0.4677 0.2862)	9.187	0.007
	40	20	7	(28.9110 −9.0353 11.9619)	(1.6589 0.5673 0.5887)	9.0882	0.007
11	39	18	5	(28.6960 −11.3940 11.9694)	(1.7468 0.7557 0.6241)	8.0295	0.0079
	40	19	7	(28.9110 −9.0353 11.9619)	(1.6589 0.5673 0.5887)	8.6284	0.007
	40	19	7	(28.9110 −9.0353 11.9619)	(1.6589 0.5673 0.5887)	8.576	0.007
12	40	17	5	(28.5989 −11.2876 11.8118)	(1.6966 0.7315 0.6003)	7.7282	0.0072
	40	19	7	(28.9110 −9.0353 11.9619)	(1.6589 0.5673 0.5887)	8.4855	0.007
	40	19	7	(28.9110 −9.0353 11.9619)	(1.6589 0.5673 0.5887)	8.6293	0.007

7.7.6 试验对比分析

对于这五个 SVR 模型，采用三个性能度量来研究它们的预测能力，采用总运行时间来比较复杂性，以及采用训练数据与测试数据的表现反差 DMAPE 来评估它们的泛化误差，详细性能比较列于表 7.8 中。当因变量的值相对较小时，MAPE 值的波动会更大。因此，如果因变量的值相对较小，主要比较 RMSE 和 MAE 指标。

表 7.8 为以上四个数据集的试验结果的概况综述。其中第 1 列表示预测模型；第 2~5 列代表学习性能指标，包括精度和 CPU 运行时间；第 6~9 列代表验证集 P 的精度和 DMAPE 的泛化性能指标。从表 7.8 中可以观察到，I-TSMS-SVR 模型具有更好的性能，并且比 APSO-OTS-VR 模型花费更少的时间。这是因为 I-TSMS-SVR 模型能够将训练子集与模型选择相结合，提高搜索能力，降低计算复杂度。

表 7.8 预测模型试验结果的概况综述

内容	在数据集 T 上学习性能指标				验证集 P 上的性能指标			
plane 数据集	MAPE	RMSE	MAE	运行时间/s	MAPE	RMSE	MAE	DMAPE
S-SVR	0.793847	0.152072	0.125	120.0879	1.78984	0.155045	0.124	0.995993
20%-SVR	2.70398	0.438379	0.377	1.2097	3.74694	0.443876	0.385	1.04296
10%-APSO-SVR	0.133457	0.0524207	0.042	61.9448	0.145545	0.0526664	0.0419	0.0121
I-TSMS-SVR	0.176482	0.0473258	0.0375	297.5692	0.136453	0.047605	0.038	−0.040029
Friedman#1 数据集								
S-SVR	133.006	14.6359	13.8059	5.9568e+003	164.461	14.8718	13.9943	31.455
20%-SVR	133.006	14.6359	13.8059	15.2194	164.461	14.8718	13.9943	31.455
10%-APSO-SVR	0.121326	2.254	1.66055	348.2337	0.134259	2.33692	1.75438	0.012933
I-TSMS-SVR	0.140157	2.09239	1.68	3.0226e+003	0.140381	2.16415	1.663	0.000224
住宅数据集								
S-SVR	0.4949	25.6105	23.92	1 587.2	0.62	25.3051	21.82	0.1251
20%-SVR	0.2237	7.148	5.965	5.609	0.4083	12.862	11.28	0.1846
10%-APSO-SVR	0.1517	5.003	3.2247	108.06	0.2716	6.54016	5.337	0.1199
APSO-OTS-SVR	0.15806	4.039	3.42576	1596.5	0.1359	2.40422	2.041	−0.02216
I-TSMS-SVR	0.150809	3.715	3.07861	877.3726	0.114493	3.00735	2.433	−0.036316
负荷数据集								
S-SVR	0.04	433.245	325.6	283.42	0.0441	483.428	369.6	0.0041
20%-SVR	0.032852	378.95	268	0.047	0.03963	479.842	334.5	0.006778
10%-APSO-SVR	0.0163167	178.949	141.4	0.406	0.019737	235.173	177.1	0.0034203
APSO-OTS-SVR	0.0129045	152.65	111.3	991.13	0.013307	171.7	117.5	0.0004025
I-TSMS-SVR	0.0127575	147.655	108.7	531.3997	0.0124297	150.088	108.8	−0.0003278

如表 7.8 所示，S-SVR 和 20%-SVR 之间的运行时间差异显著，这表明 TS-SVR 的价值。10%-APSO-SVR 模型只提取完全训练集 T 的 10%，但获得了比 S-SVR 和 20%-SVR 更好的性能。注意，如表 7.8 所示，Friedman #1 数据集的

经验参数设置使得 S-SVR 和 20%-SVR 模型不可用。这些结果表明，参数选择是 SVR 模型性能的关键。对于两个人工数据集，完全训练集 T 的 10%可以包含足够的信息来训练 10%-APSO-SVR 模型，所以我们可以观察到 10%-APSO-SVR 模型也具有良好的性能结果。此外，随机误差项在训练数据点的差异性中占有很大的比例，这使得 OTS 包含了大量的干扰信息。因此，忽略了 APSO-OTS-SVR 模型的比较。

从上述结果可以得出几个结论：首先，得到的实证结果表明，与四个 SVR 对比模型相比，I-TSMS-SVR 模型具有更好的预测性能。其次，我们对模型选择进行了分析，理论上可以得出两个不同尺寸大小的 TS-SVR 之间的最优组合 $(\varepsilon, C, \delta^2)$ 的移动区域可以通过乘以乘法因子来估计。再次，所提出的周期性选择策略是一种有效的微调过程，从而降低计算复杂度，产生更好的泛化能力。最后，对于大规模训练数据集，I-TSMS-SVR 模型具有鲁棒性和有效性。I-TSMS-SVR 模型给出了一个分析框架，可以用于结合训练子集和模型选择过程。总体而言，I-TSMS-SVR 模型为 SVR 的建模提供了一种非常容易实现的工具。

7.7.7 计算复杂度

假设训练数据集的尺寸大小为 N，模型评价次数为 K，输入数据维数为 d，GSA-SVR 的子抽样尺寸大小为 m、迭代步骤次数为 h，TS-SVR 的代表数据子集尺寸大小为 V，容错误差为 ε，平滑度测度为 r。在较大样本量时，h 是一个相对小的数，且 $m \ll N$。表 7.9 展示了 S-SVR、GSA-SVR、1-NN、TS-SVR、DT 和 NN 计算复杂度。

表 7.9 一些预测模型的计算复杂度

模型	S-SVR	GSA-SVR	1-NN	TS-SVR	DT	NN
计算复杂度	$O(K \times N^3)$	$O(K \times h \times m^3)$	$O(d \times N)$	$O(dN^2)$	$O(V^3)$	$O\left(\left(\frac{1}{\varepsilon}\right)^{N/r}\right)$

注：标准 SVR (S-SVR)，最近邻 (1-NN)，基本 SVR (TS-SVR) 的训练子集，决策树 (DT)，神经网络 (NN)。

从图 7.4 中可以看出 GSA-SVR 和 TS-SVR 可以显著加快 SVR 的计算速度：$O(K \times h \times m^3) \ll O(K \times N^3)$ 表明 GSA-SVR 的计算复杂度远低于 S-SVR；当 $m < N^{1/3}$ 时，GSA-SVR 的计算复杂度低于 1-NN；当 $V < (dN^2)^{1/3}$ 时，TS-SVR 的计算复杂度低于 DT；当 $V < (dN)^{1/3}$ 时，TS-SVR 的计算复杂度低于 1-NN；当 $V < (dN^2)^{1/3}$ 时，TS-SVR 的计算复杂度低于 DT；当 $V < \left(\left(\frac{1}{\varepsilon}\right)^{N/r}\right)^{1/3}$ 时，TS-SVR 的计算复杂度低于 NN。因此，如何有效地选取一个小尺寸的代表数据子集，是 SVR 研究领域的一个极具意义的方向。

7.8 本章小结

支持向量回归 (SVR) 是一种基于统计学习理论的非常有前途和流行的预测模型，它的泛化性能取决于参数设置的选择。然而，在传统的搜索算法中，计算复杂度为 $O(K \times N^3)$(其中 N 是训练数据集的大小，K 是搜索的次数)，这将导致对海量数据集的缓慢学习。因此，SVR 学习过程中的训练子集 (TS) 选择以及模型选择决定了模型的复杂度及性能。

针对 SVR 模型的训练子集与模型选择之间的关系，本章估计了两个不同尺寸大小的 TS 之间的最优参数设置的运动区域，然后提出了嵌套自适应粒子群优化 (NPSO) 来结合训练子集和模型选择过程。该算法将均匀设计思想移植到上述建模过程中，并给出了其收敛性证明。

参 考 文 献

[1] GABRIELLI G, MAGRI C, MEDIOLI A, et al. The power of big data affordances to reshape anti-fraud strategies[J]. Technological Forecasting and Social Change, 2024, 205: 123507.

[2] MELTZOFF A N, KUHL P K, MOVELLAN J, et al. Foundations for a new science of learning[J]. Science, 2009, 325(5938): 321-325.

[3] 斯坦利霍尔特, 徐昆. 为什么需要数据科学 [J]. 中国计算机学会通讯, 2013, 9(12): 11-15.

[4] 埃里克, 西格尔. 大数据预测 (Predictive Analytics)[M]. 周昕, 译. 北京：中信出版社, 2014.

[5] 陶剑文. 基于统计学习的分类方法及在 Web 挖掘中的应用研究 [D]. 南京：江南大学, 2012.

[6] 王晓明. 基于统计学习的模式识别几个问题及其应用研究 [D]. 南京: 江南大学, 2010.

[7] CANTONI E, FLEMMING J M, RONCHETTI E. Variable selection for marginal longitudinal generalized linear models[J]. Biometrics, 2005, 61(2): 507-514.

[8] HE X, FUNG W K, ZHU Z. Robust estimation in generalized partial linear models for clustered data[J]. JASA: Journal of the American Statistical Association, 2005, 100(472): 1176-1184.

[9] EFRON B, HASTIE T, HOHNSTONE T, et al. Least angle regression[J]. Annals of Statistics, 2004, 32(2): 407-499.

[10] TIBSHIRANI R. Regression shrinkage and selection via the lasso: A retrospective[J]. Journal of the Royal Statistical Society, Series B. Statistical Methodology, 2011, 73(3): 273-282.

[11] FAN J, XUE L, ZOU H. Strong oracle optimality of folded concave penalized estimation[J]. The Annals of Statistics: An Official Journal of the Institute of Mathematical Statistics, 2014, 42(3): 819-849.

[12] ZHANG C X, WANG G W, LIU J M. RandGA: Injecting randomness into parallel genetic algorithm for variable selection[J]. Journal of Applied Statistics, 2015, 42(3): 630-647.

[13] PENG H, LONG F, DING C. Feature selection based on mutual information criteria of max-dependency, max-relevance, and min-redundancy[J]. IEEE Transactions on Pattern Analysis and Machine Intelligence, 2005, 27(8): 1226-1238.

[14] VINH L T, THANG N D, LEE Y K. An improved maximum relevance and minimum redundancy feature selection algorithm based on normalized mutual information[C]//2010 10th IEEE/IPSJ International Symposium on Applications and the In-

ternet:Institute of Electrical and Electronics Engineers, Seoul, Korea (South), 2010: 395-398.

[15] FERRATY F, GOIA A, SALINELLI E, et al. Peak-load forecasting using a functional semi-parametric approach[J]. Springer Proceedings in Mathematics and Statistics, 2014, 74: 105-114.

[16] HIPPERT H S, TAYLOR J W. An evaluation of bayesian techniques for controlling model complexity and selecting inputs in a neural network for short-term load forecasting[J]. Neural Networks: The Official Journal of the International Neural Network Society, 2010, 23(3): 386-395.

[17] VAZ A G R, ELSINGA B, VAN SARK W G J H M, et al. An artificial neural network to assess the impact of neighbouring photovoltaic systems in power forecasting in Utrecht, the Netherlands[J]. Renewable Energy, 2016, 85: 631-641.

[18] MUHAMMAD Q R, MITHULANANTHAN N, DUONG Q H, et al. An intelligent hybrid short-term load forecasting model for smart power grids[J]. Sustainable Cities and Society, 2017, 31: 264-275.

[19] 邓聚龙. 灰预测与灰决策 [M]. 武汉：华中科技大学出版社, 2002.

[20] YE J, DANG Y, LI B. Grey-Markov prediction model based on background value optimization and central-point triangular whitenization weight function[J]. Communications in Nonlinear Science and Numerical Simulation, 2018, 54: 320-330.

[21] CHEN S M. Forecasting enrollments based on fuzzy time series[J]. Fuzzy Sets and Systems, 1996, 81(3): 311-319.

[22] KHOSRAVI A, NAHAVANDI S. Load forecasting using interval type-2 fuzzy logic systems: Optimal type reduction[J]. IEEE Transactions on Industrial Informatics, 2014, 10(2): 1055-1063.

[23] CARVALHO J G, COSTA C T. Identification method for fuzzy forecasting models of time series[J]. Applied Soft Computing, 2017, 50: 166-182.

[24] BATES J M, GRANGER C W J. The combination of forecasts[J]. Operational Research Quarterly, 1969, 20: 451-468.

[25] MOGHRAM I, RAHMAN S. Analysis and evaluation of five short-term load forecasting techniques[J]. IEEE Transactions on Power Systems: A Publication of the Power Engineering Society, 1989, 4(4): 1484-1491.

[26] SANCHEZ I. Adaptive combination of forecasts with application to wind energy[J]. International Journal of Forecasting, 2008, 24(4): 679-693.

[27] VAPNIK V V. The nature of statistical learning theory[M]. New York:Springer, 1995.

[28] CHE J X, WANG J Z. Short-term electricity prices forecasting based on support vector regression and auto-regressive integrated moving average modeling[J]. Energy Conversion and Management, 2010, 51(10): 1911-1917.

[29] BAO Y K, XIONG T, HU Z Y. Multi-step-ahead time series prediction using multiple-output support vector regression[J]. Neurocomputing, 2014, 129: 482-493.

[30] HARISH N, MANDAL S, RAO S, et al. Particle swarm optimization based support vector machine for damage level prediction of non-reshaped berm breakwater[J]. Applied Soft Computing, 2015, 27: 313-321.

[31] DONG Z B, YANG D Z, REINDL T, et al. A novel hybrid approach based on self-organizing maps, support vector regression and particle swarm optimization to forecast solar irradiance[J]. Energy, 2015, 82: 570-577.

[32] SMOLA A J, SCHOELKOPF B. A tutorial on support vector regression[J]. Statistics and Computing, 2004, 14(3): 199-222.

[33] 王沛之. 数据挖掘中的数据预处理 [J]. 中国宽带, 2021, 11: 185-186.

[34] 许辉. 数据挖掘中的数据预处理 [J]. 电脑知识与技术, 2022, 18(4): 27-28, 31.

[35] 李卫东. 应用统计学 [M]. 北京：清华大学出版社，2014：55-56.

[36] PACKARD N H, CRUTCHFIELD J P, FARMER J D, et al. Geometry from a time series[J]. Physical Review Letters, 1980, 45(9): 712-717.

[37] BREIMAN L. Random forests[J]. Machine Learning, 2001, 45(1): 5-32.

[38] 肖赟, 刘洋, 裴爱晖, 等. 基于 K 近邻改进算法的城市配送量预测研究 [J]. 淮阴工学院学报, 2022, 31(3): 1-7,30.

[39] 邢书青. 基于随机森林回归的鱼饲料颗粒密度预测方法 [J]. 广东蚕业, 2022, 56(7): 75-77.

[40] 苏琪, 王海波, 施晓辰, 等. 基于灰色预测模型的参数寻优方法及能源预测应用 [J]. 南昌大学学报 (理科版), 2022, 46(3): 371-378.

[41] 赵辉, 杨赛, 岳有军, 等. 基于小波分解–卷积神经网络和支持向量回归的短期负荷预测 [J]. 科学技术与工程, 2021, 21(25): 10718-10724.

[42] 陈晨. 基于加密货币市场羊群效应的多变量 LSTM 价格预测研究 [D]. 南京：南京信息工程大学, 2022.

[43] 张凯, 钱锋, 刘漫丹. 模糊神经网络技术综述 [J]. 信息与控制, 2003(5): 431-435.

[44] 何晓群, 刘文卿. 应用回归分析 [M]. 5 版. 北京：中国人民大学出版社, 2019.

[45] MCCULLAGH P, NELDER J A. Generalized linear modeling[M]. London New York: Chapman and Hall, 1989.

[46] HASTIE T J, TIBSHIRANI R J. Generalized additive models[M]. London New York: Chapman and Hall, 1990.

[47] FIX E, HODGES J L. Discriminatory analysis. nonparametric discrimination: Consistency properties[J]. International Statistical Review / Revue Internationale de Statistique, 1989, 57(3): 238-247.

[48] COVER T, HART P. Nearest neighbor pattern classification[J]. IEEE Transactions on Information Theory, 1967, 13(1): 21-27.

[49] ALFEILAT H A A, HASSANAT A B A, LASASSMEH O, et al. Effects of distance measure choice on K-nearest neighbor classifier performance: A review[J]. Big Data, 2019, 7(4): 221-248.

[50] WU X D, KUMAR V, QUINLAN J R, et al. Top 10 algorithms in data mining[J]. Knowledge and Information Systems, 2008, 14(1): 1-37.

[51] KOENKER R, BASSETT G. Regression quantiles[J]. Econometrica, 1978, 46(1): 33-50.

[52] MEINSHAUSEN N, RIDGEWAY G. Quantile regression forests[J]. Journal of Machine Learning Research, 2006, 7(2): 983-999.

[53] SORJAMAA A, LENDASSE A. Time series prediction using dirRec strategy[C] //14th European Symposium on Artificial Neural Networks(ESANN 2006):Advances in Computational Intelligence and Learning, Bruges, Belgium, 2006: 143-148.

[54] TAIEB S B, SORJAMAA A, BONTEMPI G. Multiple-output modeling for multi-step-ahead time series forecasting[J]. Neurocomputing, 2010, 73(10/12): 1950-1957.

[55] XIAN H, CHE J. Multi-space collaboration framework based optimal model selection for power load forecasting[J]. Applied Energy, 2022(314): 118937.

[56] XIAN H, CHE J. Unified whale optimization algorithm based multi-kernel SVR ensemble learning for wind speed forecasting[J]. Applied Soft Computing Journal, 2022(130): 109690.

[57] YUAN F, CHE J. An ensemble multi-step M-RMLSSVR model based on VMD and two-group strategy for day-ahead short-term load forecasting[J]. Knowledge-Based Systems, 2022(252): 109440.

[58] CHE J, YUAN F, ZHU S, et al. An adaptive ensemble framework with representative subset based weight correction for short-term forecast of peak power load[J]. Applied Energy, 2022(328): 120156.

[59] HE M, CHE J, JIANG Z, et al. A novel decomposition-denoising ANFIS model based on singular spectrum analysis and differential evolution algorithm for seasonal AQI forecasting[J]. Journal of Intelligent and Fuzzy Systems, 2023(44): 2325-2349.

[60] CHE J, YUAN F, DENG D, et al. Ultra-short-term probabilistic wind power forecasting with spatial-temporal multi-scale features and K-FSDW based weight[J]. Applied Energy, 2023(331): 120479.

[61] JIANG Z, CHE J, HE M, et al. A CGRU multi-step wind speed forecasting model based on multi-label specific XGBoost feature selection and secondary decomposition[J]. Renewable Energy, 2023(203): 802-827.

[62] HU K, CHE J. A reduced-form ensemble of short-term air quality forecasting with the sparrow search algorithm and decomposition error correction[J]. Environmental Science and Pollution Research, 2023(30):48508-48531.

[63] JIANG Z, CHE J, LI N, et al. Deterministic and probabilistic multi-time-scale forecasting of wind speed based on secondary decomposition, DFIGR and a hybrid deep learning method[J]. Expert Systems with Applications, 2023(234): 121051.

[64] 王大荣, 张忠占. 线性回归模型中变量选择方法综述 [J]. 数理统计与管理, 2010, 29(4): 615-627.

[65] MA W, ZHOU X, ZHU H, et al. A two-stage hybrid ant colony optimization for high-dimensional feature selection[J]. Pattern Recognition, 2021, 116: 107933.

[66] HASTIE T, TIBSHIRANI R, FRIEDMAN J. The elements of statistical learning-data mining, inference, and prediction[M]. New York: Springer, 2008.

[67] TIBSHIRANI R. Regression shrinkage and selection via the lasso: a retrospective[J]. Journal of the Royal Statistical Society, Series B. Statistical Methodology, 2011, 73(3): 273-282.

[68] SEYEDALI M, ANDREW L. S-shaped versus V-shaped transfer functions for binary particle swarm optimization[J]. Swarm and Evolutionary Computation, 2013, 9: 1-14.

[69] XING E P, JORDAN M I, KARP R M. Feature selection for high-dimensional genomic microarray data[C]//18th International Conference on Machine Learning (ICML 2001), Williamstown, MA, USA, 2001: 601-608.

[70] JAIN A K, MAO J C, DUIN R P W. Statistical pattern recognition: A review [review][J]. IEEE Transactions on Pattern Analysis and Machine Intelligence, 2000, 22(1): 4-37.

[71] DING C, PENG H C. Minimum redundancy feature selection from microarray gene expression data[J]. Journal of Bioinformatics and Computational Biology, 2005, 3(2): 185-205.

[72] HASTIE T, TIBSHIRANI R, FRIEDMAN J. The elements of statistical learning-data mining, inference, and prediction[M]. New York: Springer, 2008.

[73] ZOU H, HASTIE T. Regularization and variable selection via the elastic net[J]. Journal of the Royal Statistical Society. Series B (Statistical Methodology), 2005, 67(2): 301-320.

[74] ZOU H, LI R Z. One-step sparse estimates in nonconcave penalized likelihood models[J]. The Annals of Statistics: An Official Journal of the Institute of Mathematical Statistics, 2008, 36(4): 1509-1533.

[75] ZOU H. The adaptive lasso and its oracle properties[J]. JASA: Journal of the American Statistical Association, 2006, 101(476): 1418-1429.

[76] MKHADRI A, OUHOURANE M. An extended variable inclusion and shrinkage algorithm for correlated variables[J]. Computational Statistics and Data Analysis, 2013, 57(1): 631-644.

[77] RADCHENKO P, JAMES G M. Variable inclusion and shrinkage algorithms[J]. JASA: Journal of the American Statistical Association, 2008, 103(483): 1304-1315.

[78] MEINSHAUSEN N. Relaxed lasso[J]. Computational Statistics and Data Analysis, 2007, 52(1): 374-393.

[79] BRUSCO M J. A comparison of simulated annealing algorithms for variable selection in principal component analysis and discriminant analysis[J]. Computational Statistics and Data Analysis, 2014, 77: 38-53.

[80] WANG B. Variable ranking by solution-path algorithms[D]. Waterloo: University of Waterloo, Canada, 2011.

[81] XIN L, ZHU M. Stochastic stepwise ensembles for variable selection[J]. Journal of Computational and Graphical Statistics: A Joint Publication of American Statistical Association, Institute of Mathematical Statistics, Interface Foundation of North America, 2012, 21(2): 275-294.

[82] HAMZA M, LAROCQUE D. An empirical comparison of ensemble methods based on classification trees[J]. Journal of Statistical Computation and Simulation, 2005, 75(8): 629-643.

[83] MENDES-MOREIRA J, SOARES C, JORGE A M, et al. Ensemble approaches for regression: A survey[J]. ACM Computing Surveys, 2013, 45(1): 10.1-10.40.

[84] ADHIKARI R. A mutual association based nonlinear ensemble mechanism for time series forecasting[J]. Applied Intelligence, 2015, 43(2): 233-250.

[85] BRANICKI M, MAJDA A J. An information-theoretic framework for improving imperfect dynamical predictions via multi-model ensemble forecasts[J]. Journal of Nonlinear Science, 2015, 25(3): 489-538.

[86] MEINSHAUSEN N, BUHLMANN P. Stability selection[J]. Journal of the Royal Statistical Society, Series B. Statistical Methodology, 2010, 72(4): 417-473.

[87] ZHU M, CHIPMAN H A. Darwinian evolution in parallel universes: A parallel genetic algorithm for variable selection[J]. Technometrics, 2006, 48(4): 491-502.

[88] SHAH R D, SAMWORTH R J. Variable selection with error control: another look at stability selection[J]. Journal of the Royal Statistical Society, Series B. Statistical Methodology, 2013, 75(1): 55-80.

[89] WANG S, NAN B, ROSSET S, et al. Random lasso[J]. The Annals of Applied Statistics, 2011, 5(1): 468-485.

[90] ZHANG L, WANG J H. Optimizing parameters of support vector machines using team-search-based particle swarm optimization[J]. Engineering Computations: International Journal for Computer-Aided Engineering and Software, 2015, 32(5): 1194-1213.

[91] KROGH A, VEDELSBY J. Neural network ensembles, crossvalidation, and active learning[M]//TESAURO G,TOURETZKY D,LEEN T. Advances in Neural Information Processing Systems 7. Cambridge MA: MIT Press, 1995: 231-238.

[92] SHANNON C E. A mathematical theory of communication[J]. Bell System Technical Journal, 1948, 27(1): 379-423, 623-656.

[93] KOJADINOVIC I. Agglomerative hierarchical clustering of continuous variables based on mutual information[J]. Computational Statistics and Data Analysis, 2004, 46(2): 269-294.

[94] BATTITI R. Using mutual information for selecting features in supervised neural net learning[J]. IEEE Transactions on Neural Networks, 1994, 5(4): 537-550.

[95] ESTEVEZ P A, TESMER M, PEREZ C A, et al. Normalized mutual information feature selection[J]. IEEE Transactions on Neural Networks, 2009, 20(2): 189-201.

[96] KWAK N, CHONG H C. Input feature selection for classification problems[J]. IEEE Transactions on Neural Network, 2002, 13(1): 143-159.

[97] GUYON I, ELISSEEFF A. An introduction to variable and feature selection[J]. Journal of Machine Learning Research, 2003, 3: 1157-1182.

[98] GRIMMETT G, STIRZAKER D. Probability and random processes[M]. New York: Oxford University Press, 2001.

[99] WESTON J, ELISSEEFF A, SCHOELKOPF B, et al. Use of the zero norm with linear models and kernel methods[J]. Journal of Machine Learning Research, 2003, 3: 1439-1461.

[100] UNLER A, MURAT A, CHINNAM R B. Mr2PSO: A maximum relevance minimum redundancy feature selection method based on swarm intelligence for support vector machine classification[J]. Information Sciences: An International Journal, 2011, 181(20): 4625-4641.

[101] COVER T M, THOMAS J A. Elements of information theory[M]. New York: Wiley, 1991.

[102] PEARSON K. Notes on regression and inheritance in the case of two parents[J]. Proceedings of the Royal Society of London, 1895, 58: 240-242.

[103] CHAKRABORTY R, PAL N R. Feature selection using a neural framework with controlled redundancy[J]. IEEE transactions on neural networks and learning systems, 2015, 26(1): 35-50.

[104] FAN J Q, LI R Z. Variable selection via nonconcave penalized likelihood and its oracle properties[J]. Journal of the American Statistical Association, 2001, 96(456): 1348-1360.

[105] HARRISON D, RUBINFELD D L. Hedonic prices and the demand for clean air[J]. Journal of Environmental Economics and Management, 1978, 5(1): 81-102.

[106] TSANAS A, LITTLE M A, MCSHARRY P E, et al. Accurate telemonitoring of Parkinson's disease progression by noninvasive speech tests.[J]. IEEE Transactions on Bio-Medical Engineering, 2010, 57(4): 884-893.

[107] CORTEZ P, CERDEIRA A, ALMEIDA F, et al. Modeling wine preferences by data mining from physicochemical properties[J]. Decision Support Systems, 2009, 47(4): 547-553.

[108] MKHADRI A, OUHOURANE M. A group VISA algorithm for variable selection[J]. Statistical Methods and Applications, 2015, 24(1): 41-60.

[109] KWAK N. Kernel discriminant analysis for regression problems[J]. Pattern Recognition: The Journal of the Pattern Recognition Society, 2012, 45(5): 2019-2031.

[110] MALDONADO S, CARRIZOSA E, WEBER R. Kernel penalized K-means: A feature selection method based on kernel K-means[J]. Information Sciences: An International Journal, 2015, 322: 150-160.

[111] XU R F, LEE S J. Dimensionality reduction by feature clustering for regression problems[J]. Information Sciences, 2015, 299: 42-57.

[112] ABHIMANYU D, DAVID K. Algorithms for subset selection in linear regression[C] // Proceedings of the 40th Annual ACM Symposium on Theory of Computing, ACM, 2008: 45-54.

[113] RYUHEI M, YUICHI T. Mixed integer second-order cone programming formulations for variable selection in linear regression[J]. European Journal of Operational Research, 2015, 247(3): 721-731.

[114] CHE J X, YANG Y L. Stochastic correlation coefficient ensembles for variable selection[J]. Journal of Applied Statistics, 2017, 44(10): 1721-1742.

[115] EMARY E, ZAWBA H M, HASSANIEN A E. Binary grey wolf optimization approaches for feature selection[J]. Neurocomputing, 2016, 172(Jan.8): 371-381.

[116] WANG D, DING F. Parameter estimation algorithms for multivariable Hammerstein CARMA systems[J]. Information Sciences: An International Journal, 2016, 355/356: 237-248.

[117] SETIONO R, LIU H. Neural-network feature selector[J]. IEEE Transactions on Neural Networks, 1997, 8(3): 654-662.

[118] MACKAY D J C. Information theory, inference, and learning algorithms[M]. Cambridge: Cambridge University Press, 2003.

[119] BANERJEE M, PAL N R. Feature selection with SVD entropy: Some modification and extension[J]. Information Sciences: An International Journal, 2014, 264: 118-134.

[120] HUANG D, CHOW T W S. Effective feature selection scheme using mutual information[J]. Neurocomputing, 2004, 63: 325-343.

[121] CHAKRABORTY D, PAL N R. Selecting useful groups of features in a connectionist framework[J]. IEEE Transactions on Neural Networks, 2008, 19(3): 381-396.

[122] YANG H, MOODY J. Feature selection based on joint mutual information[C] //Proceedings of International ICSC Symposium on Advances in Intelligent Data Analysis, 1999, 27(8): 22-25.

[123] MEYER P E, BONTEMPI G. On the use of variable complementarity for feature selection in cancer classification[C] //Proceedings of European Workshop on Applications of Evolutionary Computing: Evo Workshops, Valencia, Spain, 2006: 91-102.

[124] VIDAL-NAQUET M, ULLMAN S. Object recognition with informative features and linear classification[C] //Proceedings of the 10th IEEE International Conference on Computer Vision, Beijing, China, 2003, 2: 281-288.

[125] FREEMAN C, KULIC D, BASIR O. An evaluation of classifier-specific filter measure performance for feature selection[J]. Pattern Recognition: The Journal of the Pattern Recognition Society, 2015, 48(5): 1812-1826.

[126] BENNASAR M, HICKS Y, SETCHI R. Feature selection using joint mutual information maximisation[J]. Expert Systems with Application, 2015, 42: 8520-8532.

[127] WANG Z, LI M, LI J. A multi-objective evolutionary algorithm for feature selection based on mutual information with a new redundancy measure[J]. Information Sciences: An International Journal, 2015, 307: 73-88.

[128] CHERNBUMROONG S, CANG S, YU H. Maximum relevancy maximum complementary feature selection for multi-sensor activity recognition[J]. Expert Systems With Applications, 2015, 42(1): 573-583.

[129] HAUSSER J, STRIMMER K. Entropy inference and the James-Stein estimator, with application to nonlinear gene association networks[J]. Journal of Machine Learning Research, 2009, 10: 1469-1484.

[130] CHANG J, LEE H K H. Variable selection via a multi-stage strategy[J]. Journal of Applied Statistics, 2015, 42(4): 762-774.

[131] CHIPMAN H A, GEORGE E I, MCCULLOCH R E. BART: Bayesian additive regression trees[J]. The Annals of Applied Statistics, 2010, 4(1): 266-298.

[132] MAIA M, MURPHY K, PARNELL A C. GP-BART: A novel Bayesian additive regression trees approach using Gaussian processes[J]. Computational Statistics & Data Analysis, 2024, 190(2):107858.

[133] GRAMACY R B. tgp: An R package for Bayesian nonstationary, semiparametric nonlinear regression and design by treed gaussian process models[J]. Journal of Statistical Software, 2007, 19(9): 1-46.

[134] JOHN G H, KOHAVI R, PFLEGER K. Irrelevant feature and the subset selection problem[C] // Proceedings of 11th International Conference on Machine Learning, New Brunswick, New Jersey, 1994: 121-129.

[135] KOLLER D, SAHAMI M. Toward optimal feature selection[C] //Proceedings of the Thirteenth International Conference on Machine Learning, Bari, Italy, 1996: 284-292.

[136] WANG H, BELL D, MURTAGH F. Axiomatic approach to feature subset selection based on relevance[J]. IEEE Transactions on Pattern Analysis and Machine Intelligence, 1999, 21(3): 271-277.

[137] BROWN G, POCOCK A C, ZHAO M J, et al. Conditional likelihood maximisation: A unifying framework for information theoretic feature selection[J]. Journal of Machine Learning Research, 2012, 13: 27-66.

[138] YU L, LIU H. Efficient feature selection via analysis of relevance and redundancy[J]. Journal of Machine Learning Research, 2004, 5: 1205-1224.

[139] GARCIA-TORRES M, GOMEZ-VELA F, MELIAN-BATISTA B, et al. High-dimensional feature selection via feature grouping: A variable neighborhood search approach[J]. Information Sciences: An International Journal, 2016, 326: 102-118.

[140] MEYER P E, SCHRETTER C, BONTEMPI G. Information-theoretic feature selection in microarray data using variable complementarity[J]. IEEE Journal of Selected Topics in Signal Processing, 2008, 2(3): 261-274.

[141] FLEURET F. Fast binary feature selection with conditional mutual information[J]. Journal of Machine Learning Research, 2004, 5: 1531-1555.

[142] HSU P L. The limiting distribution of functions of sample means and application to testing hypotheses[J]. In Berkeley Symposium on Mathematical Statistics and Probability, 1949, 21: 359-402.

[143] BRILL F Z, BROWN D E. Fast generic selection of features for neural network classifiers[J]. IEEE Transactions on Neural Networks, 1992, 3(2): 324-328.

[144] MKHADRI A, OUHOURANE M. A group VISA algorithm for variable selection[J]. Statistical Methods and Applications, 2015, 24(1): 41-60.

[145] DING F. Hierarchical estimation algorithms for multivariable systems using measurement information[J]. Information Sciences: An International Journal, 2014, 277(2): 396-405.

[146] KANG R, ZHANG T, TANG H, et al. Adaptive region boosting method with biased entropy for path planning in changing environment[J]. CAAI Transactions on Intelligence Technology, 2016, 2: 179-188.

[147] XU L. The damping iterative parameter identification method for dynamical systems based on the sine signal measurement[J]. Signal Processing: The Official Publication of the European Association for Signal Processing (EURASIP), 2016, 120: 660-667.

[148] XU L. Application of the Newton iteration algorithm to the parameter estimation for dynamical systems[J]. Journal of Computational and Applied Mathematics, 2015, 288: 33-43.

[149] YIN S, ZHU X, KAYNAK O. Improved PLS focused on key performance indictor related fault diagnosis[J]. IEEE Transactions on Industrial Electronics, 2015, 62(3): 1651-1658.

[150] YIN S, WANG G, GAO H. Data-driven process monitoring based on modified orthogonal projections to latent structures[J]. IEEE Transactions on Control Systems Technology: A Publication of the IEEE Control Systems Society, 2016, 24(4): 1480-1487.

[151] WANG D, DING F, CHU Y. Data filtering based recursive least squares algorithm for Hammerstein systems using the key-term separation principle[J]. Information Sciences: An International Journal, 2013, 222: 203-212.

[152] DING F, WANG F, XU L, et al. Parameter estimation for pseudo-linear systems using the auxiliary model and the decomposition technique[J]. IET Control Theory and Applications, 2017, 11(3): 390-400.

[153] DING F, WANG F, XU L, et al. Decomposition based least squares iterative identification algorithm for multivariate pseudo-linear ARMA systems using the data filtering[J]. Journal of the Franklin Institute, 2017, 354(3): 1321-1339.

[154] DING F, XU L, ZHU Q. Performance analysis of the generalised projection identification for time-varying systems[J]. IET Control Theory and Applications, 2016, 10(18): 2506-2514.

[155] LI W, JIA Y, DU J. Distributed filtering for discrete-time linear systems with fading measurements and time-correlated noise[J]. Digital Signal Processing, 2017, 60: 211-219.

[156] HOSSEINI S M, MAHJOURI N. Integrating support vector regression and a geomorphologic artificial neural network for daily rainfall-runoff modeling[J]. Applied Soft Computing, 2016, 38: 329-345.

[157] PETKOVIĆ D, SHAMSHIRBAND S, SABOOHI H, et al. Support vector regression methodology for prediction of input displacement of adaptive compliant robotic gripper[J]. Applied Intelligence: The International Journal of Artificial Intelligence, Neural Networks, and Complex Problem-Solving Technologies, 2014, 41(3): 887-896.

[158] GURAKSIN G E, HAKLI H, UGUZ H. Support vector machines classification based on particle swarm optimization for bone age determination[J]. Applied Soft Computing, 2014, 24: 597-602.

[159] SHAMSHIRBAND S, PETKOVIC D, PAVLOVIC N T, et al. Support vector machine firefly algorithm based optimization of lens system[J]. Applied Optics, 2015, 54(1): 37-45.

[160] LI W, LIU L, GONG W. Multi-objective uniform design as a SVM model selection tool for face recognition[J]. Expert Systems with Application, 2011, 38(6): 6689-6695.

[161] ZAJI A H, SHAMSHIRBAND S B H, QASEM S N, et al. Potential of particle swarm optimization based radial basis function network to predict the discharge coefficient of a modified triangular side weir[J]. Flow Measurement and Instrumentation, 2015, 45: 404-407.

[162] WU Q, LAW R, WU E, et al. A hybrid-forecasting model reducing Gaussian noise based on the Gaussian support vector regression machine and chaotic particle swarm optimization[J]. Information Sciences, 2013, 238: 96-110.

[163] LARSEN J, SVARER C, ANDERSEN L N, et al. Adaptive regularization in neural network modeling[M]. Berlin: Springer, 1998.

[164] BENGIO Y. Gradient-based optimization of hyperparameters[J]. Neural Computation, 2000, 12(8): 1889-1900.

[165] CHAPELLE O, VAPNIK V, BOUSQUET O. Choosing multiple parameters for support vector machines[J]. Machine Learning, 2002, 46(1-3): 131-159.

[166] KEERTHI S S. Efficient tuning of SVM hyperparameters using radius/margin bound and iterative algorithms[J]. IEEE Transactions on Neural Networks, 2002, 13(5): 1225-1229.

[167] MOMMA M, BENNETT K. A pattern search method for model selection of support vector regression[C] // Proceedings of the SIAM International Conference on Data Mining, 2002, 2: 61-74.

[168] JIMÉNEZ Á B, LÁZARO J L, DORRONSORO J R. Finding optimal model parameters by deterministic and annealed focused grid search[J]. Neurocomputing, 2009, 72(13-15): 3077-3084.

[169] TSAI H H, CHANG B M, LIOU S H. Rotation-invariant texture image retrieval using particle swarm optimization and support vector regression[J]. Applied Soft Computing, 2014, 17: 127-139.

[170] LINS I D, MOURA M C, ZIO E, et al. A particle swarm-optimized support vector machine for reliability prediction[J]. Quality and reliability engineering international, 2012, 28(2): 141-158.

[171] LEE Y J, HUANG S Y. Reduced support vector machines: A statistical theory[J]. IEEE Transactions on Neural Networks, 2007, 18(1): 1-13.

[172] BRABANTER K D, BRABANTER J D, SUYKENS J A K, et al. Optimized fixed-size kernel models for large data sets[J]. Computational Statistics and Data Analysis, 2010, 54(6): 1484-1504.

[173] CHE J X. Support vector regression based on optimal training subset and adaptive particle swarm optimization algorithm[J]. Applied Soft Computing, 2013, 13(8): 3473-3481.

[174] LU Z, SUN J. Non-Mercer hybrid kernel for linear programming support vector regression in nonlinear systems identification[J]. Applied Soft Computing, 2009, 9(1): 94-99.

[175] ZHENG D N, WANG J X, ZHAO Y N. Non-flat function estimation with a multi-scale support vector regression[J]. Neurocomputing, 2006, 70(1-3): 420-429.

[176] ZHAO Y P, SUN J G. Robust support vector regression in the primal[J]. Neural Networks: The Official Journal of the International Neural Network Society, 2008, 21(10): 1548-1555.

[177] SCHÖLKOPF B, SMOLA A J, WILLIAMSON R C, et al. New Support Vector Algorithms[J]. Neural Computation, 2000, 12(5): 1207-1245.

[178] PROVOST F. Machine learning from imbalanced data sets 101[C] //Proceedings of the AAAI′ 2000 workshop on Learning from Imbalanced Data Sets. 2000: 1-3.

[179] FANG K T, LIN D K J, WINKER P, et al. Uniform design: Theory and application[J]. Technometrics, 2000, 42(3): 237-248.

[180] FANG K T, WANG Y. Number-theoretic methods in statistics[M]. London: Chapmman and Hall, 1994.

[181] NIEDERREITER H, PEART P. Localization of search in quasi-Monte Carlo methods for global optimization[J]. SIAM Journal on Scientific and Statistical Computing, 1986, 7(2): 660-664.

[182] FANG K T, LIN D K J. Uniform experimental designs and their applications in industry[J]. Handbook of Statistics, 2003, 22: 131-170.

[183] CHERKASSKY V, MA Y. Practical selection of SVM parameters and noise estimation for SVM regression[J]. Neural Networks: The Official Journal of the International Neural Network Society, 2004, 17(1): 113-126.

[184] SILVERMAN B W. Density estimation for statistics and data analysis[M]. London:Chapmman and Hall, 1986.

[185] STONE C J. An asymptotically optimal window selection rule for kernel density estimates[J]. Annals of Statistics, 1984, 12(4): 1285-1297.

[186] ALI O G, YAMAN K. Selecting rows and columns for training support vector regression models with large retail datasets[J]. European Journal of Operational Research, 2013, 226(3): 471-480.

[187] SMOLA A J, SCHOELKOPF B, MULLER K R. The connection between regularization operators and support vector kernels[J]. Neural Networks, 1998, 11 (4): 637-649.

[188] KWOK J T, TSANG I W. Linear dependency between epsilon and the input noise in epsilon-support vector regression[J]. IEEE Transactions on Neural Networks, 2003, 14(3): 544-553.

[189] MATTERA D, HAYKIN S. Support vector machines for dynamic reconstruction of a chaotic system[C] //Advances in Kernel Methods. MIT Press, 1999: 211-241.

[190] KENNEDY J, EBERHART R C. Particle swarm optimization[C] // the IEEE International Conference on Neural Networks, Perth, Australia, 1995: 1942-1948.

[191] HUANG C, LEE Y, LIN D K J, et al. Model selection for support vector machines via uniform design[J]. Computational Statistics and Data Analysis, 2007, 52(1): 335-346.

[192] MENTCH L, HOOKER G. Quantifying uncertainty in random forests via confidence intervals and hypothesis tests[J]. Journal of Machine Learning Research, 2016, 17(1): 841-881.

[193] CHE J X, YANG Y L, LI L, et al. A modified support vector regression: Integrated selection of training subset and model[J]. Applied Soft Computing, 2017, 53: 308-322.

[194] RIDGEWAY G, MADIGAN D, RICHARDSON T. Boosting methodology for regression problems[C] //Artificial Intelligence and Statistics 99, 1999: 152-161.

[195] FRIEDMAN J H, STUETZLE W, GROSSE E. Multidimensional additive spline approximation[J]. SIAM Journal on Scientific and Statistical Computing, 2006, 4(2): 291-301.

[196] ZHOU Z H, WU J X, TANG W, et al. Combining regression estimators: GA-based selective neural network ensemble[J]. International Journal of Computational Intelligence and Applications, 2001, 1(4): 341-356.